達人に学ぶ
SQL徹底指南書 第2版

初級者で終わりたくないあなたへ

ミック ● 著

本書内容に関するお問い合わせについて

このたびは翔泳社の書籍をお買い上げいただき、誠にありがとうございます。弊社では、読者の皆様からのお問い合わせに適切に対応させていただくため、以下のガイドラインへのご協力をお願い致しております。下記項目をお読みいただき、手順に従ってお問い合わせください。

●ご質問される前に

弊社Webサイトの「正誤表」をご参照ください。これまでに判明した正誤や追加情報を掲載しています。

　　正誤表　　https://www.shoeisha.co.jp/book/errata/

●ご質問方法

弊社Webサイトの「刊行物Q&A」をご利用ください。

　　刊行物Q&A　　https://www.shoeisha.co.jp/book/qa/

インターネットをご利用でない場合は、FAXまたは郵便にて、下記"翔泳社 愛読者サービスセンター"までお問い合わせください。
電話でのご質問は、お受けしておりません。

●回答について

回答は、ご質問いただいた手段によってご返事申し上げます。ご質問の内容によっては、回答に数日ないしはそれ以上の期間を要する場合があります。

●ご質問に際してのご注意

本書の対象を越えるもの、記述箇所を特定されないもの、また読者固有の環境に起因するご質問等にはお答えできませんので、予めご了承ください。

●郵便物送付先およびFAX番号

　　送付先住所　　〒160-0006　東京都新宿区舟町5
　　FAX番号　　　03-5362-3818
　　宛先　　　　　（株）翔泳社 愛読者サービスセンター

※本書に記載されたURL等は予告なく変更される場合があります。
※本書の出版にあたっては正確な記述につとめましたが、著者や出版社などのいずれも、本書の内容に対してなんらかの保証をするものではなく、内容やサンプルに基づくいかなる運用結果に関してもいっさいの責任を負いません。
※本書に掲載されているサンプルプログラムやスクリプト、および実行結果を記した画面イメージなどは、特定の設定に基づいた環境にて再現される一例です。
※本書に記載されている会社名、製品名はそれぞれ各社の商標および登録商標です。

はじめに

　本書の初版が刊行されてから、10年が経過しました。筆者にとって、初版は初めて書いた本、いわゆる処女作であり、自分の知見や文章がどのような受け取られ方をするのかまったく見当がつかないまま書いていました。幸運なことに、多くの読者の方から好意的に受けとめていただき、SQLの解説書としてはちょっとしたロングセラーとなりました。そうした支持をいただいたことが、このたびの改訂につながったわけで、まずは二度目の機会をいただけたことに感謝いたします。

　本書が長い期間読まれ続けている最大の理由は、RDBとSQLが長命を保っているからです。NoSQLなどの台頭はありながらも、RDBはいまだに多くのシステムの永続層におけるファーストチョイスであり、SQLはすたれるどころか、その直観的で優れたインターフェイスを武器に、職業プログラマやエンジニア以外のエンドユーザー層へも広がりを見せています。とはいえ、SQLも10年という流れの中で大きな変貌を遂げました。かつては考えられなかったほどの大量データ処理を行なうことが求められるようになり、分析業務は一部の専門家だけのタスクではなくなったことで、SQLサイドもまた時代の要請に応えるために大幅な機能追加が行なわれました。本書でも、こうした最新動向を反映し、モダンなSQLプログラミングに対応するべくアップデートを行ないました。特に、初版ではDBMSのサポートが不十分だったため大きく取り上げることのできなかったウィンドウ関数を全面的に採用しています。

　初版を読んだことがないという方に向けて、本書の概要を説明すると、本書のコンセプトは「中級SQLプログラミング入門」です。実務でのSQLプログラミングの経験が半年から1年くらいある方を読者に想定しています。もっと身もふたもない言い方をすると、J.セルコの『プログラマのためのSQL』を読んでみたけど投げ出した、というあたりのレベルです（もともと本書の初版は、同書の解説書として書いたところもあります）。

　本書には、CASE式、ウィンドウ関数、外部結合、相関サブクエリ、HAVING句、EXISTS述語などSQLの多くの道具が登場しますが、これらの基本的な構文はおよそ把握している、使ったことがある、というくらいのレベルであれば十分に読み進められます。本書の第1部では、こうしたSQLの道具を1章につき1つ取り上げて、それらの便利な使い方を、サンプルケースを通じて学んでいくというスタイルを採っています。皆さんもぜひ、実際に手を動かしてサンプルコードを実行しながら学習してください。基本的には前から順番に読んでもらうことを想定していますが、すでによく知っ

ている内容の章は飛ばしたり、興味ある章から読んでもかまいません。

　ところで本書にはもう1つ、想定する読者層があります。こちらはレベルによらず、「SQLとは何なのか」を知りたいと思っている方々を対象としています。このような表現は奇妙に聞こえるかもしれませんが、実際のところ、SQLというのは不思議な言語です。初級者のうちは、簡単なことを簡単に実現できて便利な言語だ、くらいにしか思わなかったのが、ちょっと深く理解しようとすると合理的には理解できない言語仕様に突き当たったり、少し複雑なことをやろうとすると妙に構文が難しくなったりといった、不可思議な事態に遭遇し始めます。なぜ、NULLにまつわるSQLの動作はこうも混乱しているのか？　なぜ、行間比較に相関サブクエリのような難しい構文が必要なのか？　なぜ、手続き型言語のようなループや変数といった便利な道具がないのか？　なぜSQLでは「すべての」を表現することがこれほど難しいのか？……

　こうした疑問は、ある程度の割り切りを持って「そういうものだ」と受け入れてしまえば、回避して進むこともできます。実際多くのエンジニアやプログラマは、SQLに対してぶつぶつ文句をいいながらも、「深く絡むと面倒なやつだが適当に距離を保っていればそこそこ便利な仕事上の知り合い」くらいの付き合い方をします。しかし、なかには「自分の使っている道具の成り立ちを知りたい」と思う人もいるでしょう。本書は、そのような好奇心を持ってしまった読者に対して、**SQLの原理となっている仕組みや、この言語を作った人々が何を考えて現在のような形にしたのか**、というバックグラウンドを掘り起こして伝えることを目指しています。本書の第2部は、このような、SQLという言語そのものにまつわる疑問に答えようとしています。もちろん、すべての疑問に答えきった、と言い切る自信はありませんが、1つの言語の本質を理解していくヒントは示せたのではないかと思います。

　本書が、読者のSQLプログラミングの上達に貢献することはもちろん、プログラミング言語という、ある種の文化的産物の深奥をのぞき込む面白さを感じてもらえることを祈っています。

　不可思議にも面白い、SQLの世界へようこそ。

ミック

本書を読む際の注意事項

動作環境

　本書のSQL文は、原則として標準SQL（SQL:2003）に準拠しています。そのため、主要なDBMSの最新版であれば（ほとんどの）サンプルコードは動作します。一部、実装依存の箇所については本文中で注意書きを記しています。

　サンプルコードの動作確認は主に以下のDBMSで行ないました。

- Oracle Database 12cR2
- PostgreSQL 10.3
- MySQL 8.0.2

　文中のSQL文において、テーブルの相関名を定義する際に使用するキーワード「AS」を省略しています。これはOracleにおいてエラーが発生するのを回避するためです。他のDBSMにおいても、ASを省略してもエラーにはなりません。

本書内容の初出について

　2008年に刊行した初版『達人に学ぶSQL徹底指南書』は、開発者のためのWebマガジン「CodeZine」（https://codezine.jp/）の以下連載を書籍化したものです。

- 「達人に学ぶSQL」（2006年6月～2007年7月）

　本書（第2版）では、初版の内容について全体的な見直しを行ない、最新化のための加筆・修正を施しています。上記以外に初出や出典がある場合は、本文中に記します。

付属データのダウンロード

　本書の付属データ（サンプルコード）は、以下のサイトからダウンロードできます。

https://www.shoeisha.co.jp/book/download/9784798157825

本書に出てくる主要な人名

　本書には、何人か頻繁に言及する人物がいます。知らなくても内容の理解には支障ありませんが、予備知識として簡単に解説します。

- E.F.コッド（E.F.Codd：1923 - 2003）――IBM社に勤務していた1969年、RDBとSQLの原型となる言語のアイデアを考案した。現代のリレーショナルデータベースの生みの親。
- C.J.デイト（C.J.Date：1941 - ）――コッドの友人としてRDBの発展に尽力したエンジニアでありコンサルタント。優れた教科書や解説書の書き手でもある。
- J.セルコ（Joe Celko：1947 - ）――RDB/SQLを専門とするコンサルタント。SQLに関する優れた解説書『プログラマのためのSQL』を書いている。筆者はこの人の本でSQLを勉強した。

CONTENTS

はじめに iii
本書を読む際の注意事項 v

第1部 魔法のSQL 1

1 CASE式のススメ　　2
▶ SQLで条件分岐を表現する
　はじめに 2
　[導入] CASE式の構文 2
　既存のコード体系を新しい体系に変換して集計する 5
　異なる条件の集計を1つのSQLで行なう 8
　CHECK制約で複数の列の条件関係を定義する 11
　条件を分岐させたUPDATE 13
　テーブル同士のマッチング 16
　CASE式の中で集約関数を使う 18
　まとめ 21
　演習問題 23

2 必ずわかるウィンドウ関数　　26
▶ 順序を使ったプログラミングの復活
　ウィンドウとは何か？ 27
　1枚でわかるウィンドウ関数 29
　フレーム句を使って違う行を自分の行に持ってくる 31
　ウィンドウ関数の内部動作 37
　まとめ 40
　演習問題 42

3 自己結合の使い方　　44
▶ 物理から論理への跳躍
　重複順列・順列・組み合わせ 44
　重複行を削除する 49
　部分的に不一致なキーの検索 51
　まとめ 53
　演習問題 59

4 3値論理とNULL　　60
▶ SQLの甘い罠
　本題に入る前に 60
　理論編 61
　実践編 66
　まとめ 76
　演習問題 83

vi

5 EXISTS述語の使い方 84
▶ SQLの中の述語論理
理論編 84
実践編 90
まとめ 102
演習問題 103

6 HAVING句の力 105
▶ 世界を集合として見る
データの歯抜けを探す 105
HAVING句でサブクエリ——最頻値を求める 111
NULLを含まない集合を探す 114
HAVING句で全称量化 120
一意集合と多重集合 123
関係除算でバスケット解析 127
まとめ 131
演習問題 136

7 ウィンドウ関数で行間比較を行なう 137
▶ さらば相関サブクエリ
はじめに 137
成長・後退・現状維持 137
時系列に歯抜けがある場合——直近と比較 142
ウィンドウ関数 vs. 相関サブクエリ 144
オーバーラップする期間を調べる 148
まとめ 153
演習問題 154

8 外部結合の使い方 156
▶ SQLの弱点——その傾向と対策
はじめに 156
外部結合で行列変換：その1（行→列）——クロス表を作る 157
外部結合で行列変換：その2（列→行）——繰り返し項目を1列にまとめる 160
クロス表で入れ子の表側を作る 163
掛け算としての結合 167
完全外部結合 169
外部結合で集合演算 172
外部結合で差集合を求める——A−B 172
外部結合で差集合を求める——B−A 173
完全外部結合で排他的和集合を求める 174
まとめ 175
演習問題 177

9 SQLで集合演算 179
▶ SQLと集合論
はじめに 179
導入——集合演算に関するいくつかの注意点 179
テーブル同士のコンペア——集合の相等性チェック[基本編] 181
テーブル同士のコンペア——集合の相等性チェック[応用編] 184
差集合で関係除算を表現する 186
等しい部分集合を見つける 189
重複行を削除する高速なクエリ 192
まとめ 194
演習問題 196

vii

10 SQLで数列を扱う　　197
▶ SQLで順序を扱う――集大成
はじめに..197
連番を作ろう...197
欠番を全部求める..201
3人なんですけど、座れますか？..................................203
折り返しのある数列...206
単調増加と単調減少...209
まとめ...212
演習問題..214

11 SQLを速くするぞ　　215
▶ お手軽SQLパフォーマンスチューニング
はじめに..215
効率の良い検索を利用する...216
ソートを回避する..218
極値関数（MAX/MIN）でインデックスを使う................222
WHERE句で書ける条件はHAVING句には書かない.......222
そのインデックス、本当に使われてますか？................223
中間テーブルを減らせ..227
まとめ...230

12 SQLプログラミング作法　　231
▶ 宗教戦争をこえて
はじめに..231
テーブル設計...233
コーディングの指針...235
大文字と小文字...239
まとめ...246

第2部　リレーショナルデータベースの世界　　249

13 RDB近現代史　　250
▶ データベースに破壊的イノベーションは二度起きるか？
リレーショナルデータベースの歴史..............................250
破壊的イノベーションは繰り返すか？..........................255
NoSQLの種類と解決策...258
パフォーマンス問題の解決...258
まとめ...260

14 なぜ"関係"モデルという名前なの？　　262
▶ なぜ"表"モデルという名前ではないのか？
関係の定義..262
定義域の憂鬱...265
関係値と関係変数..266
関係の関係は可能か？..267

15 関係に始まり関係に終わる　　270
▶ 閉じた世界の幸せについて
演算から見た集合 270
実践と原理 272

16 アドレス、この巨大な怪物　　274
▶ なぜリレーショナルデータベースにはポインタがないのか？
はじめに 274
関係モデルはアドレスから自由になるために生まれた 275
プログラミングに氾濫するアドレス 277
去り行かない老兵──バッカスの夢 278

17 順序をめぐる冒険　　279
▶ SQLのセントラルドグマ
遅れてきた主役 279
行に順序はあるべきか？ 280

18 GROUP BY と PARTITION BY　　285
▶ 類は友を呼ぶ
その違いわかりますか？ 285

19 手続き型から宣言型・集合指向へ頭を切り替える7箇条　　291
▶ 円を描く
はじめに 291
1. IF文やCASE文は、CASE式で置き換える。SQLはむしろ関数型言語と考え方が近い
 292
2. ループはGROUP BY句とウィンドウ関数で置き換える 293
3. テーブルの行に順序はない 294
4. テーブルを集合と見なそう 295
5. EXISTS述語と「量化」の概念を理解しよう 295
6. HAVING句の真価を学ぶ 296
7. 四角を描くな、円を描け 296

20 神のいない論理　　298
▶ 論理学の歴史をちょっとだけ
汝、場合により命題の真偽を捨てよ 298
論理学の革命 300
人間のための論理 301

21 SQLと再帰集合　　303
▶ SQLと集合論の深い仲
実務の中の再帰集合 303
ノイマンの先輩たち 303
数とは何か？ 306
SQLの魔術と科学 308

22 NULL撲滅委員会 309
▶ 万国のDBエンジニア、団結せよ！
- 決意表明～スベテノ DBエンジニア ニ 告グ～ 309
- なぜNULLがそんなに悪いのか？ 309
- しかしNULLを完全に排除することはできない 311
- コードの場合 ── 未コード化用コードを割り振る 312
- 名前の場合 ──「名無しの権兵衛」を割り振る 313
- 数値の場合 ── 0で代替する 313
- 日付の場合 ── 最大値・最小値で代替する 314
- 指針のまとめ 314

23 SQLにおける存在の階層 315
▶ 厳しき格差社会
- 述語論理における階層、集合論における階層 315
- なぜ集約すると、もとのテーブルの列を参照できなくなるのか？ 315
- 単元集合も立派な集合です！ 320

第3部 付録 323

A 演習問題の解答 324

B 参考文献 349
- SQL全般 349
- データベース設計 350
- パフォーマンス 350
- 集合論と述語論理／3値論理 351

おわりに 352
索引 354

Column
- なぜONではなくOVERなのか？ 40
- SQLとフォン・ノイマン 54
- 文字列とNULL 78
- 関係除算 133
- HAVING句とウィンドウ関数 134

第1部

魔法のSQL

1 …… CASE式のススメ
2 …… 必ずわかるウィンドウ関数
3 …… 自己結合の使い方
4 …… 3値論理とNULL
5 …… EXISTS述語の使い方
6 …… HAVING句の力
7 …… ウィンドウ関数で行間比較を行なう
8 …… 外部結合の使い方
9 …… SQLで集合演算
10 …… SQLで数列を扱う
11 …… SQLを速くするぞ
12 …… SQLプログラミング作法

1 CASE 式のススメ

▶ **SQLで条件分岐を表現する**

CASE式は、SQLで条件分岐を記述するためにぜひとも習得するべき重要かつ便利な技術です。CASE式を使いこなせるかどうかが、SQLの初級者と中級者の違いと言っても過言ではありません。本章では、行列変換、コード体系の再分類、制約との組み合わせ、集約結果に対する条件分岐などの例題をもとに、CASE式の使い方を学びます。

はじめに

　CASE式は、SQL-92で標準SQLに取り入れられました。すでに導入から20年以上経過していることもあり、主要なDBMSでは問題なく利用できます。しかし、便利なわりにその真価が（特に初級者に）よく理解されておらず、利用されていなかったり、CASE式の簡略版であるDECODE（Oracle）、IF（MySQL）などの関数で代用されていたりします。しかし、著名なSQLマスターであるJ.セルコが「SQL-92で追加された中で最も有用かもしれない」と言うように、CASE式を活用するとSQLでできることの幅がぐっと広がり、書き方もスマートになります。しかも、実装非依存の技術ですから、コードの汎用性も高まるなど、良いことずくめです[*1]。

　一方、CASE式が初級者にとって少しわかりづらいところがあるのも事実です。それは、一般的なプログラミング言語における条件分岐の手段であるIF文やCASE文と比べて、少し異なる視点から考える必要があるからです。本章では、CASE式の考え方と便利な使い方を、具体例を通して学んでいきます。

［導入］CASE 式の構文

　まず、CASE式の基本的な文法から解説しましょう。CASE式の書式には、**単純CASE式**（simple case）と**検索CASE式**（searched case）の2通りがあります。それぞれ、次のように書きます。

[*1] たとえばOracleのDECODEは、次の4つの点でCASE式に劣ります。
　　第一に、Oracleの方言なので互換性がありません。
　　第二に、分岐の数が127に制限されています（引数の上限数は255ですが、1つの分岐を表現するのに2つの引数を要します）。一方、OracleでのCASE式の引数の数の上限は65535と桁違いです。
　　第三に、分岐の数が増えるとコードが非常に読みづらくなります。
　　第四に、記述力が貧弱です。具体的には、引数に述語を使った式を取ることができません。当然、サブクエリを引数に取ることもできません。

■ CASE 式の書式

```
-- 単純CASE式
CASE sex
   WHEN '1' THEN '男'
   WHEN '2' THEN '女'
ELSE 'その他' END

-- 検索CASE式
CASE WHEN sex = '1' THEN '男'
     WHEN sex = '2' THEN '女'
ELSE 'その他' END
```

　この2つは、どちらも同じ動作をします。「性別（sex）」列が'1'なら「男」へ、'2'なら「女」へ読み替えているわけです。単純CASE式のほうが、その名の通り簡潔に書けますが、できることも限られています。単純CASE式で書ける条件は、検索CASE式でも書くことができるので、本書でも基本的に、検索CASE式のほうを使用します。

　また、CASE式の評価は、真になるWHEN句が見つかった時点で打ち切られて、残りのWHEN句は無視される（評価されない）ので、そのことを意識してコーディングする必要があります[2]。無用の混乱を避けるためにもWHEN句は排他的に記述するのがよいでしょう。

■ 残りの WHEN 句が無視される記述例

```
-- たとえば、こんなふうに書くと、結果に「2番」が現われることは絶対にない
CASE WHEN col_1 IN ('a', 'b') THEN '1 番'
     WHEN col_1 IN ('a') THEN '2 番'
ELSE 'その他' END
```

　また、CASE式を利用するときは、以下のようなポイントに気をつける必要があります。

注意点1　各分岐が返すデータ型を統一する

　当然と言えば当然の制限ですが、CASE式の返すデータ型は、すべての分岐において一致している必要があります。ある分岐では文字型を返し、別の分岐では数値型を返す、という書き方は認められていません。これは、CASE式が「式」という名前の通

---

[2] この評価方法を**短絡評価**（short-circuit evaluation）または**最小評価**（minimal evaluation）と呼びます。式全体の値が確定した時点で残りの評価を打ち切るという、いわば「省エネ」な評価方式です。JavaやPythonなどプログラミング言語の多くもこの評価を行なうための演算子を持っています（なかには短絡評価「しか」行なわない言語もあります）。

り、最終的には1つの値に定まる式だからであり、その点で「＜数値＞ ＋ ＜数値＞」と同じなのです。「＜数値＞ ＋ ＜数値＞」の結果が場合によって数値だったり日付だったりしては演算が成り立たないのと同じことです。

注意点2　ENDの書き忘れに注意

　CASE式を使うときの一番よくある文法的な間違いが、ENDの書き忘れです。ENDは必須なので、書き忘れると構文エラーになります。もっとも、忘れた場合にも、比較的わかりやすいエラーメッセージが返ってくるので、それほど大きな問題になる間違いではありませんが、「構文は正しいのに動かない！」と思ったときの半分はこの間違いによるものなので、よく注意しましょう。

注意点3　ELSE句は必ず書こう

　先ほどのENDと違って、ELSE句はオプションなので、書かなくてもエラーにはなりません。その場合、暗黙に「ELSE NULL」の扱いになります。しかし、「エラーにはならないけど、結果が違う」という厄介なバグの温床になるので、（たとえNULLでかまわない場合でも）明示的にELSE句を書く癖をつけましょう。そのほうが、コード上でNULLが生成されることが明らかになりますし、将来的に修正が発生した場合にもミスを減らせます。

　さて、このようにCASE式の単純な使い方だけを見ると、「CASE式は結局、ラベルの読み替えを行なっているだけではないのか」という疑問を持った方もいるでしょう。
　実はその通りなのです（図1.1）。

■**図 1.1　CASE 式のやっていることはラベルの読み替え**

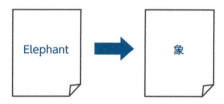

　CASE式を単独で利用する場合、ある列の値を別の値に読み替えるくらいしか使い道がありません。これだけならば、IFやDECODEなど実装依存の関数とも大した違いはありません。CASE式の真価は、他のSQLのツールと組み合わせたときに発揮されます。特に、集約関数（SUMやAVG）とGROUP BY句と一緒に使うと絶大な力を発揮します。以降で、いくつかの実例を通してCASE式の真価を見ていきましょう。

既存のコード体系を新しい体系に変換して集計する

　非定型的な集計を行なう業務では、既存のコード体系を分析用のコード体系に変換して、その新体系の単位で集計したい、という要件が持ち込まれることがあります。たとえば、北海道、青森……沖縄という県単位で人口が記録されているテーブルがあったとして、これを東北、関東、九州といった地方単位で人口を集計したい場合です。具体的には、次に示すPopTblの内容を集計し、結果を求めるような場合です。本来はこうしたテーブルは県名ではなく「県コード」をキーにするのがテーブル設計上は望ましいのですが、ここではわかりやすさを優先して県名をキーに使います（以降、本書では同様に、SQL文の可読性を優先してキーよりも名前をサンプルに使うことがしばしばあります）。

■ 集計元の表 PopTbl

pref_name (県名)	population (人口)
徳島	100
香川	200
愛媛	150
高知	200
福岡	300
佐賀	100
長崎	200
東京	400
群馬	50

■ 集計結果

地方名	人口
四国	650
九州	600
その他	450

　こんなとき、皆さんならどうするでしょうか。「地方コード」という列を持つビューを定義する、というのも1つの方法です。しかしそれだと、集計に使いたいコード体系の数だけ列を追加しなければなりませんし、アドホックな変更も困難です。
　CASE式を使うと、次のような1つのSQLで取り出しが可能です。

```
-- 県名を地方名に再分類する
SELECT CASE pref_name
            WHEN '徳島' THEN '四国'
            WHEN '香川' THEN '四国'
            WHEN '愛媛' THEN '四国'
            WHEN '高知' THEN '四国'
            WHEN '福岡' THEN '九州'
```

```
                WHEN '佐賀' THEN '九州'
                WHEN '長崎' THEN '九州'
           ELSE 'その他' END AS district,
       SUM(population)
  FROM PopTbl
 GROUP BY CASE pref_name
                WHEN '徳島' THEN '四国'
                WHEN '香川' THEN '四国'
                WHEN '愛媛' THEN '四国'
                WHEN '高知' THEN '四国'
                WHEN '福岡' THEN '九州'
                WHEN '佐賀' THEN '九州'
                WHEN '長崎' THEN '九州'
           ELSE 'その他' END;
```

　豪快にGROUP BY句にSELECT句のCASE式をコピーしています。単純に「GROUP BY pref_name」と変換前の列を指定すると、正しい結果が得られないので注意してください（構文エラーにはならないので、見過ごされがちです）。

　また、同様の考え方で、数値を適当な階級体系に振り分けて集計することも可能です。たとえば、人口階級（pop_class）ごとの都道府県の数を調べたい場合は、次のようなSQLになります。

```
-- 人口階級ごとに都道府県を分類する
SELECT CASE WHEN population < 100 THEN '01'
            WHEN population >= 100 AND population < 200 THEN '02'
            WHEN population >= 200 AND population < 300 THEN '03'
            WHEN population >= 300 THEN '04'
       ELSE NULL END AS pop_class,
       COUNT(*) AS cnt
  FROM PopTbl
 GROUP BY CASE WHEN population < 100 THEN '01'
               WHEN population >= 100 AND population < 200 THEN '02'
               WHEN population >= 200 AND population < 300 THEN '03'
               WHEN population >= 300 THEN '04'
          ELSE NULL END;
```

結果

```
pop_class  cnt
---------  ----
01          1
02          3
03          3
04          2
```

　このトリックは大変便利ですが、SELECT句とGROUP BY句の2箇所に同じCASE式を書かなければならないのが少し面倒です。あとで修正が発生したときも、片方だけ直してもう一方の修正を忘れてしまう、というミスが起きやすくなります。

　そこで、次のような書き方ができたら便利だと思いませんか。

```
-- 地方単位にコードを再分類する　その2：CASE式を一箇所にまとめる
SELECT CASE pref_name
            WHEN '徳島' THEN '四国'
            WHEN '香川' THEN '四国'
            WHEN '愛媛' THEN '四国'
            WHEN '高知' THEN '四国'
            WHEN '福岡' THEN '九州'
            WHEN '佐賀' THEN '九州'
            WHEN '長崎' THEN '九州'
       ELSE 'その他' END AS district,
       SUM(population)
  FROM PopTbl
 GROUP BY district;   ← SELECT句で付けた別名をGROUP BY句で参照している
```

　そう、SELECT句で付けた列の別名「district」をGROUP BY句で使っているわけです。そしてこのSQL文がきちんと実行できるDBMSもあるのです。PostgreSQLやMySQLでは、上のクエリを問題なく実行できます。これは、SELECT句のリストを先にスキャンして、列の計算を事前に行なっているからです。一方で残念ながら、OracleやDb2、SQL Serverではこの構文はエラーとなります[3]。DBMS間の互換性がないので、積極的に勧められる書き方ではありませんが、コードが非常に簡潔で読みやすく書けるのが魅力です。いずれすべてのDBMSで利用できる構文として定着してほしいものです。

---

[3] たとえばOracleでこのSELECT文を実行すると、以下のようなエラーメッセージが表示されます。

```
行 12 でエラーが発生しました。:
ORA-00904: "DISTRICT": 無効な識別子です。
```

「PopTblにDISTRICTという列名は存在しない」と言っているわけで、まあその通りではあります。もう少し気を利かせて、SELECT句で作った仮想列の名前も探してくれてもいいじゃないか、と思うところもありますが。

異なる条件の集計を 1 つの SQL で行なう

　異なる条件の集計は、CASE式の使い方として有名なものの1つです。たとえば、先の県別人口を保持するテーブルに、性別列を付け加えたテーブルから、男女別・県別の人数の合計を求める、というケースを考えます。具体的には、次に示す表の内容を集計し、次ページの表の結果を求めるような場合です。性別は1が男性、2が女性とします。

■ 集計元の表 PopTbl2

pref_name (県名)	sex (性別)	population (人口)
徳島	1	60
徳島	2	40
香川	1	100
香川	2	100
愛媛	1	100
愛媛	2	50
高知	1	100
高知	2	100
福岡	1	100
福岡	2	200
佐賀	1	20
佐賀	2	80
長崎	1	125
長崎	2	125
東京	1	250
東京	2	150

■ 集計結果

県名	男	女
徳島	60	40
香川	100	100
愛媛	100	50
高知	100	100
福岡	100	200
佐賀	20	80
長崎	125	125
東京	250	150

　普通は次のように、WHERE句でそれぞれ異なる条件を記述して、2回SQLを発行します。

```
-- 男性の人口
SELECT pref_name,
       population
  FROM PopTbl2
 WHERE sex = '1';
```

```
-- 女性の人口
SELECT pref_name,
       population
  FROM PopTbl2
 WHERE sex = '2';
```

あとはこれをホスト言語やアプリケーション側で列に展開するわけです。UNIONを使えば1つのSQLにできますが、実行コストは同じなのでパフォーマンスは改善しませんし、SQLも無駄に長くなります。一方、CASE式を使えば、次のような1つのSQLで済みます。

```
SELECT pref_name,
       -- 男性の人口
       SUM( CASE WHEN sex = '1' THEN population ELSE 0 END) AS cnt_m,
       -- 女性の人口
       SUM( CASE WHEN sex = '2' THEN population ELSE 0 END) AS cnt_f
  FROM PopTbl2
 GROUP BY pref_name;
```

結果

pref_name	cnt_m	cnt_f
徳島	60	40
香川	100	100
愛媛	100	50
高知	100	100
福岡	100	200
佐賀	20	80
長崎	125	125
東京	250	150

性別が男性='1'のレコードと女性='2'の人口列を、それぞれ合計しているわけです。いわば「行持ち」のデータから「列持ち」に水平展開しているのです。集約関数であれば、SUMに限らずCOUNTでもAVGでも同様に使えます。

このトリックの重宝するところは、SQLの結果を二次元表の形に整形できることです。単純にGROUP BYで集約しただけだと、その後、ホスト言語やExcelなどのアプリケーション上でクロス表の形に整形しなければなりません。しかし、上の結果を見ると、表側が県名、表頭が性別という、すでに**クロス表の形式で結果が出力される**ことがわかります。これは集計表を作るときに非常に便利な機能です。この技をスロー

ガン的に表現するならば、

WHERE句で条件分岐させるのは素人のやること。プロはSELECT句で分岐させる

ということです。使い勝手の良い技なので、大いに利用してください。

ところで、このSELECT文を初めて見た人の中には、「別に人口の合計を計算しているわけではないのに、このSUM関数は必要なのだろうか」と素朴な疑問を抱く人もいるかもしれません（筆者もこの疑問を抱きました）。

結論から言うと、このSUM関数は必須です。その理由は、試しにSUM関数なしでクエリを実行してみるとわかります。

```
SELECT pref_name,
       -- 男性の人口
       CASE WHEN sex = '1' THEN population ELSE 0 END AS cnt_m,
       -- 女性の人口
       CASE WHEN sex = '2' THEN population ELSE 0 END AS cnt_f
  FROM PopTbl2;
```

結果

pref_name	cnt_m	cnt_f
徳島	60	0
徳島	0	40
香川	100	0
香川	0	100
愛媛	100	0
愛媛	0	50
高知	100	0
高知	0	100
福岡	100	0
福岡	0	200
佐賀	20	0
佐賀	0	80
長崎	125	0
長崎	0	125
東京	250	0
東京	0	150

この結果を見ると、「あ、そうか！」と納得いただけるでしょう。確かに、CASE式を使うことで、男性の人口列（cnt_m）と女性の人口列（cnt_f）は作ることができまし

た。しかしそれだけではレコードの集約は行なわれないので、元のPopTbl2テーブルのレコード数そのままが結果にも出てくることになります。当たり前のことですが、レコードを集約するには、集約関数であるSUMが必要なのです。CASE式自身に、レコードの集約機能はありません。最初に「CASE式はラベルの読み替えしかしない」と言った通り、ここでは性別が合致しなかった場合の人口を0に読み替えているだけなのです。

CHECK制約で複数の列の条件関係を定義する

実は、というほどでもないのですが、CASE式はCHECK制約と非常に相性が良いです。あまりCHECK制約を使わないDBエンジニアも多いかもしれませんが、CASE式と組み合わせたときの表現力の強さを知れば、きっとすぐに利用したくなるでしょう[*4]。

たとえば、ここに「女性社員の給料は20万円以下」という給与体系を持つ会社があるとします。この言語道断な会社の人事テーブルにおいて、この条件をCHECK制約で表現したのが次のSQLです。

```
CONSTRAINT check_salary CHECK
  ( CASE WHEN sex = '2'
         THEN CASE WHEN salary <= 200000
                   THEN 1 ELSE 0 END
    ELSE 1 END = 1 )
```

CASE式を入れ子にして、「社員の性別が女性ならば、給料は20万円以下である」という命題（物事を断定する文のこと）を表現しています。これは命題論理で条件法（conditional）と呼ばれる論理式で、形式的に書けば「P → Q」となります。PとQは任意の命題を表わし、読み方は「PならばQ」です。

ここで重要なポイントは、条件法と論理積（logical product）との違いです。論理積とは「P かつ Q」を意味する論理式で形式的には「P ∧ Q」と書きます。CHECK制約で表現すると次のようになります。

```
CONSTRAINT check_salary CHECK
  ( sex = '2' AND salary <= 200000 )
```

この2つの制約は、もちろん異なる動作をします。では、一体どのように異なるのでしょうか。

[*4] MySQLではバージョン8.0時点でCHECK制約を未サポートです。

以下に解答と解説を示しますが、できればすぐに読まず、少し自分で考えてみてください。

> **解答**
>
> 論理積の CHECK 制約を付けると、この会社は男性を雇用できなくなる。条件法であれば、男性も働ける。
>
> **解説**
>
> 論理積「P ∧ Q」を満たす場合は、命題 P と命題 Q が共に真か、どちらかが真でもう一方が不明である場合です。つまりこの会社で働けるのは「女性であり、かつ、給料が20万円以下」の社員か、性別または給料の値が不明の社員の場合です（どちらかの条件が偽になるなら、もう片方の条件が不明な人でも働けません）。
>
> 一方、条件法「P ならば Q」を満たす場合は、P と Q が共に真の場合と、P が偽または不明なすべての場合です。要するに、「女性である」という前提条件が満たされなかった場合は、給料についての制約は一切考慮されないのです。

以下に両者の真理表を示すので参考にしてください。なお、U は、SQL の 3 値論理に特有の真理値 unknown の略です（3 値論理については、このあとの「4　3値論理とNULL」で詳しく取り上げます）。

■ 論理積と条件法

論理積			条件法		
P	Q	P ∧ Q	P	Q	P → Q
T	T	T	T	T	T
T	F	F	T	F	F
T	U	U	T	U	U
F	T	F	F	T	T
F	F	F	F	F	T
F	U	F	F	U	T
U	T	U	U	T	T
U	F	F	U	F	U
U	U	U	U	U	U

条件法の結果が T になる

見ての通り、条件法はそもそも社員の性別が女性でない（あるいは性別がわからない）場合は真となります。その意味で、**論理積よりもゆるい制約**であると言えます。

条件を分岐させた UPDATE

　数値型の列に対して、現在の値を判定対象として別の値へ変えたいというケースを考えます。問題は、そのときのUPDATEの条件が複数に分岐する場合です。たとえば、社員の給料を格納する人事部のテーブルを使いましょう。

Salaries

name	salary
相田	300,000
神崎	270,000
木村	220,000
斉藤	290,000

　今、このテーブルに対し、次のような条件で更新をかけるとします。

1. 現在の給料が30万以上の社員は、10%の減給とする
2. 現在の給料が25万以上28万未満の社員は、20%の昇給とする

　このプランの適用後のテーブルは、次のようになるはずです。

name	salary	
相田	270,000	←減給
神崎	324,000	←昇給
木村	220,000	←変化なし
斉藤	290,000	←変化なし

　単純に考えると、次のようにUPDATE文を2回実行すればよいように思えますが、これは正しくありません。

```
-- 条件1
UPDATE Personnel
SET salary = salary * 0.9
WHERE salary >= 300000;

-- 条件2
UPDATE Personnel
SET salary = salary * 1.2
WHERE salary >= 250000 AND salary < 280000;
```

13

というのも、たとえば、現在の給料が30万円の社員の場合、当然、条件1のUPDATEによって給料は27万に減ります。しかし、それで終わりではなく、続いて実行される条件2のUPDATEによって32万4000円に増えてしまうからです。減給と見えた人事部の仕打ちは、実は2万4000円の昇給だった、ということになります。

name	salary
相田	324,000 ← 間違った更新
神崎	324,000
木村	220,000
斉藤	290,000

　もちろん、このような結果は人事部の意図したところではありません。相田氏はきっちり27万円に減給せねばなりません。問題は、最初に実行されたUPDATEによって、「現在の給料」が変わってしまい、2番目のUPDATEで正しい条件判定ができないことにあります。だからといって、実行するSQLの順番を逆にしても、たとえば、現在の給料が27万円の社員の場合に同じ問題が発生します。鬼の人事部長の意図を正確に反映するSQLは、次のようにCASE式を使って書く必要があります。

```
UPDATE Personnel
   SET salary = CASE WHEN salary >= 300000
                     THEN salary * 0.9
                     WHEN salary >= 250000 AND salary < 280000
                     THEN salary * 1.2
                ELSE salary END;
```

　このSQLは正しいうえに、一度の実行で済むのでパフォーマンスまで向上します。これなら人事部長も納得でしょう。
　なお、最後の行のELSE salaryは非常に重要なので、必ず書いてください。これがないと、条件1と条件2のどちらの条件にも該当しない社員の給料はNULLになってしまいます。これは「[導入] CASE式の構文」（p.2）でも述べたように、「CASE式に明示的なELSE句がない場合、デフォルトでELSE NULLと見なす」というCASE式の仕様によります。CASE式を使うときは、明示的にELSE句を書く癖が大事だという理由がおわかりいただけるでしょう。
　このテクニックは応用範囲が広く、これを使えば主キーの値を入れ替えるという荒業も簡単に実現できます。普通、aとbという主キーの値を入れ替えるためには、ワーク用の値へ一度どちらかを退避させる必要があります。この方法では3回のUPDATEが必要になりますが、CASE式を使えば1つのSQLで実現できます。

SomeTable

p_key (主キー)	col_1 (列1)	col_2 (列2)
a	1	あ
b	2	い
c	3	う

　たとえば、上のようなテーブルについて、CASE式を使わずに主キーaとbを入れ替えるには、次のように3つのSQLを書く必要があります。

```
-- 1. aをワーク用の値dへ退避
UPDATE SomeTable
   SET p_key = 'd'
 WHERE p_key = 'a';

-- 2. bをaへ変換
UPDATE SomeTable
   SET p_key = 'a'
 WHERE p_key = 'b';

-- 3. dをbへ変換
UPDATE SomeTable
   SET p_key = 'b'
 WHERE p_key = 'd';
```

　これでも確かに可能ですが、3回のUPDATEを実行するのは無駄が多いですし、退避用の値「d」が常に利用可能かどうかも不安が残ります。CASE式を使えば、こういう心配にわずらわされることなく一発で入れ替えができます。

```
-- CASE式で主キーを入れ替える
UPDATE SomeTable
   SET p_key = CASE WHEN p_key = 'a'
                    THEN 'b'
                    WHEN p_key = 'b'
                    THEN 'a'
                    ELSE p_key END
 WHERE p_key IN ('a', 'b');
```

　一読してわかるように、「aならbへ、bならaへ」という条件分岐させたUPDATEを行なっています。主キーだけでなく、もちろんユニークキーの入れ替えも同様に

可能です。ポイントは、先ほどの昇給・減給の例題のときと同じです。すなわち、CASE式の分岐による更新は「一気に」行なわれるので、主キーの重複によるエラーを回避できるのです[*5]。

ただし、このような入れ替えをする必要が生じるということは、テーブル設計にどこか間違いがある可能性が高いので、まずは設計を見直して、必要がなければ制約を外してください。

テーブル同士のマッチング

DECODE関数などと比べたときのCASE式の大きな利点は、式を評価できることです。それはつまり、CASE式の中でBETWEEN、LIKE、<, >といった便利な述語群を使用できるということです。中でもINとEXISTSはサブクエリを引数に取れるため、非常に強力な表現力を持ちます。

さて、次のような資格予備校の講座一覧を関するテーブルと、その月々に開講されている講座を管理するテーブルを考えます。

■ 講座マスタ

CourseMaster

course_id	course_name
1	経理入門
2	財務知識
3	簿記検定開講講座
4	税理士

OpenCourses

month	course_id
201806	1
201806	3
201806	4
201807	4
201808	2
201808	4

このテーブルから、次のように各月の開講状況を一目でわかるようにしたクロス表を作成しましょう。

[*5] このクエリは、PostgreSQLやMySQLでは主キーの重複によるエラーとなります。たとえばPostgreSQLでは次のようなエラーメッセージが表示されます。

```
ERROR:  重複キーが一意性制約 "sometable_pkey" に違反しています
DETAIL:  キー (p_key)=(b) はすでに存在します
```

これは、主キーが 'a' の行に対して、主キーを 'b' に変更しようとした際、まだ主キー 'b' が変更前の値として残っているためにエラーになったのです。しかし本来、制約は文による変更が終わった時点で施行されるものであるため、実行途中で一時的に重複が生じても問題はありません。事実、Oracle、Db2、SQL Server では、このUPDATE文は問題なく実行できます。PostgreSQLでもテーブル作成時に遅延制約 (DEFERRABLE) オプションを付けることで、エラーなく実行できるようになります。

course_name	6月	7月	8月
経理入門	○	×	×
財務知識	×	×	○
簿記検定	○	×	×
税理士	○	○	○

　これはつまり、OpenCoursesのある月にCourseMasterテーブルの講座が存在するかどうかのチェックを行なうわけです。このマッチングの条件を、CASE式によって書くことができます。

```sql
-- テーブルのマッチング：IN述語の利用
SELECT course_name,
       CASE WHEN course_id IN
                   (SELECT course_id FROM OpenCourses
                       WHERE month = 201806) THEN '○'
            ELSE '×' END AS "6 月",
       CASE WHEN course_id IN
                   (SELECT course_id FROM OpenCourses
                       WHERE month = 201807) THEN '○'
            ELSE '×' END AS "7 月",
       CASE WHEN course_id IN
                   (SELECT course_id FROM OpenCourses
                       WHERE month = 201808) THEN '○'
            ELSE '×' END AS "8 月"
  FROM CourseMaster;

-- テーブルのマッチング：EXISTS述語の利用
SELECT CM.course_name,
       CASE WHEN EXISTS
                   (SELECT course_id FROM OpenCourses OC
                       WHERE month = 201806
                         AND OC.course_id = CM.course_id) THEN '○'
            ELSE '×' END AS "6 月",
       CASE WHEN EXISTS
                   (SELECT course_id FROM OpenCourses OC
                       WHERE month = 201807
                         AND OC.course_id = CM.course_id) THEN '○'
            ELSE '×' END AS "7 月",
       CASE WHEN EXISTS
                   (SELECT course_id FROM OpenCourses OC
                       WHERE month = 201808
                         AND OC.course_id = CM.course_id) THEN '○'
            ELSE '×' END AS "8 月"
  FROM CourseMaster CM;
```

どちらのクエリも、月数が増えてもSELECT句を修正するだけでよいので拡張性に富むクエリです。

INとEXISTSどちらを使っても、結果は同じですが、パフォーマンスはEXISTSのほうがよいでしょう。サブクエリで（month, course_id）という主キーのインデックスが利用できるため、特にOpenCoursesテーブルのサイズが大きい場合にはかなり優位に立つはずです。

このテーブル間のマッチングは、見方を変えれば表側固定のクロス表を作ることでもありますから、外部結合を利用した解法も存在します。その路線による考え方は、「8　外部結合の使い方」で取り上げます。

CASE 式の中で集約関数を使う

これは少々高度な使い方です。一見すると文法エラーに見えますが、れっきとした正しい構文で、あらゆるDBMSで使えます。例として、次のような学生と所属クラブを一覧するテーブルを考えます。主キーは｛学生番号、クラブID｝です。

StudentClub

std_id （学生番号）	club_id （クラブID）	club_name （クラブ名）	main_club_flg （主なクラブフラグ）
100	1	野球	Y
100	2	吹奏楽	N
200	2	吹奏楽	N
200	3	バドミントン	Y
200	4	サッカー	N
300	4	サッカー	N
400	5	水泳	N
500	6	囲碁	N

学生は複数のクラブに所属している場合もあれば（100、200）、1つにしか所属していない場合もあります（300、400、500）。複数のクラブをかけ持ちしている学生については、主なクラブがどれかを示すフラグ列にYまたはNの値が入ります。1つだけのクラブに専念している学生の場合はNが入ります。

さて、このテーブルから、次のような条件でクエリを発行します。

1. 1つだけのクラブに所属している学生については、そのクラブIDを取得する
2. 複数のクラブをかけ持ちしている学生については、主なクラブのIDを取得する

単純に考えれば、次のような2つの条件に対応するクエリを発行すればよいと考えられます。「複数のクラブに所属しているか否か」は、集計結果に対する条件なのでHAVING句を使います。

■条件1のSQL文

```sql
-- 条件1：1つのクラブに専念している学生を選択
SELECT std_id, MAX(club_id) AS main_club
  FROM StudentClub
 GROUP BY std_id
HAVING COUNT(*) = 1;
```

結果

```
std_id  main_club
------  ---------
300     4
400     5
500     6
```

■条件2のSQL文

```sql
-- 条件2：クラブをかけ持ちしている学生を選択
SELECT std_id, club_id AS main_club
  FROM StudentClub
 WHERE main_club_flg = 'Y' ;
```

結果

```
std_id  main_club
------  ---------
100     1
200     3
```

確かにこれでも条件を満たす結果が得られますが、例によって複数のSQLが必要となり、パフォーマンスの問題が発生します。CASE式を使えば、次のような1つのSQLで書くことができます。

```
SELECT std_id,
       CASE WHEN COUNT(*) = 1  -- 1つのクラブに専念する学生の場合
            THEN MAX(club_id)
       ELSE MAX(CASE WHEN main_club_flg = 'Y'
                     THEN club_id
                     ELSE NULL END) END AS main_club
  FROM StudentClub
 GROUP BY std_id;
```

(結果)

```
std_id  main_club
------  ---------
100     1
200     3
300     4
400     5
500     6
```

　CASE式の中に集約関数を書いて、さらにその中にCASE式を書くという入れ子構造ですが、要するに実現したかったことは、「1つだけのクラブに専念しているのか、複数のクラブをかけ持ちしているのか」という条件分岐をCASE WHEN COUNT(*) = 1 … ELSE … というCASE式で表現することです。

　これはちょっと革命的な書き方です。なぜなら、私たちはSQL入門の手ほどきを受けるとき、集計結果に対する条件はHAVING句を使って設定すると習いますが、CASE式を使えばSELECT句でも同等の条件分岐が書けるからです。この技をスローガン的に表現するならば、

HAVING句で条件分岐させるのは素人のやること。プロはSELECT句で分岐させる

となります。この例題からもわかるように、CASE式はSELECT句で集約関数の中にも外にも書くことができます。この自由度の高さがCASE式の大きな魅力ですが、それにしてもなぜCASE式の中に集約関数を書けるのでしょうか。

　その理由は、集約関数もまた関数である以上、SELECT句においては最終的に1つの数値に評価されるので、外側のCASE式は結局、1つの数値を入力に取っているだけだからです。

まとめ

　本章では、CASE式の柔軟かつ強力な表現力の一端を見てきました。CASE式はSQLの宣言的プログラミングを支える生命線の1つで、SQLを使いこなすための基礎技術ですから、ぜひマスターしてください。本書の後半においても、CASE式が登場しない章はないぐらいです（この章を最初に配置したのもそのためです）。

　手続き型のプログラミング言語にも「CASE文」という条件分岐の構文があるので、それと混同してCASE「文」と呼ばれることもあるのですが、これは誤りです。SQLのCASE式は、正確には文ではなく、「1 + 1」や「a / b」と同じ**式の仲間**です。終端子の「END」というのが、いかにも一連の手続きブロックの終わりを示しているように見えて、初めてCASE式に触れる人はこの点にとまどいがちです。「式」と「文」の呼び名の違いは、機能の差異を示す重要なポイントです。

　式であるがゆえに、CASE式は実行時には評価されて1つの値に定まりますし（だから集約関数の中に書ける）、式だから、SELECT句にもGROUP BY句にもWHERE句にもORDER BY句にも書くことができます。ひらたく言って、**CASE式は列名や定数を書ける場所には常に書くことができます**。その意味において、CASE式に最もよく似ているのは、手続き型言語のCASE文ではなく、むしろLispやSchemeなど関数型言語のcaseやcondといった条件式です（このSQLと関数型言語の対比については、第2部の一部の章でも主題として取り上げます）。

CASE 式はどこにでも書ける
- SELECT 句
- WHERE 句
- GROUP BY 句
- HAVING 句
- ORDER BY 句
- PARTITION BY 句
- CHECK 制約の中
- 関数の引数
- 述語の引数
- 他の式の中（CASE 式自身も含む）

　それでは、本章の要点を振り返りましょう。

1. GROUP BY句でCASE式を使うことで、集約単位となるコードや階級を柔軟に設定できる。これは非定形的な集計に大きな威力を発揮する。
2. 集約関数の中に使うことで、行持ちから列持ちへの水平展開も自由自在。
3. 反対に集約関数を条件式に組み込むことでHAVING句を使わずにクエリをまとめられる。
4. 実装依存の関数より表現力が非常に強力なうえ、汎用性も高まって一石二鳥。
5. そうした利点があるのも、CASE式が「文」ではなく「式」であるからこそ。
6. CASE式を駆使することで複数のSQL文を1つにまとめられ、可読性もパフォーマンスも向上して良いことづくし。

CASE式についてより詳しく知りたい方は、以下の参考文献を参照してください。

1. ジョー・セルコ『プログラマのためのSQL 第4版』(翔泳社、2013)
   ISBN 9784798128023
   「18　CASE式」や「15.3.5　UPDATE文でCASE式を使う」など。CASE式の詳細な文法から具体的な応用例まで幅広くカバーされています。

2. ジョー・セルコ『SQLパズル 第2版』(翔泳社、2007)　ISBN 9784798114132
   CASE式の中に集約関数を組み込む技術については、「パズル13　2人かそれ以上か、それが問題だ」「パズル36　1人2役」「パズル43　卒業」を参照。「パズル44　商品のペア」は条件を分岐させたUPDATEを、「パズル45　ペパロニピザ」はCASE式による列の水平展開を巧みに利用しています。

演習問題

●演習問題1-①　複数列の最大値

　SQLでは、複数行の中から最大値／最小値を選ぶことは簡単です。適当なキーでGROUP BY句で集約し、MAX／MIN関数を使えばよいだけです。では、複数列の中から最大値を選ぶにはどうすればよいでしょうか。サンプルデータは以下のものを使いましょう。

Greatests

key	x	y	z
A	1	2	3
B	5	5	2
C	4	7	1
D	3	3	8

　このテーブルから、xとyの最大値を取得することを考えます。求める結果は次のようになります。

結果

```
key   greatest
-----  ---------
A       2
B       5
C       7
D       3
```

　Oracle、PostgreSQL、MySQLには、こういうときのためのその名もずばりGREATEST関数が用意されていますが、あくまで標準SQLで求めてください。
　これができたら、3列以上にも拡張してみましょう。今度は、x, y, zから最大値を求めるので、結果はこうなります。

結果

```
key   greatest
-----  ---------
A       3
B       5
C       7
D       8
```

● 演習問題1-②　合計と再掲を表頭に出力する行列変換

　本文中のPopTbl2をサンプルに使って、行持ちから列持ちへの水平展開の練習をもう少ししておきましょう。

PopTbl2（再掲）

pref_name （県名）	sex （性別）	population （人口）
徳島	1	60
徳島	2	40
香川	1	100
香川	2	100
愛媛	1	100
愛媛	2	50
高知	1	100
高知	2	100
福岡	1	100
福岡	2	200
佐賀	1	20
佐賀	2	80
長崎	1	125
長崎	2	125
東京	1	250
東京	2	150

　今度は、次のように表頭に合計や再掲の列を持つようなクロス表を作ってください。

結果

```
性別  全国     徳島   香川   愛媛   高知   四国（再掲）
----  ------  -----  ----   -----  -----  ----------
男    855      60    100    100    100       360
女    845      40    100     50    100       290
```

　ここで「全国」というのは、東京なども含めたテーブルに存在するデータすべての合計人口です（足りない都道府県がたくさんありますが、そこは気にしないでください）。一方、右端の「四国（再掲）」は、四国4県の合計値です。

●演習問題1-③　ORDER BYでソート列を作る

　最後に考えてもらう問題は、ちょっと小手先のテクニックに属するものですが、時として使う必要に迫られることがあるので紹介しておきます。

　演習問題1-①で利用したGreatestsテーブルに対して、普通に「SELECT key FROM Greatests ORDER BY key;」というクエリを実行すると、通常はkey列をアルファベット順にソートした形で結果が表示されます。

　では問題です。その表示結果を、「B-A-D-C」の順番に並び替えるクエリを考えてください。この順番に特に規則性はありません。できたら他の適当な順番でも試してみてください。

2 必ずわかるウィンドウ関数

> ▶ 順序を使ったプログラミングの復活
>
> 本章ではウィンドウ関数というSQLの道具を取り上げます。1990年代の後半にアイデアが登場し、2000年代にOracle、Db2、SQL ServerなどのDBMSでサポートされるようになり、2017年にMySQLがサポートを表明したことで、現在では主要なすべてのDBMSで利用することが可能になりました。ウィンドウ関数を使いこなすことで、ある意味で手続き型言語を使う感覚でデータを操作することが可能になります。SQLプログラミングの可能性を大きく広げる重要な道具について、本章で理解を深めましょう。

　ウィンドウ関数は、SQLに導入された道具の中では新しいほうですが、その重要性は抜きん出て高いと言えます。ウィンドウ関数なしでは、モダンなSQLプログラミングは不可能だと断言してよいくらいです。本書初版の執筆時2008年では、まだサポートしていないDBMSもあったため、あまりウィンドウ関数について言及しませんでしたが、この第2版では主役級のフォーカスを当てます。

　ウィンドウ関数の応用方法はたくさんありますが、特に、これまで行間比較において相関サブクエリに頼らなければならなかったケースにおいて、ウィンドウ関数を使うことで相関サブクエリを消去し、SQL文をエレガントに記述することが可能になります（このポイントについては「7　ウィンドウ関数で行間比較を行なう」で詳しく説明します）。本章では、そのように便利なウィンドウ関数を使いこなしてもらうために、その動作の基本的理解に焦点を当てて解説します。というのも、ウィンドウ関数は、ぱっと見たときには動作が少しわかりにくく、それがしばしばSQLユーザーにとってとまどいの種になることもあるからです。伝統的な集合指向のSQLコーディングに慣れ親しんできたDBエンジニアにとっては、RDBとSQLが遠い昔に決別した手続き型の概念 ── 行の順序 ── を遠慮なく使っているように見えますし、一方で初めてSQLに触れる初心者にとっては、1つの関数の中に多くの機能を詰め込んだことで、動作のイメージを持ちにくい難物に見えます。

　しかし、そうした理由でウィンドウ関数を敬遠することは、もったいない話です。本章では、ウィンドウ関数を理解するポイントを、いくつかのサンプルを通して見ていきましょう。ウィンドウ関数の基本的な構文についてはおおよそ把握していることを前提に話を進めるので、もしまったくウィンドウ関数を見たこと／使ったことがないという方は、巻末参考文献に挙げた初心者向け書籍でウィンドウ関数の説明を読んでからのほうが理解がスムーズでしょう（逆に、細かいオプションの構文まで覚えていなくても、本章の理解には支障ありません）。

ウィンドウとは何か？

まず、**ウィンドウ関数**を初めて見た人が不思議に思うのが、この名前だと思います[*1]。何かウィンドウというものを使った関数なのだろうという想像はつくものの、いざ構文のサンプルを見てみると、どこにも「これがウィンドウです」とは書かれておらず、いきなりPARTITION BY句やORDER BY句を使ったクエリの応用例の紹介が始まります。

たとえば、ウィンドウ関数の典型的な利用ケースである、移動平均を求める構文の一例を見てみましょう。具体的なデータに意味はないので、テーブル定義は省略します。

■無名ウィンドウ構文

```
SELECT shohin_id, shohin_mei, hanbai_tanka,
       AVG (hanbai_tanka) OVER (ORDER BY shohin_id
                                ROWS BETWEEN 2 PRECEDING
                                         AND CURRENT ROW) AS moving_avg
  FROM Shohin;
```

これは商品テーブルを商品IDの昇順にソートして、各商品についてIDの2つ前までの商品を含む価格の移動平均を求めていますが、AVG、OVER、ROWS BETWEEN、CURRENT ROWといったウィンドウ関数を構成するキーワードがいくつか登場しているものの、ウィンドウそのものの定義があるようには見えません。

しかしこれは、このクエリがウィンドウという概念を使っていないわけではなく、この構文でも一応、ウィンドウは定義されています。ただ、それが**暗黙**に行なわれているため、一見するとウィンドウが登場していないような錯覚を受けるのです。

ウィンドウの定義まで明示した構文は次のようになります。

■名前付きウィンドウ構文

```
SELECT shohin_id, shohin_mei, hanbai_tanka,
       AVG(hanbai_tanka) OVER W AS moving_avg
  FROM Shohin
WINDOW W AS (ORDER BY shohin_id
             ROWS BETWEEN 2 PRECEDING
                      AND CURRENT ROW);
```

[*1] ウィンドウ関数が登場した90年代から2000年代前半では、「OLAP関数」とも呼ばれていました。これは文字通りOLAP（Online Analytical Processing）に使うことを想定して名付けられた名前ですが、今ではこの呼び名はあまり使われません。筆者としても、動作の特徴を捉えた現在の名前「ウィンドウ関数」のほうがいいと思います。

こちらは、ウィンドウを明示的に定義したうえで、それに対してAVG関数を適用するという構文になっています。ここでのウィンドウとはすなわち、FROM句から選択されたレコードの集合に対して、**ORDER BYによる順序付け**や**ROWS BETWEENによるフレーム定義**が行なわれたうえでの**データセット**ということになります。レコード集合に対して、こうしたさまざまなオプションによるデータ加工を行なえるところが、ただのレコード集合とウィンドウの異なるところです[*2]。

　この2つの構文を比較するとわかるように、私たちが一般によく使うウィンドウ関数の構文は、（無名プロシージャや無名ファンクションと同じく）暗黙的に「無名ウィンドウ」を利用する簡略形なのです。こちらのほうが、文字通り簡略に書けるのが利点ですが、名前付きウィンドウ構文のほうも、ウィンドウの使いまわしが可能で編集時のエラーを抑止できる利点があります。ちょうど、共通表式（CTE）によるビューの使いまわしや、ストアドプロシージャにおける名前付きプロシージャの定義と同じ効果があるわけです。

```
-- 名前付きウィンドウ構文では、ウィンドウの使いまわしが可能
SELECT shohin_id, shohin_mei, hanbai_tanka,
       AVG(hanbai_tanka)    OVER W AS moving_avg,
       SUM(hanbai_tanka)    OVER W AS moving_sum,
       COUNT(hanbai_tanka)  OVER W AS moving_count,
       MAX(hanbai_tanka)    OVER W AS moving_max
  FROM Shohin
WINDOW W AS (ORDER BY shohin_id
                ROWS BETWEEN 2 PRECEDING
                         AND CURRENT ROW);
```

　このように、無名構文と名前付き構文にはそれぞれ利点があるので、場合によって使い分けるのが基本路線ですが、一点注意しなければならないのは、後者の名前付き構文がエラーになり、受け付けないDBMSもあることです。本来は名前付きのほうが「正式」な構文という気もしますが、無名構文のほうが普及してしまった結果として起きた逆転現象のように思われます[*3]。

[*2] ウィンドウ（Window）にはもともと英語で「範囲」や「幅」という意味があり、システム開発の世界でも「バッチウィンドウ」とか「メンテナンスウィンドウ」という用語で使われます。この場合は「窓」という意味と直接の関係はありません。
　こうした時間枠を意味するケースでもそうですが、一般に、ただ集合を切り分けたサブセットではなく、暗黙に何らか順序性のある「範囲」に使われます。筆者が知る他の例としては、F1などで使う「ピットストップウィンドウ」という用語で、ピットストップする適切なタイミングの時間幅を意味しますが、これも特定の時間枠を切り出すときに使う言葉です。

[*3] たとえば、ウィンドウ関数の名前付き構文はPostgreSQL、MySQLでは利用できますが、Oracleではエラーになります。

こうした構文の互換性のなさはDBMS間のマイグレーションでリスクになるため、（名前付き構文でウィンドウの定義を理解した後は）原則として無名構文を利用する、というスタンスが無難かもしれません。「上りきったら梯子は捨てろ」の精神です。

1枚でわかるウィンドウ関数

さて、ウィンドウの定義を理解したところで、ウィンドウ関数の機能を俯瞰してみましょう（図2.1）。

■ 図2.1　1枚でわかるウィンドウ関数[*4]

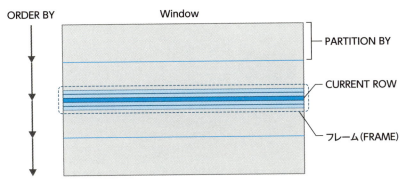

ウィンドウ関数は複数の操作を1つの関数に詰め込んでいるのが、理解をわかりにくくさせている理由の1つですが、図2.1のように全体を整理して見れば、実は、以下の3つの機能しか持っていないのです（3つも詰め込んでいたら十分複雑だ、という意見もあるかもしれませんが、まあそれはそれとして）。

1. PARTITION BY句によるレコード集合のカット
2. ORDER BY句によるレコードの順序付け
3. フレーム句によるカレントレコードを中心としたサブセットの定義

[*4] 以下の論文の図を参考にしています。
V.Leis, A. Kemper, K.Kundhikanjana, T.Neumann, 2015, Proceedings of the VLDB —— Endowment Efficient Processing of Window Functions in Analytical SQL Queries
http://www.vldb.org/pvldb/vol8/p1058-leis.pdf

p.1059, Figure 1: Window function concepts: partitioning, ordering, framing. The current (gray) row can access rows in its frame. The frame of a tuple can only encompass tuples from that partition

しかもこのうち1. と2. の機能は、従来のGROUP BYとORDER BYの機能とほぼ同じなので、SQLの基本構文を理解している人なら、すんなり理解できます[*5]。ウィンドウ関数の本当に独自の機能という意味では、3. のフレーム句だけです。「カレントレコード」の概念をプログラミングの中で明示的に利用するというのは、伝統的なSQLになかった発想です。しかし一方で、これがRDBから手続き型言語へデータを受け渡すときに昔から利用されている「カーソル（cursor）」をSQLの構文に取り込んだものであることは、RDBを使ってシステムを構築した経験のある人ならすぐに気づくでしょう（図2.2）。

■ 図 2.2　フレーム句の原理は"カーソル"

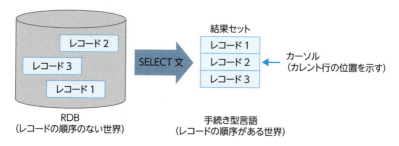

カーソルが必要だった理由は、原則としてテーブルのレコードが順序を持たず、レコードの集合を操作の基本単位とする「set at a time」の考え方に基づくRDBと、レコードが順序を持ち、1行のレコードを操作の基本単位とする「record at a time」の考え方に基づく手続き型言語のギャップを埋める仲介が必要とされたからです。

手続き型言語においては、レコード集合が何らかのキーで順序付けされたうえで、それをfor文やwhile文のループで回してカレントレコードを1行ずつずらしながら処理するというのが、昔から今に至るまで変わらない基本的な操作方法です。これはアドレスの隠蔽やオブジェクト指向が導入された後でも変化しませんでした。その点で、ウィンドウ関数は手続き型言語の考え方をSQLに輸入した機能ということができます[*6]。

[*5] PARTITION BY 句は、ウィンドウをカットするだけでGROUP BY 句のようにレコードの集約は行なわないため、レコードの行数が関数の適用前後で変わらない、という点でGROUP BY 句と完全に同じ機能ではありません。「PARTITION BY = GROUP BY - 集約」と覚えておけば、むしろ機能がシンプルな分わかりやすいでしょう。この両者の比較については、「18　GROUP BYとPARTITION BY」（p.285）も参照。

[*6] 「伝統的な SQL でも ORDER BY 句はレコードの順序を定義していたじゃないか」という意見もあるかもしれませんが、実はORDER BY 句はSQLではなく、カーソル定義の一部とされています。なぜRDB（を考案した人）がレコードの順序という、プログラミングにおいて非常に有用と思われる概念をあえて消去しようとしたのか、という理由については「13　RDB近現代史」（p.250）を、一度排除したレコードの順序という概念を復活させることになった経緯については「17　順序をめぐる冒険」（p.279）を、それぞれ参照。

フレーム句を使って違う行を自分の行に持ってくる

フレーム句は、上述のような移動平均などカレントレコードを基準に計算する統計指標を、SQLで簡単に算出するために導入されました。しかしそれだけにとどまらず、広い応用があります。感覚的な表現をすれば、フレーム句を使うことで「異なる行を自分の行に持ってくる」ことができるようになり、従来SQLで難しかった行間比較を自在に行なうことができるようになるのです。

直近を求める

まずは基本的な時系列分析から考えてみましょう。時系列にデータを比較する場合、基本となるのは、時系列に従って、1行ずつ過去へさかのぼる、または未来へ進むSQLです。サンプルに、LoadSampleというサーバの時間ごとの負荷量を記録したテーブルを使います（負荷量は適当な数値なので、意味は気にしないでください）。サンプリングは思いついたときに不定期に行なわれるため、不連続で間隔もランダムな日付が格納されているとします[7]。

LoadSampleテーブル

sample_date （計測日）	load_val （負荷量）
2018-02-01	1024
2018-02-02	2366
2018-02-05	2366
2018-02-07	985
2018-02-08	780
2018-02-12	1000

まずは、各行について「過去の直近の日付」を求めてみます。すなわち「1行前」の日付を求めるということです。

```
SELECT sample_date AS cur_date,
       MIN(sample_date)
         OVER (ORDER BY sample_date ASC
               ROWS BETWEEN 1 PRECEDING AND 1 PRECEDING) AS latest_date
  FROM LoadSample;
```

---

[7] このサンプルデータとSQL文は拙稿「SQLアタマ養成講座」第5回（技術評論社、2009）を参考にしました。
第5回　SQL流行間比較(1)　はじめに
https://gihyo.jp/dev/serial/01/sql_academy/0005

> 結果
>
> | cur_date | latest_date |
> | --- | --- |
> | 2018-02-01 | |
> | 2018-02-02 | 2018-02-01 |
> | 2018-02-05 | 2018-02-02 |
> | 2018-02-07 | 2018-02-05 |
> | 2018-02-08 | 2018-02-07 |
> | 2018-02-12 | 2018-02-08 |

　2月1日より前のデータはこのテーブルには登録されていないので、2月1日の行については直前の日付はNULLになります。これは直観的に納得のいく仕様でしょう。2月2日以降についてはそれぞれ直前の日付がテーブルに存在するので、これがlatest列に入ることになります。このクエリのポイントは、「ROWS BETWEEN 1 PRECEDING AND 1 PRECEDING」によって、フレーム句の範囲をあくまでsample_dateでソートした場合の直前の1行に限定していることです。普通、「BETWEEN」は、複数行の範囲を指定するために使う場合が多いですが、ここはあえて範囲を1行に限定するために利用していますし、別に1行しか範囲がなかったからエラーになるというわけでもありません。

　いわば、ここでのフレーム句は、カーソルがカレント行に当たった状態を前提として、「1行前」の範囲に限定したレコード集合を作ったわけです。

　日付だけでなく、当該の日付の負荷量を求めることも簡単です。カレントレコードの負荷量はそのままload列で求められますし、1行前の負荷量も、同じウィンドウ定義でload列に変えるだけです。

```
SELECT sample_date AS cur_date,
       load_val AS cur_load,
       MIN(sample_date)
          OVER (ORDER BY sample_date ASC
                ROWS BETWEEN 1 PRECEDING AND 1 PRECEDING) AS latest_date,
       MIN(load_val)
          OVER (ORDER BY sample_date ASC
                ROWS BETWEEN 1 PRECEDING AND 1 PRECEDING) AS latest_load
  FROM LoadSample;
```

結果

cur_date	cur_load	latest_date	latest_load
2018-02-01	1024		
2018-02-02	2366	2018-02-01	1024
2018-02-05	2366	2018-02-02	2366
2018-02-07	985	2018-02-05	2366
2018-02-08	780	2018-02-07	985
2018-02-12	1000	2018-02-08	780

ところで、このコードで、同じウィンドウ定義が二度登場していることに気づいたでしょうか。上述の名前付きウィンドウ構文を使えば、次のように1つにまとめて記述することも可能です（結果は同じ）。

```sql
SELECT sample_date AS cur_date,
       load_val    AS cur_load,
       MIN(sample_date) OVER W AS latest_date,
       MIN(load_val)    OVER W AS latest_load
  FROM LoadSample
WINDOW W AS (ORDER BY sample_date ASC
             ROWS BETWEEN 1 PRECEDING AND 1 PRECEDING);
```

さて、これがフレーム句を使った行間移動の基本ですが、ここでいくつかよくある質問に答えておきましょう。

Q1 フレームは前だけでなく「後ろ」にも移動させることはできますか？

はい、可能です。その場合はFOLLOWINGというキーワードを使います。たとえば直前のクエリにおいて、1行「後」にフレームの幅を移動させてみましょう。

```sql
SELECT sample_date AS cur_date,
       load_val    AS cur_load,
       MIN(sample_date) OVER W AS next_date,
       MIN(load_val)    OVER W AS next_load
  FROM LoadSample
WINDOW W AS (ORDER BY sample_date ASC
             ROWS BETWEEN 1 FOLLOWING AND 1 FOLLOWING);
```

結果

```
cur_date      cur_load    next_date     next_load
------------  ----------  ------------  ----------
2018-02-01        1024    2018-02-02        2366
2018-02-02        2366    2018-02-05        2366
2018-02-05        2366    2018-02-07         985
2018-02-07         985    2018-02-08         780
2018-02-08         780    2018-02-12        1000
2018-02-12        1000
```

今度はnext_dateとnext_loadの列に、「直後」のレコードの値が表示されています。

なお、PRECEDINGとFOLLOWINGを併用してカレントレコードを挟み込んで「前後n行」のようなフレームを設定することも可能です。

Q2 MIN関数を使っていますが、これには何か意味があるのですか？

このサンプルのように、フレームの範囲を1行に限定している場合、特にMIN特有の意味はありません。MAXでもAVGでもSUMでも結果は同じです。1行に対して集約関数を適用しているのと同じだからです。フレームの範囲が複数行になると、本来の意味を持つ集約関数を適用する必要があります。

```sql
-- これでも結果はMINと同じ
SELECT sample_date AS cur_date,
       load_val    AS cur_load,
       MAX(sample_date) OVER W AS latest_date,
       MAX(load_val)    OVER W AS latest_load
  FROM LoadSample
WINDOW W AS (ORDER BY sample_date ASC
             ROWS BETWEEN 1 PRECEDING AND 1 PRECEDING);
```

Q3 行ではなく「1日前」や「2日前」のように列の値に基づいたフレームも設定できますか？

はい可能です。その場合は「ROWS」の代わりに「RANGE」というキーワードを使います[8]。

---

[8] 「interval '1' day」は、sample_date が日付型なので、それにあわせて日付の間隔（インターバル）を指定する構文です。このように、RANGE を使うと列のデータ型を意識する必要があります（基本的には数値、日付・時間でしか利用しないと思いますが）。

```
SELECT sample_date AS cur_date,
       load_val    AS cur_load,
       MIN(sample_date)
         OVER (ORDER BY sample_date ASC
                  RANGE BETWEEN interval '1' day PRECEDING
                            AND interval '1' day PRECEDING
              ) AS day1_before,
       MIN(load_val)
         OVER (ORDER BY sample_date ASC
                  RANGE BETWEEN interval '1' day PRECEDING
                            AND interval '1' day PRECEDING
              ) AS load_day1_before
  FROM LoadSample;
```

結果

cur_date	cur_load	day1_before	load_day1_before
18-02-01	1024		
18-02-02	2366	18-02-01	1024
18-02-05	2366		
18-02-07	985		
18-02-08	780	18-02-07	985
18-02-12	1000		

　LoadSampleテーブルのデータは不連続なため、1日前のデータが存在しない場合、day1_beforeとload_day1_beforeの列にはNULLが表示されます。これは直観的に納得のいく仕様でしょう。

　最後に、参考としてフレーム句で利用できるオプションを以下に示します。

- ROWS：移動単位を行で設定する
- RANGE：移動単位を列の値で設定する。基準となる列はORDER BY句で指定された列
- n PRECEDING：nだけ前へ（小さいほう）へ移動する。nは正の整数
- n FOLLOWING：nだけ後へ（大きいほう）へ移動する。nは正の整数
- UNBOUNDED PRECEDING：無制限にさかのぼるほうへ移動する
- UNBOUNDED FOLLOWING：無制限に下るほうへ移動する
- CURRENT ROW：現在行

行間比較の一般化

これで1つ前の日付を求めることはできるようになりました。ですが実務では、もう少し比較の範囲を広げて、「直近の前」の日付や「直近の前のそのまた前」の日付、さらに一般的に「n行前の日付」と比較したい、という要望も生じることでしょう。つまり、行間比較の一般化です。

この要望に応えるため、まずはある日付を起点として、そこから順次過去へさかのぼった日付を求める方法を考えます。とりあえず3つ前まで求めるとすると、結果は以下のように階段型になります。階段型になるのは、やはりさかのぼれる日付のないデータがNULLになるからです。

■ 想定される実行結果

```
cur_date   latest_1    latest_2    latest_3
--------   --------    --------    --------
2018-02-01
2018-02-02 2018-02-01
2018-02-05 2018-02-02  2018-02-01
2018-02-07 2018-02-05  2018-02-02  2018-02-01
2018-02-08 2018-02-07  2018-02-05  2018-02-02
2018-02-12 2018-02-08  2018-02-07  2018-02-05
```

これを求めるウィンドウ関数は次のようになります。

```
SELECT sample_date AS cur_date,
       MIN(sample_date)
          OVER (ORDER BY sample_date ASC
               ROWS BETWEEN 1 PRECEDING AND 1 PRECEDING) AS latest_1,
       MIN(sample_date)
          OVER (ORDER BY sample_date ASC
               ROWS BETWEEN 2 PRECEDING AND 2 PRECEDING) AS latest_2,
       MIN(sample_date)
          OVER (ORDER BY sample_date ASC
               ROWS BETWEEN 3 PRECEDING AND 3 PRECEDING) AS latest_3
  FROM LoadSample;
```

BETWEENによる行の指定先を「1行前」「2行前」「3行前」……と変更するだけなので、非常に簡単に済むのがよいところです。後は何行前でも同じやり方で拡張できます。このケースにおいても「名前付きウィンドウで定義をまとめられないかな」と思った人もいるかもしれませんが、残念ながらフレームの定義が異なるため、それはできません。

このようなウィンドウ関数を用いた行間比較には、非常に多様な応用が存在するので、再度「7　ウィンドウ関数で行間比較を行なう」で詳しく取り上げます。

ウィンドウ関数の内部動作

「1枚でわかるウィンドウ関数」の節でも述べたように、ウィンドウ関数は、以下の3つの機能を持っています。

1. PARTITION BY句によるレコード集合のカット
2. ORDER BY句によるレコードの順序付け
3. フレーム句によるカレントレコードを中心としたサブセットの定義

込み入った機能を1つの関数に詰め込んでいるように見えるわけですが、実際のところ、どのような内部動作で実現されているのでしょうか。本節では、この疑問を明らかにします。

SQL文の内部動作を調べる手段として、一般的に「**実行計画**（execution plan）」を調べるという方法があります。実行計画とは、DBMSがSQL文を実行する際に、どのようなアクセス経路でデータを取得し、どのような計算を行なうことが最も効率的かを判断するために作る、文字通り計画書です。いわば登山のルートを決めるようなものです。

実行計画は、DBMSによってフォーマットに違いはあるものの、ある程度訓練すると人間も読み解くことができます。したがって、SQL文が遅かったときに、その原因を突き止めるために実行計画を出力して解読するということを、チューニングのプロセスとして行なうことがあります（SQL文が複雑になるほど実行計画も複雑になり、それなりに解読も大変になりますが）。

本書の目的は実行計画を読めるようになることではないので、実行計画についての解説は省略しますが、ウィンドウ関数の実行計画は初見でも意味がわかるくらい簡単です。試しに、本章の最初で見た移動平均のクエリについて実行計画を見てみましょう。

```
SELECT shohin_id, shohin_mei, hanbai_tanka,
       AVG (hanbai_tanka) OVER (ORDER BY shohin_id
                                ROWS BETWEEN 2 PRECEDING
                                         AND CURRENT ROW) AS moving_avg
  FROM Shohin;
```

結果 PostgreSQL

```
                              QUERY PLAN
--------------------------------------------------------------------
 WindowAgg  (cost=20.76..24.61 rows=220 width=274)
   ->  Sort  (cost=20.76..21.31 rows=220 width=242)
         Sort Key: shohin_id
         ->  Seq Scan on shohin  (cost=0.00..12.20 rows=220 width=242)
```

結果 MySQL

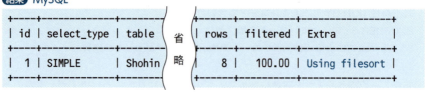

　サンプルに、PostgreSQLとMySQLの実行計画を掲載しています。MySQLの実行計画は横長のレイアウトで紙幅に収まりきらないため、重要な箇所だけ抜粋しています。

　この実行計画は両方とも「Shohin」というテーブルのデータをスキャン（読み取り）して、読み取ったデータに対してソートを行なう、ということを意味しています。PostgreSQLでは「SORT」、MySQLでは「Using filesort」と、どちらもソートを意味するキーワードが現われていることが、それを示しています。

ウィンドウ関数の正体はソート

　このことからもわかるように、ウィンドウ関数は、内部でレコード集合に対してソートを行なっています。2018年現在、これはDBMSの種類を問わず共通しています。なぜウィンドウ関数においてソートが必要になるかといえば、PARTITION BY句によるグループへの分類やORDER BY句によるレコードのソートで必要になるからです。RDBにおいてテーブルのレコードは物理的に順序付けられている保証はないため、一般的に、レコードをあるキーの値に基づいて順序付けようとするときは、ソートが必要になります[*9]。

　そして、ソートが行なわれるということは、すなわちfor文やwhile文を使ったループが行なわれているということも意味しています。実行計画からは、どのようなソートアルゴリズムが利用されているかまでは判別できませんが、クイックソートであれマージソートであれ、手続き型言語においてはループを使って実装するのが一般的で

[*9] すでにデータがソート済みのインデックスをうまくスキャンで利用できる場合は、ウィンドウ関数のソートをスキップすることで高速化が可能な場合があります。

しょう。実際、もし皆さんが、SQLではなく手続き型言語を使って、CSVやテキストファイルのような適当な形式のデータに対してウィンドウ関数と同等の計算を行なおうとする場合も、ループによるソートを行なうことで問題を解こうとするのではないでしょうか。

ハッシュとソート

一方で、ウィンドウ関数の実装方法として、ソートが本当に性能面で最適なのか、という点については、異なる意見もあります。p.29の注釈で紹介した論文では、原理的にはPARTITION BY句をハッシュによって計算するほうが性能が良好になるケースがあることが、実測結果とともに示されています。

> というのも、入力行数nに対してパーティション数がO(n)だとすれば、ハッシュはO(n)、ソートは最善でもO(n log n)になる。
>
> ——p.1062, 4.2 Determining the Window Frame Bounds [10]

ハッシュ関数は、入力値が異なると出力値も基本的には異なる（値が重ならない）という特性を持っています。この出力値を「ハッシュ値」と呼びます。たとえば、「30」→「cdae7jh02」のような変換を行なうわけです（図2.3）。入力値とハッシュ値のペアを「ハッシュテーブル」と呼び、これを使ってグルーピングを行なうことで、ソートなしで集約できるのです（ハッシュ値に変換しなくてもグルーピングは可能ですが、ハッシュ値のほうが列数やデータ型を気にする必要がなく、ハッシュ値を入力にとる様々な関数も利用できるというメリットがあります）。

■ 図2.3　ハッシュグループの動作イメージ

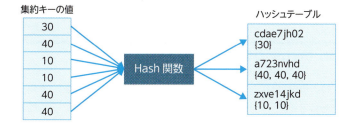

---

[10] 以下原文を筆者が抄訳。
Efficient Processing of Window Functions in Analytical SQL Queries
http://www.vldb.org/pvldb/vol8/p1058-leis.pdf

実際、PARTITION BY句とほぼ同じ機能を持つGROUP BY句は、Oracleや PostgreSQLでは、ソートだけでなくハッシュで計算されることがあります。ただ、上記論文でも指摘されていますが、ハッシュが有利になるのはいくつかの前提が必要になり、常に有利であるとは言い切れないようですが、いずれGROUP BY句のように、ウィンドウ関数の計算がハッシュで行なわれるようになる日も来るかもしれません。

まとめ

それでは、本章の要点を振り返りましょう。

1. ウィンドウ関数の「ウィンドウ」とは、(原則として順序を持つ)「範囲」という意味。
2. ウィンドウ関数の構文上では、PARTITION BY句とORDER BY句で特徴づけられたレコードの集合を意味するが、一般的に簡略形の構文が使われるため、かえってウィンドウの存在を意識しにくい。
3. PARTITION BY句はGROUP BY句から集約の機能を引いて、カットの機能だけを残し、ORDER BY句はレコードの順序を付ける。
4. フレーム句はカーソルの機能をSQLの構文に持ち込むことで、「カレントレコード」を中心にしたレコード集合の範囲を定義することができる。
5. フレーム句を使うことで、異なる行のデータを1つの行に持ってくることができるようになり、行間比較が簡単に行なえるようになった。
6. ウィンドウ関数の内部動作としては、現在のところ、レコードのソートが行なわれている。将来的にハッシュが採用される可能性もゼロではない。

Column なぜONではなくOVERなのか？

　ウィンドウ関数では、PARTITION BY句によるカットと、ORDER BY句による順序付けを定義する句を作るキーワードに、「OVER」という語が使われます。この句がなければAVGやSUMはウィンドウ関数にならず、ただの集約関数として動作するわけですから、構文上ウィンドウ関数の目印になるキーワードと言えます。

　ご存じのように、これは英語で「(ある対象の)上」という意味の前置詞です。そしてここでの「対象」は、もちろんレコードの集合です。しかしそれなら、同じ「上に」という意味を持つ単語「ON」が使われないのはなぜでしょう。

まあ、結合条件を指定するキーワードとして、SQLはすでに「ON」を使ってしまっていますから、「ONとの混同を避けるため」という、やや身もふたもない理由もあるかもしれません。ですが筆者は、ウィンドウ関数でOVERが使われているのには、ONとOVERのニュアンスの違いを意識したもう少し積極的な意味があると考えています。この点について、ちょっと仮説を述べさせてください。

　学校の英語の授業でも習ったのを覚えている人もいるでしょうが、ONとOVERには微妙なニュアンスの違いがあります。それは、ONが対象の上で静止（接着）しているイメージであるのに対し、OVERは上を横切るという**動作**や**移動**を含意することです（図2.A）。

■ 図2.A　ONとOVERの違い

　人でも物でもよいですが、何か対象を端から端まで移動するような、そのようなニュアンスをOVERは持ちます。たとえば、次のような文例で使われます。

```
The airplane is flying over the sea.　（飛行機が海の上を飛んでいる）
The ball flew over the pond.　（［ゴルフで］ボールが池をこえた）
```

　こういう移動を表わすときに「ON」を使うのは、やはり少しおかしな印象を与えるでしょう。

　本章でも見たように、ウィンドウ関数は、複数のレコードの上を順番に走査（スキャン）して計算を行ないます。内部的にはそのためにソートを行なっています。OVERという語は、その動作イメージと合致するためにここで使われたのではないか、というのが筆者の考えです。正解かどうか確証はありませんが、そんなに外していないのではないでしょうか。

演習問題

● 演習問題2-①　ウィンドウ関数の結果予想 その1

　本章で利用した、サーバの負荷量を格納するLoadSampleテーブルを、複数サーバに拡張した次のようなテーブルがあるとします。

ServerLoadSample

server （サーバ）	sample_date （計測日）	load_val （負荷量）
A	2018-02-01	1024
A	2018-02-02	2366
A	2018-02-05	2366
A	2018-02-07	985
A	2018-02-08	780
A	2018-02-12	1000
B	2018-02-01	54
B	2018-02-02	39008
B	2018-02-03	2900
B	2018-02-04	556
B	2018-02-05	12600
B	2018-02-06	7309
C	2018-02-01	1000
C	2018-02-07	2000
C	2018-02-16	500

　このテーブルに対して、次のSELECT文の結果を予想してください。

```
SELECT server, sample_date,
       SUM(load_val) OVER () AS sum_load
  FROM ServerLoadSample;
```

　ウィンドウ関数の構文がとてもシンプルです。PARTITION BY句も、ORDER BY句も、フレーム句も定義されていません。
　いずれの句もオプションなので、このSQL文も構文エラーにはなりません。きちんと結果が返ってきますが、さてどのような結果が返ってくるでしょうか。その理由とともに予想してみてください。

● 演習問題2-②　ウィンドウ関数の結果予想 その2

前問のServerLoadSampleに対して、次のSELECT文の結果を予想してください。

```
SELECT server, sample_date,
       SUM(load_val) OVER (PARTITION BY server) AS sum_load
  FROM ServerLoadSample;
```

今度はPARTITION BY句を追加しました。これによって、結果がどのように変化するでしょう。理由とともに予想してみてください。

これら2つの問題は、ウィンドウ関数の細かい仕様を突いたトリビアクイズのような印象を受けたかもしれません。しかし実は、この仕様を使った便利な応用があるのです。詳しくは「7　ウィンドウ関数で行間比較を行なう」で取り上げます。

3 自己結合の使い方

> ▶ 物理から論理への跳躍
>
> 自己結合（self join）は、SQLで高度なデータ処理を行ないたいときによく使う技術ですが、通常の結合に比べて動作の理解が難しいところがあります。その理由は、「同じテーブル」に対する結合条件をどう解釈してよいかに迷うからです。
> 本章では、この少し変わった結合の考え方をときほぐし、実は普通の結合となんら変わるところがないのだということを明らかにします。
> キーワードは「物理」と「論理」、およびその2つのレイヤの跳躍です。

　SQLが提供する結合演算には、その特徴に応じて内部結合、外部結合、クロス結合などさまざまな名前が与えられています。普通、これらの結合の多くは、異なるテーブルまたはビューを対象として行なわれます。しかし、SQLは結合が同一のテーブルまたはビューに適用されることを禁止していません。同一のテーブルを対象に行なう結合を「**自己結合**（self join）」と呼びます。自己結合は、使いこなせば非常に便利な技術ですが、動作がイメージしにくいため敬遠されがちです。そこで本章では、例題を通してこの自己結合の便利さを学び、その動作をわかりやすく解説します。

■ 重複順列・順列・組み合わせ

　次のような商品とその値段を保持するテーブルに、「りんご、みかん、バナナ」の3レコードが登録されているとします。売上を調べる帳票を作成する場合などに、これらの品物の組み合わせを取得したい場合があります。

Products

name （商品名）	price （値段）
りんご	100
みかん	50
バナナ	80

　「組み合わせ」と一言で言っても、その種類は2つあります。1つが、並び順を意識した**順序対**（ordered pair）、もう1つが順序を意識しない**非順序対**（unordered pair）です。順序対は<1, 2>のようにとがった括弧で、非順序対は{1, 2}のような括弧で表記するのが一般的な数学における記法です。順序対は、順序が違えば別物なので、

<1, 2> ≠ <2, 1>ですが、非順序対の場合は順序を無視するので、{1, 2} = {2, 1}です。高校までに習ってきた言い方をすれば、「順列」と「組み合わせ」に対応すると考えてもらえばよいでしょう。

このうち、順序対をSQLで作ることはとても簡単です。次のようにクロス結合して単純に直積を作れば、順序対が得られます。

```
-- 重複順列を得るSQL
SELECT P1.name AS name_1, P2.name AS name_2
  FROM Products P1 CROSS JOIN Products P2;
```

クロス結合の構文の特徴は、結合条件が存在しないことです。これは、2つのテーブルを「総当たり」ですべてのレコードの組み合わせを列挙しているためです。

結果

name_1	name_2
りんご	りんご
りんご	みかん
りんご	バナナ
みかん	りんご
みかん	みかん
みかん	バナナ
バナナ	りんご
バナナ	みかん
バナナ	バナナ

1行が1つの順序対を表わします。結果行数は重複順列で$3^2 = 9$です。この結果には冗長な(りんご, りんご)という行が含まれますし、(りんご, みかん)と(みかん, りんご)という順序を変えただけの組み合わせも異なる行として現われます。これは、先に述べたように、順序を意識した集合だからです。

なお、クロス結合は次のような表記でも記述できます。

```
SELECT P1.name AS name_1, P2.name AS name_2
  FROM Products P1, Products P2;
```

しかしこの構文は、可能であれば避けることが望ましいです。その理由は、本当は結合条件の存在する通常の内部結合を行なうつもりだったのに、結合条件を記述し忘れて「意図せぬクロス結合」として結果的に生み出される危険があるからです。上述の

ようにクロス結合のコストは極めて高いため、うっかりサーバリソースを消費し、処理遅延を引き起こすことにつながるのです[*1]。

さてここから、冗長な集合を排除する変更を考えます。まず、(りんご, りんご) のような同一要素の組み合わせを除外しましょう。次のように条件を追加した結合を行ないます。

```
-- 順列を得るSQL
SELECT P1.name AS name_1, P2.name AS name_2
  FROM Products P1 INNER JOIN Products P2
    ON P1.name <> P2.name;
```

結果

```
name_1    name_2
--------  --------
りんご     みかん
りんご     バナナ
みかん     りんご
みかん     バナナ
バナナ     りんご
バナナ     みかん
```

「ON P1.name <> P2.name」という結合条件によって、同一要素の組み合わせを排除しています。結果行数の計算は順列で $_3P_2 = 6$ です。この結合を理解するポイントは、次のような2つのテーブルが**本当にある**のだと想像することです。

■ (りんご, りんご) の組み合わせはダメ

P1

name（商品名）	price（値段）
りんご	50
みかん	100
バナナ	80

P2

name（商品名）	price（値段）
りんご	50
みかん	100
バナナ	80

[*1] 古い実装などで「CROSS JOIN」構文をサポートしていない場合は、やむをえずこちらを使用せざるをえないこともあります。

もちろん、P1もP2も、物理的には同じ「Products」テーブルとしてストレージに格納されています。しかし、SQLにおいて異なる別名（エイリアス）が与えられたなら、たとえ同一のテーブルであっても、SQL上はそれらは異なるテーブル（集合）と見なされます。P1とP2はたまたま保持するデータが等しかっただけの、異なる2つの集合として考えられる、ということです。すると、この自己結合の動作は、

- P1の「りんご」行の結合対象は、P2の「みかん、バナナ」の2行
- P1の「みかん」行の結合対象は、P2の「りんご、バナナ」の2行
- P1の「バナナ」行の結合対象は、P2の「りんご、みかん」の2行

というように、異なるテーブルを使う通常の結合と同様に考えることができます。このように考えれば、自己結合の「自己」という接頭辞にも大きな意味はないことがわかります。

　古い構文では、次のように書くこともできますが、これは1歩間違えると先ほどのクロス結合になる危険があるため、避けるべきです。

```
-- 順列を得るSQL
SELECT P1.name AS name_1, P2.name AS name_2
  FROM Products P1, Products P2
 WHERE P1.name <> P2.name;
```

　というのも、この構文では「WHERE P1.name <> P2.name」をうっかり書き忘れても、DBMSはこれをクロス結合と解釈して実行しますが、INNER JOINを使う構文で「ON P1.name <> P2.name」を書き忘れると、多くのDBMSでは構文エラーとしてはじいてくれるからです[*2]。一種のフールプルーフの仕組みになっているわけです。

　さて、この結果もまだ順序対です。ここからさらに、（りんご, みかん）と（みかん, りんご）のような順序を入れ替えたペアを排除することを考えます。次のSQLを見てください。

```
-- 組み合わせを得るSQL
SELECT P1.name AS name_1, P2.name AS name_2
  FROM Products P1 INNER JOIN Products P2
    ON P1.name > P2.name;
```

[*2] MySQLのようにはじいてくれない（構文エラーにならない）DBMSもあって、それも困りものですが、OracleやPostgreSQLではきちんと構文エラーになります。

> 結果

```
name_1    name_2
--------  --------
りんご     みかん
バナナ     みかん
バナナ     りんご
```

　ここでもやはり、P1、P2という2つのテーブルが存在すると考えてください。不等号の条件では、各商品について、「文字コードの順にソートして自分より（ここでは）前に来る」商品だけをペアの相手に選ぶことになります。結果行数の計算は組み合わせで、$_3C_2 = 3$。ここまで絞ってようやく非順序対が得られました。おそらく、私たちが普段「組み合わせ」というとき、念頭に置いているのはこのタイプのものでしょう。

　3つ以上の組み合わせを得たいときも、次のように簡単に拡張できます。今はサンプルデータが3行しかないので、結果も1行になってしまいますが、次のようなSQL文で可能です。

```
-- 組み合わせを得るSQL：3列への拡張版
SELECT P1.name AS name_1,
       P2.name AS name_2,
       P3.name AS name_3
  FROM Products P1
       INNER JOIN Products P2
          ON P1.name > P2.name
            INNER JOIN Products P3
              ON P2.name > P3.name;
```

> 結果

```
name_1    name_2    name_3
--------  --------  --------
りんご     みかん     バナナ
```

　この例題のように等号「=」以外の比較演算子である>や<、<>を使って行なう結合を**非等値結合**と呼びます。それを自己結合と組み合わせているので、自己非等値結合です。あまり一般的な業務要件で使うことはありませんが、このように列の組み合わせを作りたいときに使います。

　また、>、<などの比較演算子は数値型の列に限らず、文字型でも（一般には）辞書順比較として機能するということも、ちょっとしたワンポイントです。もちろん日付型など順序を持つデータ型ならば同様に使えます。

重複行を削除する

重複行というのは、リレーショナルデータベースの世界においてNULLと並んで嫌われる存在です[*3]。そのため、これを排除するための方法も数多く考えられています。たとえば、先の例題で使った商品テーブルで、「みかん」に重複が生じているテーブルを考えます。このテーブルには恐ろしいことに主キーすら設定されていません（というより、設定できません）。こんなテーブルはすぐに「掃除」する必要があります。

■ 重複行の存在するテーブル

name（商品名）	price（値段）
りんご	50
みかん	100
みかん	100
みかん	100
バナナ	80

■ 重複行の削除後のテーブル

name（商品名）	price（値段）
りんご	50
みかん	100
バナナ	80

重複

今回は、自己相関サブクエリを使って重複を削除する方法を紹介します。結合と相関サブクエリは演算としては異なりますが、考え方が似ていて、SQLを同値変換できる場合も多いので、ここで一緒に紹介します。

重複行は2行でなくとも、何行あってもかまいません。一般に、重複する列が主キーを含まない場合は、主キーを使うことができますが、この例題のように全列について重複する場合は、実装依存のレコードIDを使う必要があります。レコードIDは「どんなテーブルでも使える主キー」という特徴を持つ擬似列だと考えてください。ここではOracleのrowidを使います[*4]。

```
-- 重複行を削除するSQLその1：極値関数の利用
DELETE FROM Products P1
 WHERE rowid < ( SELECT MAX(P2.rowid)
                   FROM Products P2
                  WHERE P1.name = P2.name
                    AND P1.price = P2.price );
```

[*3] 重複行を許すことがテーブル設計上まずい理由については、ここでは立ち入りません。詳しくはC.J.Date『データベース実践講義』（オライリー・ジャパン、2006）の「3.5 タプルの重複が禁止される理由」を参照。

[*4] こういうユーザーが使用できるレコードIDを実装しているのは、Oracle（rowid）とPostgreSQL（oid）のみです。PostgreSQLではoidを利用するには、事前にCREATE TABLE文に「WITH OIDS」オプションを付けなければなりません。他のDBMSで重複削除を行なう方法については、演習問題3-②を参照。

これは、一見しただけでは、動作のわかりづらい相関サブクエリです。そもそも、2つのテーブル間の関連を記述するから「相関（correlated）」サブクエリという名前なのに、1つのテーブルについて相関というのも、奇妙な表現に感じるでしょう。

しかし、この疑問が生じるのは、SQLを見るレベルを間違えているからです。この相関サブクエリも、先の例題と同様、実は次のようなウリ二つの集合の関連を記述していると考えてください。

P1

rowid （レコードID）	name （商品名）	price （値段）
1	りんご	50
2	みかん	100
3	みかん	100
4	みかん	100
5	バナナ	80

P2

rowid （レコードID）	name （商品名）	price （値段）
1	りんご	50
2	みかん	100
3	みかん	100
4	みかん	100
5	バナナ	80

ポイントはさっきと同じで、SQLの中で異なる名前が与えられた集合を、本当に別物として考えることです。物理レベルでは同一の存在（Products）でも、論理レベルでは異なる存在（P1とP2）と考えるのです。

このサブクエリは、P1とP2を比較して、名前と値段が等しいレコード集合のうち、その最大のrowidのレコードを返します。すると、重複が存在しないりんごとバナナの場合は、「1：りんご」と「5：バナナ」がそのまま返り、条件が不等号なので1行も削除されません。みかんの場合は「4：みかん」が返り、それより小さなrowidを持つレコード「2：みかん」と「3：みかん」の2行が削除されます。

もうおわかりのように、SQLを実表のレベルで見るというのは、とても抽象度の低い見方です。「テーブル」「ビュー」というのはストレージ上の記憶方法に応じて付けられた名前ですが、SQLの動作を考える際には、データの記憶方法は（パフォーマンスを除けば）考慮する必要はありません。どちらも等しく「集合」（関係）です。SQLの扱うデータ構造は、実にこの1つしかないのです[*5]。

ところで、先の例題でも登場した非等値結合を使うことで、同じ動作をするSQLを書くことができます。どういう動作をしているのか、集合P1とP2を紙に書いて、確かめてみてください。

---

*5 第2部「15 関係に始まり関係に終わる」（p.270）を参照。

```
-- 重複行を削除するSQLその2：非等値結合の利用
DELETE FROM Products P1
 WHERE EXISTS ( SELECT *
                  FROM Products P2
                 WHERE P1.name = P2.name
                   AND P1.price = P2.price
                   AND P1.rowid < P2.rowid );
```

部分的に不一致なキーの検索

次のような住所録テーブルを考えます。主キーは個人名で、同じ家族の人間は家族IDも一致します。年賀状用などでこういう住所録を作っている人もいるでしょう。

Addresses

name （名前）	family_id （家族ID）	address （住所）
前田義明	100	東京都港区虎ノ門 3-2-**29**
前田由美	100	東京都港区虎ノ門 3-2-**92**
加藤茶	200	東京都新宿区西新宿 2-8-1
加藤勝	200	東京都新宿区西新宿 2-8-1
ホームズ	300	ベーカー街 221B
ワトソン	400	ベーカー街 221B

基本的に、同じ家族であれば同じ住所に住んでいますが（例：加藤家）、ホームズとワトソンのように、家族ではないけど同居しているカップルもいます。さて、前田夫妻に注目です。別に2人は別居中なのではなく、単に夫人の住所が間違っているだけです。本当は、家族IDが同じなら住所も同じでなくてはなりません。これは修正が必要です。では、前田夫妻のような「同じ家族だけど住所が不一致なレコード」を検出するにはどうすればよいでしょう。

いくつかの方法が考えられますが、ここでも自己非等値結合を使うと簡潔に書けます。

```
-- 同じ家族だけど、住所が違うレコードを検索するSQL
SELECT DISTINCT A1.name, A1.address
  FROM Addresses A1 INNER JOIN Addresses A2
    ON A1.family_id = A2.family_id
   AND A1.address <> A2.address ;
```

「同じ家族で、かつ、住所が違う」をSQLに逐語訳しただけなので、意味的に悩む箇所はないと思います。このように、自己結合と非等値結合の組み合わせは、実に強力です。またこのSQLは、こういうデータ不整合を発見する場合以外にも、次のような商品調査を行ないたいケースにも応用がききます。

問題 下の商品テーブルから、値段が同じ商品の組み合わせを取得せよ。

Products

name （商品名）	price （値段）
りんご	50
みかん	100
ぶどう	50
スイカ	80
レモン	30
いちご	100
バナナ	100

答え さっきの住所録の例題と構造的にまったく同じです。

　　家族ID ➡ 値段
　　住所 ➡ 商品名

に置き換えて考えてください。すると、次のようになります。

```
-- 同じ値段だけど、商品名が違うレコードを検索するSQL
SELECT DISTINCT P1.name, P1.price
  FROM Products P1 INNER JOIN Products P2
    ON P1.price = P2.price
   AND P1.name <> P2.name
 ORDER BY P1.price;
```

結果

```
name     price
------   ------
りんご     50
ぶどう     50
いちご     100
みかん     100
バナナ     100
```

この場合は、住所録の例題と違ってDISTINCTを付けないと結果に冗長な行が現われるので注意してください。ポイントは、同一のキーを持つレコードの数です。住所録の場合も、もし前田家に子どもがいれば、やはりDISTINCTがないと冗長な行が現われます。なお、結合の代わりに相関サブクエリを使って書けば、DISTINCTは不要になります。練習問題として、書き換えてみてください。

まとめ

　いくつかの応用例を通して、自己結合について解説してきました。自己結合もまた強力な技術なので、ぜひ使いこなせるようになってください。それでは重要なポイントをまとめておきましょう。

1. 自己結合は非等値結合と組み合わせて使うのが基本。
2. GROUP BYと組み合わせると、再帰的集合を作ることができる。
3. 本当に異なるテーブルを結合していると考えると理解しやすい。
4. 物理ではなく論理の世界で考える。

　自己結合は非常に応用範囲の広い技術で、本書でもよく登場します。この技術についてさらに知りたい方は、以下の参考文献を参照してください。

> **ジョー・セルコ『SQLパズル 第2版』（翔泳社、2007）　ISBN 9784798114132**
> 　自己結合を利用する代表的なユースケースとしては、ノイマン型の再帰集合で連番の更新を行なう「パズル4　入館証」や、自己非等値結合で最大下界を求める「パズル30　買い物の平均サイクル」、順列から組み合わせへの変換を行なう「パズル44　商品のペア」など。

Column　SQLとフォン・ノイマン

　データベースを使ってさまざまな帳票や統計表を作る業務の中では、点数や人数、売上といった数値に基づく順位表を作るという作業によく遭遇します。今、下のような商品テーブルから、値段の高い順に順位を付けます。この場合、同じ値段の商品は同じ順位になるようにして、次の順位は飛び石になるようにするか、それとも連続的な連番を出力するかで、2通りのランキング方法があります。

Products

name （商品名）	price （値段）
りんご	50
みかん	100
ぶどう	50
スイカ	80
レモン	30
バナナ	50

　現在のSQLでは、「2　必ずわかるウィンドウ関数」で見たウィンドウ関数を使えば簡単に算出できます。

```
-- ランキング算出：ウィンドウ関数の利用
SELECT name, price,
       RANK() OVER (ORDER BY price DESC) AS rank_1,
       DENSE_RANK() OVER (ORDER BY price DESC) AS rank_2
  FROM Products;
```

結果

```
name    price   rank_1  rank_2
------  ------  ------  ------
みかん   100       1       1
スイカ    80       2       2
りんご    50       3       3
バナナ    50       3       3
ぶどう    50       3       3
レモン    30       6       4
```

rank_1は同順位が続いた後に順位を飛ばし、rank_2は連続的に順位付けする方法です。これは、それ自身が意味を語る明快なコードです。

しかし、ウィンドウ関数がなかった時代は、SQLでランキングを算出するには一工夫必要でした。次のように自己非等値結合を使って書く必要があったのです。

```sql
-- ランキング1位から始まる。同順位が続いた後は不連続
SELECT P1.name, P1.price,
       (SELECT COUNT(P2.price)
          FROM Products P2
         WHERE P2.price > P1.price) + 1 AS rank_1
  FROM Products P1;
```

結果

```
name    price   rank
------  ------  ------
みかん   100     1
スイカ   80      2
りんご   50      3
ぶどう   50      3
バナナ   50      3
レモン   30      6
```

おそらく、これが一般的な順位付けの方式だと思いますが、ここからカスタマイズもできます。スカラサブクエリの後ろの+1を除外すれば、トップが0位から始まりますし、「COUNT(DISTINCT P2.price)」とすることで、同じ順位のレコードが存在する場合でも、順位が飛び石にならず、連続的に出力されます（DENSE_RANK関数に相当）。

このSQL文は、SQLの集合指向的な発想をよく体現しています。このサブクエリ内でやっていることは、自分よりも高い値段のレコード数を数えて、それを順位に使う、というものです。話を簡単にするために、値段から重複を除外して、

{ 100, 80, 50, 30 }

という4つの値段で、トップを0位から始める場合について考えましょう。

まず、一番高い100について見てみると、これより高い値段は存在しませんから、COUNT関数は0を返します。次に、二番目に高い80の場合、自分より高い値段は、100の1つなので、COUNT関数は1を返します。以下同様に、50の場合は2を、

30の場合は3を返します。すると、結果として、各値段について次のような集合を作っていることになります。

■ 同心円的な再帰集合

集合	値段	自分より高い値段	自分より高い値段の個数 （これが順位になる）
S0	100	-	0
S1	80	100	1
S2	50	100, 80	2
S3	30	100, 80, 50	3

つまり、このSQLは、

　　　S0 = φ
　　　S1 = {100}
　　　S2 = {100, 80}
　　　S3 = {100, 80, 50}

という同心円的な再帰的集合を作り、それらの要素数を数えているのです。「同心円的」というのは、この4つの集合には、

　　　S3 ⊃ S2 ⊃ S1 ⊃ S0

という包含関係が見て取れるからです（図3.A）。

■ 図3.A　集合の中に集合の中に集合の中に……

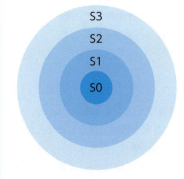

これは実に巧妙なトリックですが、実は「再帰的集合を用いた数の割り当て」という、このアイデア自体は目新しいものではありません。興味深いことに、集合論では100年以上前から使われている、自然数（0も含む）の再帰的定義（recursive definition）と同じものです。その方法も研究者によっていくつか流儀がありますが、今回の例題と同型なのは、コンピュータの父の1人である数学者フォン・ノイマンの考えた方法です。ノイマンは、0を空集合で定義することから始めて、順次、次のようなルールで自然数全体を定めました[*6]。

```
0 = φ
1 = {0}
2 = {0, 1}
3 = {0, 1, 2}
    .
    .
    .
```

0を定義したら、それを使って1を定義する。次に、0と1を使って2を定義する、次に、0と1と2を使って3を定義する、……以下同様。このやり方は、上のS0～S3集合の作り方と構造的に同じものです（この比較をしたいがために、順位を0から始めるケースを例に使ったのでした）。SQLと集合論が直接的に結びついていることを示す好例と言えるでしょう。

このクエリは、相関サブクエリではなく自己結合の形で書くこともできます。そのほうが、動作のイメージをつかみやすいかもしれません。

```
-- ランキングを求める：自己結合の利用
SELECT P1.name, MAX(P1.price) AS price,
       COUNT(P2.name) +1 AS rank_1
  FROM Products P1 LEFT OUTER JOIN Products P2
    ON P1.price < P2.price GROUP BY P1.name;
```

このクエリを集約せずに次のように展開してみると、「同心円的」な包含のイメージはぐっとつかみやすくなります（見通しをよくするため、値段の重複を除外して、みかん、スイカ、ぶどう、レモンの4行だけをテーブルに含むとします）。

[*6] フォン・ノイマンがこのアイデアを提出したのは1923年。このとき彼は19歳でした。原論文を以下で読むことができます（ドイツ語）。
"Zur Einführung der transfiniten Zahlen", Acta litterarum ac scientiarum Ragiae Universitatis Hungaricae Francisco-Josephinae, Sectio scientiarum mathematicarum, 1: p.199-208
http://acta.bibl.u-szeged.hu/13294/1/math_001_199-208.pdf

```
-- 非集約化して、集合の包含関係を調べる
SELECT P1.name, P2.name
  FROM Products P1 LEFT OUTER JOIN Products P2
    ON P1.price < P2.price;
```

結果

name	name
みかん		← S0:空集合
スイカ	みかん	← S1:要素数=1
ぶどう	みかん
ぶどう	スイカ	S1:要素数=2
レモン	みかん
レモン	ぶどう
レモン	スイカ	S1:要素数=3

　集合が1つ大きくなるにつれ、要素数も1つずつ大きくなる様子がおわかりいただけたでしょうか。この要素数をカウントすることで、ランキングが算出できるわけです。

演習問題

●演習問題3-① 重複組み合わせ

　p.44のProductsテーブルを使って、2列の重複組み合わせを求めてみてください。結果は次のようになります。

結果

name_1	name_2
バナナ	みかん
バナナ	りんご
バナナ	バナナ
りんご	みかん
りんご	りんご
みかん	みかん

　組み合わせですから（バナナ, みかん）と（みかん, バナナ）のような順序を入れ替えただけのペアは同じと見なしますが、重複を許すので（みかん, みかん）のようなペアも現われます。

●演習問題3-② ウィンドウ関数で重複削除

　p.49で見た重複行の削除を、実装依存の機能を使わずに実行する方法を考えてください。ヒントは、前章で学んだウィンドウ関数でレコードに対して一意な識別子を与えることと、もう1つテーブルを使うことです。

4 3値論理とNULL

> ▶ SQLの甘い罠
>
> 通常のプログラミング言語が真と偽の2つの真理値を持つ2値論理を基礎とするのに対し、SQLは第三の値「不明（unknown）」を追加した3値論理という特異な論理体系を採用しています。3値論理はしばしばトリッキーな動作を見せてプログラマを悩ませます。本章では、この3値論理について理論と実践的な例をもとに理解を深めます。

　要するに、データベースにnullが1つでも含まれていれば、クエリから正しくない結果が返される可能性がある。しかも、一般的には、どのクエリから正しくない結果が返されるのかを知る方法はないので、**すべての結果があやしく見えてくる。nullが含まれたデータベースから正しい結果が得られることは確信できない**。筆者に言わせれば、この状況はまさにお手上げである。

——— C.J.デイト [*1]

本題に入る前に

　多くのプログラミング言語が、真理値型（BOOL型、BOOLEAN型）というデータ型を持っています。もちろん、SQLにも真理値型が存在します。ユーザーが直接扱えるデータ型として定義されたのはSQL:1999ですが、WHERE句などの条件の評価時にも真理値の演算が行なわれています。

　ところで、普通のプログラミング言語の真理値型とSQLの真理値型の違いをご存じでしょうか。それは、普通の言語の真理値型が、**true**、**false**という2つの値を持つのに対し、SQLはそれに加えて、**unknown**という第三の値を持つことです。このため、2つの真理値だけを持つ通常の論理体系が2値論理と呼ばれるのに対し、SQLの論理体系は**3値論理**（three-valued logic）と呼ばれて区別されます。

　では、なぜSQLでは3値論理が採用されているのでしょう。コンピュータが基礎とするブール代数は2値論理ですし、私たちが高校までに習う数学や論理学も2値論理に基づいています。関係モデルの基礎の1つである述語論理も2値論理です。それなのに、なぜリレーショナルデータベースの世界でのみ、この風変わりな体系が用いられているのでしょうか。

　その答えは、NULLにあります。リレーショナルデータベースは、NULLを持ち込

[*1] C.J.Date『データベース実践講義』（オライリー・ジャパン、2006）、p.58

んだことによって、同時に第三の真理値も持ち込まざるをえなくなりました。3値論理は、たびたびトリッキーで直観に反する振る舞いを見せてDBエンジニアを悩ませます。

本章では、この3値論理について解説すると共に、どのような局面で注意を要するか、具体的なソースコードを例に説明します。テーマの性質上、前半は理論寄りの話が多くなりますが、少しだけお付き合いください。理論についてはすでに知っている、または具体例を見ながらのほうが理解しやすいという方は、後半の「実践編」から読んで、適宜、「理論編」を参照するという読み方をしていただいてもかまいません。

理論編

2つのNULL、3値論理か、それとも4値論理か？

3値論理について解説する前に、まずはNULLについての話から始めましょう。なぜなら、NULLこそが3値論理のすべての元凶だからです。

2つのNULLという言葉は、奇異に聞こえるかもしれません。SQLには、NULLは1種類しか存在しないからです。しかしNULLについての議論では、一般的にNULLを2種類に分けて考えます。そのため、最初に基礎知識としてこの区別を説明します。

2種類のNULLとは、「**未知**（Unknown）」と「**適用不能**（Not Applicable, Inapplicable）」です。たとえば、サングラスをかけた人の目の色はわかりません。その人が目の色を持つことは確かですが、サングラスを外して調べるまでは、何色かは未知です。一方、冷蔵庫の目の色もわかりません。しかしこちらの場合、色がわからないのはそもそも冷蔵庫に「目の色」という属性を適用不能だからです。

「冷蔵庫の目の色」という概念は、「円の体積」や「男性の出産回数」と同じように無意味です。普段、私たちは一口に「わからない」と言いますが、わからなさにも色々な種類があるということです。適用不能のNULLは、「不明」というよりは、どちらかというと「無意味」「論理的に不可能」に近い概念です。いわば、「不明」という言葉に含まれるニュアンスが「今はわからないけど、条件がそろえばいずれわかる」というものだとすれば、「適用不能」のほうは「どう頑張ってもわからない」というものです。役所の手続きなどで必要な入力様式で、「N/A」という記号を見たことがあるかもしれませんが、これはまさに「Not Applicable」の略です。

最初にこの分類を行なったのは、関係モデルの創始者E.F.コッドです。彼による「失われた情報」の分類を図4.1に示します。

■ 図 4.1　リレーショナルデータベースにおける失われた情報の分類

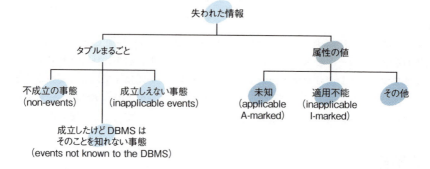

コッドはかつて、この2種類のNULLを厳密に区別するべきだと考えて4値論理を提唱したことがあります[*2]。幸か不幸か（筆者は間違いなく「幸」だと思いますが）、このアイデアは一般的な支持を得ず、現在のすべてのDBMSはNULLをひとまとめにして3値論理を採用しています。しかし、この分類自体はとてもうまいものだったので、その後も多くの論者が踏襲しています。

なぜ「= NULL」ではなく「IS NULL」と書かなくてはならないのか？

これは、けっこう疑問に思っている人も多いはずです。SQLを習いたてのころ、ある列がNULLの行を選択しようとして、次のようなクエリを書いて失敗した、という経験がある人はたくさんいるでしょう。

```
-- NULLの検出に失敗するSQL
SELECT *
  FROM tbl_A
 WHERE col_1 = NULL;
```

[*2] 筆者は、コッドが4値論理を提唱していたことを知ったとき、控えめに言ってぶったまげました。そして、4値論理がどのデータベース開発者の興味もひかなかったことを、すべてのDBエンジニアにとって喜ばしく思いました。参考までに、4値論理における真理値表を以下に紹介します。UNKNOWN の NULL のための真理値として applicable が、Not Applicable の NULL のための真理値として inapplicable が導入されています。これはあくまで参考です。いくら大恩あるコッド博士の言うこととはいえ、こんなもの本気で受け取ってはいけません。

x	NOT x
t	f
a	a
i	i
f	t

AND	t	a	i	f
t	t	a	i	f
a	a	a	i	f
i	i	i	i	f
f	f	f	f	f

OR	t	a	i	f
t	t	t	t	t
a	t	a	a	a
i	t	a	i	i
f	t	a	i	f

ご存じのように、このSQLは失敗します。正しくは、「col_1 IS NULL」と書かなければなりません。ちょうどC言語やJava、Pythonといった言語を習い始めのころに、「if (hoge = 0)」と書いてしまう間違いとよく似ています[*3]。それにしてもなぜSQLにおいて「=」による比較は失敗するのでしょうか。同一性は「=」で表わすというのが、私たちが小学校から習ってきた常識のはずです。

それには、もちろん理由があります。NULLに比較述語を適用した結果が、常に**unknown**になってしまうからです。クエリの結果として選択されるのは、WHERE句の条件評価が**true**になる行のみです。**false**や**unknown**の行は選択されません。等号に限らず、すべての比較述語が同じように動作します。col_1が値である場合もNULLである場合も、おかまいなしに結果は**unknown**です。

```
-- 以下の式は全部unknownに評価される
1 = NULL
2 > NULL
3 < NULL
4 <> NULL
NULL = NULL
NULL > NULL
NULL < NULL
NULL <> NULL
```

では、なぜNULLに比較述語を適用した結果は絶対に真にならないのでしょう。それは、**NULLが値でも変数でもない**からです。NULLというのは「そこに値がない」ことを示すただの視覚的マーク、目印にすぎません。一方、比較述語を適用できるのは値だけです。したがって、値ではないNULLに比較述語を適用することは、そもそもナンセンスなのです[*4]。

それゆえ、「列の値がNULLである」とか「NULL値」「ナル値」といった表現も、まったくの誤りです。値ではないので、そもそもNULLは定義域（domain）に含まれてい

[*3] C言語などでは、if文における同値性の比較のためには、「if (hoge == 0)」のように、「=」ではなく「==」を使う必要があります。間違えてif文で「=」を使っても、構文エラーにならず誤った動作になるところも、SQLにおける「= NULL」の間違いとよく似ています。

[*4] 「NULLが値じゃない？ そんなバカな。おまえの言うことは信用ならん」という人のために、コッドとデイトの言葉を引用して権威付けしておきましょう。

「私たちは、まず「失われてはいるが、適用可能な値」を示すマークの定義から始めよう。これを「A-Mark」と呼ぶ。このマークは、DBMSにおいて値（value）としても変数（variable）としても扱われない。」
　　　　　　E.F.Codd『The Relational Model for Database Management: Version 2』（Addison-Wesley, 1990）、p.173

「NULLに関する大切なことは、厳密にはNULLが値ではないということである。」
　　　　　　C.J.Date『原書6版 データベースシステム概論』（丸善、1997）、p.619

ません[*5]。逆に、NULLを値だと思っている人にたずねたいのですが、**もしNULLが値ならば、その型はいったい何でしょう**。リレーショナルデータベースで扱われる値はすべて、文字型や数値型など何らかの型を持ちます。仮にNULLが値なら、やはり何らかの型を持たねばなりません。しいて、NULLに対して積極的な定義を与えるなら、それは「ここには値がない」という**文の短縮形**です。

おそらく、NULLを値と勘違いしやすい理由は2つあります。第一の理由は、C言語などにおいてNULLが1つの定数（多くの処理系では整数0）として定義されているため、それと混同しがちなことです。SQLにおけるNULLと他のプログラミング言語のNULLは、まったくの別物です（参考資料の「初級C言語 Q&A」を参照）。

第二の理由は、「IS NULL」という述語が2つの単語から構成されているので、「IS」が述語で「NULL」が値のように見えることです。特にSQLは、「IS TRUE」や「IS FALSE」といった述語も持っているので、それと類比的に考えると、こういう印象を抱くのも無理はありません。しかし標準SQLの解説書でも注意が促されているように、「IS NULL」はこれで1つの述語と見なすべきで、したがってむしろ「IS_NULL」と1語で書いたほうがふさわしいぐらいです[*6]。

unknown、第三の真理値

前段で、いよいよ真理値unknownが登場しました。章の最初でも述べたように、これは、リレーショナルデータベースがNULLを採用したことによって持ち込まれた「第三の真理値」です。

ここで1つ、注意してほしいことがあります。それは、真理値のunknownとNULLの一種であるUNKNOWN（未知）は異なるものだということです。前者は真理値型のれっきとした値ですが、後者は値でも変数でもありません。区別しやすいように、前者を小文字でunknown、後者を普通の大文字でUNKNOWNと表記します。両者の違いを理解するには、「x = x」という単純な等式を例に取るのがわかりやすいでしょう。xが真理値のunknownである場合、「x = x」は**true**に評価されます。一方、xがUNKNOWNの場合は**unknown**に評価されます。

```
-- こっちはれっきとした真理値の比較
unknown = unknown  ◀──── true
```

```
-- こっちは要するに「NULL = NULL」
UNKNOWN = UNKNOWN  ◀──── unknown
```

[*5] 定義域（domain）とは、数学においてある変数（入力値）の値が取りうる範囲を示す用語です。RDBにおいては、テーブルの列が取りうる値の範囲を意味し、主にデータ型によって定義されます（CHECK制約などでユーザーが定義域を制限することも可能です）。

[*6] C.J.Date、Hugh Darwen『標準SQLガイド 改訂第4版』（アスキー、1999）、p.236

それでは、SQLが従う3値論理の真理表を見てみましょう。

■3値論理の真理表（NOT）

x	NOT x
t	f
u	u
f	t

■3値論理の真理表（AND）

AND	t	u	f
t	t	u	f
u	u	u	f
f	f	f	f

■3値論理の真理表（OR）

OR	t	u	f
t	t	t	t
u	t	u	u
f	t	u	f

網掛けの箇所が、2値論理にはない3値論理特有の演算です。他のSQLの述語はすべて、この3つの論理演算を組み合わせることで作れます。その意味で、このマトリックスは文字通りSQLの母体（matrix）です。

しかし、NOTの場合は単純だからいいとして、ANDとORの組み合わせを全部覚えるのはなかなか大変です。そこで、3つの真理値の間に次のような優先順位があると考えてください。

- ANDの場合 : false ＞ unknown ＞ true
- ORの場合　 : true ＞ unknown ＞ false

強いほうが弱いほうをのみ込みます。たとえば、「true AND unknown」なら、unknownのほうが強いので、結果もunknownになります。ところが、「true OR unknown」の場合、今度はtrueのほうが強くなるので、結果はtrueになります。この順位を覚えておけば、3値論理演算も見通しが良くなります。特に、ANDの演算にunknownが含まれた場合、結果が絶対にtrueにならない（裏を返すと、ANDがtrueになるのは入力が共にtrueの場合だけ）という特徴をよく覚えておいてください。後でこれが重要なキーになります。

さて、理論の話はこのぐらいにしましょう。次からは、具体的なコードを例に、3値論理がどのようにトリッキーな振る舞いを見せるかを調べていきます。2値論理に慣れた私たちの直観に反する動作をするため、最初はわかりづらく感じるかもしれません。そのときは、この真理表へ立ち戻って、実際に手を動かして演算を追ってみてください。

それでは、練習問題をどうぞ。

問題 a＝2、b＝5、c＝NULLとする。このとき、次の式の真理値はどうなるか？

1. a＜b AND b＞c
2. a＞b OR b＜c
3. a＜b OR b＜c
4. NOT (b＜＞c)

> **答え**
> 　　1. unknown　　2. unknown　　3. true　　4. unknown

実践編

1. 比較述語とNULL　その1——排中律が成立しない

今、ジョンを人間だとします。このとき、次の記述文（以後、「命題（proposition）」と呼びます）の真偽はどうなるでしょう。

　　　　　　ジョンは20歳か、20歳でないか、どちらかである。——— P

正しいと思いますか。そう、現実世界では文句なく正しい命題です。ジョンが誰かは知りませんが、人間であれば年齢を持ちます。そして年齢を持つなら、20歳か20歳でないか、どちらかに決まります。他にも、「カエサルはルビコン川を渡ったか、渡らなかったか、どちらかだ」「宇宙人はいるか、いないか、どちらかだ」などもやはり正しい命題です。

このように、「命題とその否定を**または**でつなげてできる命題はすべて真である」という（メタ）命題を、2値論理で**排中律**（excluded middle）と呼びます。名前の通り、中間を認めず、白黒はっきり命題の真偽が定まるという意味で、古典論理学の重要な原理です。その重要さは、この原理を認めるか否かが、古典論理と非古典論理の分かれ目になるほどです（排中律を認めない非古典論理の話は、第2部「20　神のいない論理」で触れます）。

さて、もし排中律がSQLにおいても成立するなら、次のクエリはテーブルの全行を選択するはずです。

```sql
-- 年齢が20歳か、20歳でない生徒を選択せよ
SELECT *
  FROM Students
 WHERE age = 20 OR age <> 20;
```

ところが、SQLでは排中律が必ずしも成立しません。たとえばStudentsテーブルが次のような状態を考えてください。

Students

name （名前）	age （年齢）
ブラウン	22
ラリー	19
ジョン	（NULL!）
ボギー	21

　このSQLは、年齢不詳のジョンを選択できません。「理論編」で述べたように、NULLを含む比較では unknown が生じるからです。具体的には、ジョンの行は次のようなステップを踏んで評価されます。

```
-- 1. ジョンは年齢がNULL（未知のNULL！）
SELECT *
  FROM Students
 WHERE NULL = 20 OR NULL <> 20;

-- 2. 比較述語にNULLを適用するとunknownになる
SELECT *
  FROM Students
 WHERE unknown OR unknown;

-- 3. 「unknown OR unknown」はunknownになる（理論編のマトリックスを参照）
SELECT *
  FROM Students
 WHERE unknown;
```

　SQLで選択結果に含まれるのは、true に評価される行だけです。したがって、unknown に評価されるジョンは選択されないのです。彼を結果に含めるには、次のような「第三の条件」を追加する必要があります。

```
-- 第三の条件を追加：「年齢が20歳か、20歳でないか、または年齢がわからない」
SELECT *
  FROM Students
 WHERE age = 20 OR age <> 20
    OR age IS NULL;
```

　このように、現実世界では正しいことが、SQLでは正しくないという事態が、しばしば起こります。ジョンは実際には年齢を持ちます。しかし、このテーブルを利用す

る私たちは、彼が何歳かを知りません。言い換えるならば、関係モデルは、現実を記述するモデルではなく、現実に対する人間の**認識状態**を記述する心（知識）のモデルなのです。そのため、私たちの有限で不完全な知識が、ダイレクトにテーブルにも反映されます。

　私たちにとってジョンの年齢は不明でも、彼が現実世界において「20歳か、または20歳でない」ことは確実だ――私たちは、ごく自然にそう考えがちです。しかしその直観は、3値論理においては保証されません。標準SQLには、この問題に対処するために、「IS [NOT] DISTINCT FROM」という述語も導入されています。これはNULLを1つの値（何とも一致しないが）として扱うことができます。PostgreSQL、Firebirdなど一部のDBMSで利用できますが、まだ広くサポートされているわけではありません。また、OracleのLNNVL、MySQLの<=>など独自実装の同様の機能もあります。

2. 比較述語とNULL　その2――CASE式とNULL

　これは特に、CASE式でNULLを条件に使おうとするときによく起こる間違いです。まず、次の単純CASE式を見てください。

```
-- col_1が1なら「○」を、NULLなら「×」を返すCASE式？
CASE col_1
  WHEN 1    THEN '○'
  WHEN NULL THEN '×'
END
```

　このCASE式は、絶対に「×」を返しません。その理由は、2つ目のWHEN句が「col_1 = NULL」の省略形だからです。すでにおわかりのように、この式は常に**unknown**に評価されます。そしてCASE式の評価方法も、WHERE句の場合と同じく、**true**の場合のみ有効となります。正しくは次のように検索CASE式を使って書く必要があります。

```
CASE WHEN col_1 = 1    THEN '○'
     WHEN col_1 IS NULL THEN '×'
END
```

　この種の間違いは頻繁に見かけますが、これが起こる原因は、NULLを値だと勘違いしているからです。1つ目のWHEN句の「1」と同列に書き並べていることからも、それがわかります。NULLが値だという誤った思い込みを、ここでもう一度振り払っておきましょう。

3. NOT INとNOT EXISTSは同値ではない

　INをEXISTSで書き換えることは、パフォーマンスチューニングのテクニックとしてよく行なわれます[*7]。これは、問題のない同値変換です。問題は、NOT INをNOT EXISTSで書き換える場合には、必ずしも結果が一致しないことです。

　例として、次のような学校の2つのクラスを表現するテーブルを見てみましょう。

Class_A

name（名前）	age（年齢）	city（住所）
ブラウン	22	東京
ラリー	19	埼玉
ボギー	21	千葉

Class_B

name（名前）	age（年齢）	city（住所）
斎藤	22	東京
田尻	23	東京
山田		東京
和泉	18	千葉
武田	20	千葉
石川	19	神奈川

←年齢がNULL

　Bクラスの山田君の年齢がNULLになっている点に注目してください。このテーブルを使って、「Bクラスの東京在住の生徒と年齢が一致しないAクラスの生徒」を選択するクエリを考えます。つまり、欲しい結果はラリーとボギーの2人です。ブラウンは斎藤君と年齢が一致するので対象外です。素直にこの条件をSQLにすると、次のようになります。

```
-- Bクラスの東京在住の生徒と年齢が一致しないAクラスの生徒を選択するSQL？
SELECT *
  FROM Class_A
 WHERE age NOT IN
       ( SELECT age
           FROM Class_B
          WHERE city = '東京 ' );
```

　さて、このSQLは本当に2人を選択するでしょうか。残念ながら、そうはなりません。結果は空、つまり1行も選択されません。

　確かに、山田君の年齢がNULLでなければ（そして2人と年齢が一致しなければ）、このSQLは問題なく2人を返します。しかし、ここでもNULLが悪事を働きます。どんな動作をしているのか、段階的に見てみましょう。

[*7] 詳しくは「11　SQLを速くするぞ」を参照 (p.215)。

```sql
-- 1. サブクエリを実行して、年齢のリストを取得
SELECT *
  FROM Class_A
 WHERE age NOT IN (22, 23, NULL);


-- 2. NOT INをNOTとINを使って同値変換
SELECT *
  FROM Class_A
 WHERE NOT age IN (22, 23, NULL);


-- 3. IN述語をORで同値変換
SELECT *
  FROM Class_A
 WHERE NOT ( (age = 22) OR (age = 23) OR (age = NULL) );


-- 4. ド・モルガンの法則を使って同値変換
SELECT *
  FROM Class_A
 WHERE NOT (age = 22) AND NOT(age = 23) AND NOT (age = NULL);


-- 5. NOTと=を<>で同値変換
SELECT *
  FROM Class_A
 WHERE (age <> 22) AND (age <> 23) AND (age <> NULL);


-- 6. NULLに<>を適用するとunknownになる
SELECT *
  FROM Class_A
 WHERE (age <> 22) AND (age <> 23) AND unknown;


-- 7. ANDの演算にunknownが含まれると結果がtrueにならない（理論編のマトリックス参照）
SELECT *
  FROM Class_A
 WHERE false または unknown;
```

Aクラスの全行について、この面倒なステップを踏んだ評価が行なわれます。結果として、WHERE句は1行もtrueに評価されません。すなわち、**NOT INのサブクエリで使用されるテーブルの選択列にNULLが存在する場合、SQL全体の結果は常に空**になります。これは恐ろしい現象です。

　正しい結果を得るには、EXISTS述語を使って書きます。

```
-- 正しいSQL：ラリーとボギーが選択される
SELECT *
  FROM Class_A A
 WHERE NOT EXISTS
       ( SELECT *
           FROM Class_B B
          WHERE A.age = B.age
            AND B.city = '東京 ' );
```

結果

name	age	city
ラリー	19	埼玉
ボギー	21	千葉

　こちらも、年齢がNULLの行の評価プロセスを段階的に追ってみましょう。

```
-- 1. サブクエリにおいて NULLとの比較を行なう
SELECT *
  FROM Class_A A
 WHERE NOT EXISTS
       ( SELECT *
           FROM Class_B B
          WHERE A.age = NULL
            AND B.city = '東京 ' );
```

```
-- 2. NULLに=を適用するとunknownになる
SELECT *
  FROM Class_A A
 WHERE NOT EXISTS
       ( SELECT *
           FROM Class_B B
          WHERE unknown
            AND B.city = '東京 ' );
```

```
-- 3. ANDの演算unknownが含まれると結果がtrueにならない
SELECT *
  FROM Class_A A
 WHERE NOT EXISTS
       ( SELECT *
           FROM Class_B B
          WHERE falseまたはunknown);
```

```
-- 4. サブクエリが結果を返さないので、反対にNOT EXISTSはtrueになる
SELECT *
  FROM Class_A A
 WHERE true;
```

　いわば山田君は「誰とも年齢が一致しない人物」として扱われます（ただし、これが最終的な結果ではなく、斎藤君や田尻君との比較結果とANDで結ばれます）。このような結果になる理由は、EXISTS述語が絶対にunknownを返さないからです。EXISTSは、trueとfalseしか返しません。この結果、INとEXISTSは同値変換が可能なのに、NOT INとNOT EXISTSは同値ではないという、まぎらわしい状況が生じています。プログラミングの際に直感に頼ることができないというのは困難な条件ですが、DBエンジニアはこの現象をよく理解しておく必要があります。

4. 限定述語とNULL

　SQLは、ALLとANYという2つの限定述語を持っています。もっとも、ANYはINと同値なのであまり使われません。そこでここでは、比較的よく使われるALLの注意点を見ていきます。
　ALLは、比較述語と併用して「～すべてと等しい」や「～すべてよりも大きい」という意味を表わします。さっき使ったBクラスのテーブルからNULLを排除したケースで、「Bクラスの東京在住の誰よりも若いAクラスの生徒」を取得するSQLを考えます。

Class_A

name （名前）	age （年齢）	city （住所）
ブラウン	22	東京
ラリー	19	埼玉
ボギー	21	千葉

Class_B

name （名前）	age （年齢）	city （住所）
斎藤	22	東京
田尻	23	東京
山田	20	東京
和泉	18	千葉
武田	20	千葉
石川	19	神奈川

ALL述語を使うと、次のようにストレートに表現できます。

```sql
-- Bクラスの東京在住の誰よりも若いAクラスの生徒を選択する
SELECT *
  FROM Class_A
 WHERE age < ALL ( SELECT age
                     FROM Class_B
                    WHERE city = '東京' );
```

結果

name	age	city
ラリー	19	埼玉

20歳の山田君より若いラリーだけが選択されます。ここまでは、何の問題もありません。問題が生じるのは、例によって山田君が年齢不詳のときです。直感に従えば、今度は22歳の斎藤君より若いラリーとボギーの2人が選択されるように思われます。ところが、このSQLの結果はまたもや空になります。これは、ALL述語が条件をANDで連結した論理式の省略形として定義されているからです。具体的には、次のようなステップで評価されます。

```sql
-- 1. サブクエリを実行して年齢のリストを取得
SELECT *
  FROM Class_A
 WHERE age < ALL ( 22, 23, NULL );
```

```sql
-- 2. ALL述語を ANDで同値変換
SELECT *
  FROM Class_A
 WHERE (age < 22) AND (age < 23) AND (age < NULL);
```

```sql
-- 3. NULLに<を適用するとunknownになる
SELECT *
  FROM Class_A
 WHERE (age < 22) AND (age < 23) AND unknown;
```

```sql
-- 4. ANDの演算にunknownが含まれると結果がtrueにならない
SELECT *
  FROM Class_A
 WHERE falseまたはunknown;
```

いかがでしょう。随所で見せるNULLの暴れっぷりが、おわかりいただけたでしょうか。

5. 限定述語と極値関数は同値ではない

ALL述語を極値関数で代用している人も、少なくないでしょう。さっきのSQLを極値関数で書き直すと次のようになります。

```
-- Bクラスの東京在住の最も若い生徒より若いAクラスの生徒を選択する
SELECT *
  FROM Class_A
 WHERE age < ( SELECT MIN(age)
                 FROM Class_B
                WHERE city = '東京 ' );
```

結果

```
name    age   city
------  ----  ----
ラリー    19    埼玉
ボギー    21    千葉
```

素晴らしいことに、このSQLは山田君の年齢がNULLの場合でも、ちゃんとラリーとボギーの2人を選択します。これは、極値関数が集計の際に**NULLを排除する**という特性を持っているからです。極値関数を使うことで、「Class_B」テーブルは、あたかもNULLが存在しないかのような扱いを受けます。

「なんだ、それならいつでも極値関数のほうを使えば安全じゃないか」と思った方、残念ながら3値論理の世界では、ことはそう単純に運びません。ALL述語と極値関数が表現する命題を書き並べると、次のようになります。

- **ALL述語**：彼は東京在住の生徒の**誰**よりも若い ──────── Q1
- **極値関数**：彼は東京在住の**最も若い**生徒よりも若い ──────── Q2

現実の世界では、この2つの命題は同じことを言っています。テーブルにNULLが含まれるときに同値性が崩れることも、すでに見た通りです。ところで、実はもう1つ、Q1とQ2が同値ではなくなるケースがあります。それがどんなケースか、わかりますか。

それは、述語（または関数）の入力が空集合だった場合です。たとえば、「Class_B」テーブルが次のような状態を考えます。

Class_B

name (名前)	age (年齢)	city (住所)
和泉	18	千葉
武田	20	千葉
石川	19	神奈川

← 東京在住の生徒がいない！

　見ての通り、Bクラスには東京在住の生徒が1人もいません。このとき、ALL述語を使ったSQLはAクラスの全員を選択します。一方、極値関数を使うと1行も選択されません。これは、**入力が空テーブル（空集合）だった場合はNULLを返す**という極値関数の仕様によります。したがって、極値関数を使ったSQLの評価は、次のようなステップを踏みます。

```
-- 1. 極値関数がNULLを返す
SELECT *
  FROM Class_A
 WHERE age < NULL;
```

```
-- 2. NULLに<を適用するとunknownになる
SELECT *
  FROM Class_A
 WHERE unknown;
```

　比較対象がそもそも存在しない場合、全行を返すのと1行も返さないのと、どちらが望ましいかは要件によるでしょう。もし全行を返す必要のある場合は（イメージとしては「不戦勝」のようなものでしょうか）、ALL述語を使うか、COALESCE関数を使って極値関数の返すNULLを適当な値に変換しなければなりません。

6. 集約関数とNULL

　実は、入力が空テーブルだった場合にNULLを返すのは、極値関数だけではありません。COUNT関数以外の集約関数もそうです。そのため、次のようなごく平凡なSQLでさえ、奇妙な振る舞いを見せます。

```sql
-- 東京在住の生徒の平均年齢より若いAクラスの生徒を選択するSQL？
SELECT *
  FROM Class_A
 WHERE age < ( SELECT AVG(age)
                 FROM Class_B
                WHERE city = '東京' );
```

　東京在住の生徒がいない場合、AVG関数はNULLを返します。そのため外側のWHERE句が常にunknownになり、1行も選択されません。SUMの場合も同様です。対処としては、やはりNULLを何らかの値に変換するか、目をつむって結果を受け入れるかの2択です。NOT NULL制約の付いた列に平均値や合計値をINSERTするような場合には、値へ変換するほかありません。

　集約関数と極値関数についてまわるこのトラップは、関数の仕様が原因で生じるタイプのものなので、テーブルの列にNOT NULL制約を付加するぐらいでは根絶できません。そのため、プログラミングの際にはよく注意する必要があります。

まとめ

　以上、NULLと3値論理がSQLコーディングにもたらす問題点を、理論と実践の両面から見てきました。込み入った話題なので、本章を読んで初めてSQLの3値論理について知った方などは、かなり混乱させてしまったかもしれません。しかしそれは読者の責任ではなく、SQLの3値論理とNULLに関する仕様が**そもそも深刻な混乱を内包しているからなのです。**

　最後にもう一度、本章の要点をまとめておきます。

1. NULLは値ではない。
2. 値ではないので、述語もまともに適用できない。
3. 無理やり適用すると**unknown**が生じる。
4. **unknown**が論理演算に紛れ込むと、SQLが直観に反する動作をする。
5. これに対処するには、段階的なステップに分けてSQLの動作を追うことが有効。

　そして最後に、NULLがもたらす問題に対する最善の対策を挙げるなら、テーブルにNOT NULL制約を付けて極力NULLを排除することです。そうすれば、美しい2値

論理の世界を（完全にではないけど）取り戻すことができます。そのための具体的な方策については、第2部「22　NULL撲滅委員会」で紹介します。

　また、この厄介な、しかし見ようによっては興味深いテーマについてさらに深く追ってみたい方は、以下の参考文献を参照してください。第2部「20　神のいない論理」（p.298）では、論理学において3値論理が持つ意味と歴史について考えますので、そちらも併せて読むと面白いでしょう。

1. ジョー・セルコ『プログラマのためのSQL 第4版』（翔泳社、2013）
   ISBN 9784798128023
   特に「第13章　NULL：SQLにおける失われたデータ」と「22.6　EXISTSと3値論理」が本章に関係します。

2. C.J.Date『データベース実践講義』（オライリー・ジャパン、2006）
   ISBN 9784873112756
   NULLと3値論理の使用に反対するデイトの主張が明確に出ています。セルコの本に比べて理論的な解説に重点が置かれています。

3. 戸田山和久『論理学をつくる』（名古屋大学出版会、2000）
   ISBN 9784815803902
   論理学の入門書としては珍しく、3値論理に少し触れています。ただし、同じ3値論理でもSQLが採用している論理体系とは少し異なります（3値論理の体系にもいくつかの種類があります）。述語論理の入門書としてもお勧め。

4. 初級C言語Q&A (3)【0 と NULL】
   ——http://www.st.rim.or.jp/~phinloda/cqa/cqa3.html

   Q　【0 と NULL】
   NULLポインタの代わりに0を使ったコードを見たことがある。なぜNULLの代わりに0を使ってもよいのか。

   A
   ポインタが現われるべき所に0という値が現われた場合、コンパイラはそれをヌルポインタと解釈する仕様になっています。if (p != 0)のような表現が現われると、コンパイラは比較の左辺がポインタである場合には、右辺もポインタであると考え、従って0をヌルポインタとして解釈することになります。

　上記の解釈が典型的ですが、手続き型言語の処理系においてはNULLは0の別名として扱われることがあります。この考え方に慣れている経験豊富なプログラマほど、SQLのNULLの扱いにはとまどう一因でもあります。

Column 文字列とNULL

本章では、SQLにおけるNULLの扱いに関しての注意点を見てきましたが、ここで実用上、少し注意する必要のあるワンポイントを紹介しましょう。それは、SQLにおけるNULLと文字列についてです。実はここでもNULLは（状況次第ですが）大変厄介な働きを見せるのです。

［原則1］NULLと空文字は区別される

SQLにおけるNULLの扱いに関する原則をもう一度確認しておくと、SQLにおいては、NULLは値でも変数でもありません。それは値がないことを示すためのマークです。したがって、演算上でもいかなる数値や文字列とも異なる扱いを受けます。

空文字の場合も同じで、NULLと空文字は区別されます。たとえば、文字列の連結を行なう演算を考えましょう。次のように、空文字との連結では結果に変化が生じないのに対して、NULLとの連結では結果がNULLになります。

■ 空文字と連結すると結果は変わらない[*8]
```
SELECT 'abc' || '' AS string;
```

結果
```
string
--------
 abc
```

■ NULLと連結すると結果がNULL
```
SELECT 'abc' || NULL AS string;
```

結果
```
string
--------
 NULL
```

[*8] 標準SQLにおける文字列連結の演算子は「||」ですが、MySQLはこれをサポートしていないため、代わりにCONCAT関数を使う必要があります。

■ MySQLにおける文字列連結の構文
```
SELECT CONCAT('abc', '');

SELECT CONCAT('abc', NULL);
```

空文字は、画面表示上は姿が見えませんが、「長さがゼロ」なだけで、れっきとした文字列の仲間です。いわば数値のゼロに相当する存在なので、文字列連結の演算子を「加法（足し算）」に見立てれば、**単位元の役割を果たしている**と解釈することができます[*9]。いわば空文字との連結は、四則演算における「a + 0 = a」に相当するわけです。左右の演算対象をひっくり返しても結果が変わらない点も含め、まさに単位元の性質を備えています。

　一方のNULLは文字列どころかいかなる種類の値でもないため、その演算結果はNULLになります。もしこの結果を避けたいならば、事前にCOALESCE関数でNULLを空文字に変換する必要があります。

［原則2］ どんな原則にも例外がある

　これは、直観的にもわかりやすい動作であり、特別な注意を払わなくても誰もが無意識に従える自然なルールです。NULLはSQLの構文を非直観的で複雑なものにした元凶ですが、ここでは特に問題を引き起こしていないように見えます。いったい何が問題なのでしょう。

　実は、上記で紹介した動作は、標準SQLでも規定されている通りで、ほとんどのDBMSがこのルールに従いますが、1つだけ例外のDBMSがあるのです。それは、Oracleです。

　Oracleにおいて空文字およびNULLと文字列の連結を行なうとどのような結果になるか、見てみましょう。

■ 空文字との連結（Oracle）

```
SELECT 'abc' || '' AS string FROM dual;
```

[*9] 空文字を連結演算における単位元として捉えるアナロジーは、C.J. デイトが以下の文献で述べています。

　　「単位元を持っているのは「+」とか「*」のような算術演算子だけではない。たとえば、「||」（文字列の連結子）における単位元は空文字である。また論理演算子 OR では false が単位元になる。」
　　　　　　　　　　　C.J.Date『Relational Database Writings, 1991-1994』（Addison-Wesley, 1995）、p.50

　なお、単位元（identity element）とは、ある二項演算子 * に対して、演算対象となるすべての元 a に対して

　　a * e = e * a = a

　が成立するような元 e のことです。簡単に言えば「二項演算の結果が変わらない要素」のことで、整数の加法ならば 0、乗法ならば 1 が単位元になります。

結果

```
string
--------
abc
```

空文字との連結では、特に変わったところはありません。問題は次です。

■ NULLとの連結（Oracle）

```
SELECT 'abc' || NULL AS string FROM dual;
```

結果

```
string
--------
abc
```

「おや？」と思うでしょう。NULLと文字列を連結した場合、結果はNULLになるはずです。それが、なぜか空文字のときと同様、連結前の文字列'abc'が結果になっています。まるでNULLを空文字として扱っているかのような結果です。

もう1つ別のケースを見てみましょう。テーブルに空文字とNULLを持つ行を登録してみます。

```
CREATE TABLE EmptyStr
( str           CHAR(8),
  description   CHAR(16));

INSERT INTO EmptyStr VALUES('',   'empty string');
INSERT INTO EmptyStr VALUES(NULL, 'NULL' );
```

このテーブルに存在する空文字とNULLを、文字列'abc'と連結してみます。

■ 空文字とNULLを文字列と連結（Oracle）

```
SELECT 'abc' || str AS string, description
  FROM EmptyStr;
```

結果

```
string      description
--------    --------------
abc         empty string
abc         NULL
```

　空文字との連結の結果は問題ありません。問題はやはりNULLのほうで、こちらも結果が'abc'になります。直接NULLを連結した場合と同じです。つまり、ここまでの結果から判断すると、Oracleは**NULL**を**空文字**と同じとして**扱う**というローカルルールを持っている、という推測ができます。

　これだけでも十分ややこしいのですが、話はここで終わりません。次のSELECT文の結果を見てください。

■ **空文字の選択（Oracle）**

```
SELECT *
  FROM EmptyStr
 WHERE str = '';
```

結果

　　　　　　　　　　← レコードが1行も選択されない

　再び「おや？」と思うでしょう。「NULLを空文字と同じとして扱う」ならば、2行とも選択されないとおかしいはずです。
　試しにIS NULLを指定してみると、今度は2行選択されます。

■ **IS NULL の指定（Oracle）**

```
SELECT *
  FROM EmptyStr
 WHERE str IS NULL;
```

結果

```
str      description
------   --------------
         empty string
         NULL
```

この結果からは、むしろ「空文字をNULLと同じとして扱っている」かのように見えます。何が起きているのでしょうか。

「ゼロ」は存在するのか？

さて、種明かしをしましょう。Oracleは、文字列とNULLに関して、次の3つのルールを持っているのです。

1. 原則、空文字をNULLとして扱う。
2. ただし、文字列連結のときだけはNULLを空文字として扱う。
3. さらにただし、文字列連結において両方の演算対象がNULLの場合だけ、NULLとして扱う（＝結果がNULLになる）。

最後のクエリで、「IS NULL」の条件で2行得られたのは原則1．によるもの、文字列とNULLの連結で結果がNULLにならなかったのは原則2．によるものです。

以下、Oracleの公式ドキュメントから引用します[10]。

「Oracleは、長さが0（ゼロ）の文字列をNULLとして処理しますが、長さが0（ゼロ）の文字列を別のオペランドと連結すると、その結果は常にもう一方のオペランドになります。結果がNULLになるのは、2つのNULL文字列を連結したときのみです。ただし、この処理はOracle Databaseの今後のバージョンでも継続されるとはかぎりません。」

これは、Oracleの「ローカルルール」なので、他のDBMSではNULLと空文字は厳密に区別されますし、それが標準SQLのルールでもあります。しかし、「ローカル」とはいえ、OracleはRDBの世界で大きなシェアを持つ巨人であり、その影響は広範囲に及びます[11]。Oracleユーザーはもちろんこのルールに従う必要がありますし、他のDBMSとのマイグレーション時には、仕様の不一致に注意しないと予期せぬバ

---

[10] Oracle Database SQL 言語リファレンス 12c リリース 1 (12.1)
https://docs.oracle.com/cd/E57425_01/121/SQLRF/operators003.htm
おそらくOracle社も、この仕様がマズいことは認識しており、それゆえ今後の変更を匂わせるただし書きを付けているのでしょう。しかし、長らくこの仕様のまま現在に至っている事実からも、後方互換まで考えるとなかなか難しい課題であることは想像できます。

[11] NULLに関して混乱しているのはOracleだけでなく、やはりシェアの大きいマイクロソフト社のSQL Serverにおいても、以前のバージョンでは、「NULL = NULL」という条件がtrueに評価され、レコードがヒットしていました。最近のバージョンでは、SQL標準への準拠がデフォルトになっています。
[参考] SQL Server 2017 - SET ANSI_NULLS (Transact-SQL)
https://docs.microsoft.com/ja-jp/sql/t-sql/statements/set-ansi-nulls-transact-sql?view=sql-server-2017

グの原因になります（現在はOracle社が開発元になっているMySQLとすら仕様が異なります）。

　一方で、そうした実用上の困難を離れてみても、空文字とNULLというのが混同しやすい概念であるのは事実です。空文字は姿も見えず、一般に記号として表現することもできません。ちょうど数値のゼロとNULLを混同しやすいのと同じです。ゼロのほうは、はるか昔に数学の歴史の中で「0」という記号を与えられ「無」とは区別されたことで、まだ私たちも両者が異なるものだという事実を受け入れやすい下地が整っていたのは幸いでした。しかし、ゼロが数の世界の市民権を得る過程においても、その身分の正当性に関して紆余曲折があったことはよく知られています（その次には空集合のときにも論争が起きました）。

　空文字のほうも、何か特有の記号が発明されていれば、このような混乱は避けられたかもしれません。しかし、数千年の歴史を持つ数学と比べると、文字列演算が真剣に考慮されるようになったのはコンピュータサイエンスの興隆に伴うここ数十年です、そう考えると、私たち人類はまだ文字列の取り扱いについてきちんとしたルールと方法論を整備するには、検討する時間が不足しているのかもしれません。

演習問題

●演習問題4-①　調べてみよう！——ORDER BY句によるソート結果でのNULL

　読者がよく使っているDBMSにおいて、ORDER BY句におけるソート順序で、NULLがどのような順序になっているか、調べてみてください（設定によっても変えることができるので、デフォルトと現在の設定の差異にも注意してください）。

●演習問題4-②　調べてみよう！——NULLと文字列の連結

　読者がよく使っているDBMSにおいて、NULLと文字列を連結したときの結果がどうなるか、調べてみてください。

●演習問題4-③　調べてみよう！——COALESCE関数

　NULLを値に変換するCOALESCEという関数があります。この関数の構文と仕様を調べてください。また逆に、特定の条件に合致するとNULLを出力するNULLIFという関数があります。この関数の構文と仕様を調べてください。

　本書ではこれら3問の解答は用意しませんので、自分で試したり調べたりしてみてください。

5 EXISTS 述語の使い方

> ▶ SQLの中の述語論理
>
> SQLを支える基礎理論は2つあります。1つが、これまでの章で主に取り上げてきた集合論、そしてもう1つが、現代の標準的な論理学である述語論理です。
> 今回は、このもう1つの柱に焦点を当てます。特に、SQLにおいて量化を表現する重要な述語であるEXISTSの特性に注目し、その応用方法を紹介することで、SQLへの理解を深めていきます。

　SQLとリレーショナルデータベースを支える基礎理論は、大きく2つあります。1つが、数学の一分野である集合論。そしてもう1つが、現代論理学の標準的な体系である述語論理（predicate logic）、正確には、少し範囲を限定した「一階述語論理」です。本書では、これまで主にSQLの集合論的な側面に光を当てて解説してきました。今回は少し角度を変えて、もう一方の柱である述語論理について取り上げます。

　今回、特に重点を置いて解説したいのが、EXISTS述語です。というのも、EXISTSは複数行を一単位と見なした高度な条件を記述することができるうえ、相関サブクエリを利用するにもかかわらずパフォーマンスが非常に優れるという、SQLにとってなくてはならない機能ですが、この述語がどういう意図で導入され、どういう原理に従って動作するのかは、あまり広く理解されていないからです。

　結論から書いてしまうと、EXISTSは「**量化（quantification）**」という述語論理の強力な機能を実現するためにSQLに取り入れられました。この概念を理解し、EXISTS述語を使いこなせるようになることで、DBエンジニアとしての力量も一段アップします。

　本章の流れとしては、前半の「理論編」で述語論理およびEXISTSについての簡単な解説を行ない、後半の「実践編」で具体的な応用を見ていきます。例題を解きながらのほうが理解しやすいという方は、「実践編」から読み始めて、適宜「理論編」を参照してもらってもかまいません。

理論編

述語とは何か？

　SQLの予約語には、「述語」というカテゴリーに属するものが多く登場します。=、<、>などの比較述語や、BETWEEN、LIKE、IN、IS NULL等々。いずれもSQLを使ううえではなくてはならないものですが、ではいったい述語とは何なのでしょう。普段

当たり前のように使っていても、改めてこう訊かれると述語の定義をよく知らない、という人も少なくないでしょう。もちろん、日本語文法の「主語／述語」の述語や、英語の動詞（verb）とは違います。

　本書でも今まで、特に断りなくこの言葉を使ってきましたが、ここで正確な定義を与えておきましょう。述語とは、一言で言うと、**関数**です。といっても、SUMやAVGなど普通の関数とは違います。それなら、わざわざ「述語」という特別なカテゴリーなど作らず、ひとまとめにして「関数」と呼べば済む話です。

　実は述語というのは、関数は関数でもある特別な種類の関数、すなわち**戻り値が真理値になる関数**のことです[*1]。実際、上に挙げた述語の戻り値はいずれも、true、false、unknownのいずれかです（一般的な述語論理にunknownはありませんが、SQLは3値論理を採用しているので3種類の値を返します）。

　なぜ述語論理がこういう道具を用意したかというと、それは命題（記述文のことだと思ってください）の構造を調べるためです。たとえば、「xは男だ」という述語を用意してやれば、xに「太郎」「花子」などを入力することで、出力される命題「太郎は男だ」「花子は男だ」の真偽が決まります。述語論理が登場する前の命題論理には、このように命題の内部にまで踏み込んで調べる道具が存在しませんでした。述語論理の画期的な点は、命題の分析に関数的アプローチを持ち込んだ点にあります。

　リレーショナルデータベースでは、テーブルの一行を1つの命題と見立てます。

Tbl_A

name （名前）	sex （性別）	age （年齢）
田中	男	28
鈴木	女	21
山田	男	32

　たとえば、このテーブルでは、1行目は「田中は性別が男であり、かつ、年齢は28である」という命題を表現していると考えます。テーブルはよく「行の集合」とイメージされますが、述語論理的に解釈すると、**命題の集合**（＝文の集合）と見なせます。デイトはこのことを「データベースは、その言葉の名前に相違して、実はデータではな

[*1]　「述語（predicate）は真理値をとる関数である。つまり、それは、ある適当な引数が与えられれば、真か偽を返す関数である。例えば">"は述語である。"$>(x, y)$"という式——普通の書き方をすれば"$x > y$"——はもしxの値がyの値より大きければ真を、そうでなければ偽を返す。」

C.J.Date『原書6版　データベースシステム概論』（丸善、1997）、p.857

く文を集めたものだ」と冗談めかして語っています[*2]。

同様に、私たちが普段書いているWHERE句も、述語を組み合わせて1つの述語を作っていると見なせます。WHERE句の戻り値が真になる命題のみが、テーブル（命題集合）から選択されるわけです。その意味で、実は集合と述語はほとんど同じと見なしてもよいのです。述語は集合を定義する関数でもあるからです。本書では、関数的な側面を強調したいときは「述語」、静的なデータの側面を強調したいときは「集合」という言葉を使っています。

存在の階層

さて、述語の定義はこれでよいとして、＝やBETWEENなどと、EXISTSを比較すると、その使い方に大きな違いがあります。その違いは一言で言って、「述語の引数に何を取るのか」という点にかかわります。

「x = y」や「x BETWEEN y AND z」などの述語の引数は、普通、「13」とか「本田」といった単一の値、スカラ値と呼ばれるものです。一方、EXISTS述語の引数はと考えると……いったい何なのでしょう。次のような使い方を見ても、EXISTSが何か単一の値を引数に取っているようには見えません。

```
SELECT id
  FROM Foo F
 WHERE EXISTS
       (SELECT *
          FROM Bar B
         WHERE F.id=B.id );
```

しかし、特に悩むことはないのです。SUM( )関数の引数は、と訊かれたら、その括弧の中を見ればよいのと同じく、EXISTSの引数もEXISTS( )の括弧の中を見ればよいのです。そう、EXISTSの引数とは、

```
        SELECT *
          FROM Bar B
         WHERE A.id = T2.id
```

[*2] 「いかにも、データベースが（その名前にもかかわらず）実際にはデータを集めたものではなく、事実（言い換えれば、真の命題）を集めたものであることは、1969年にリレーショナルモデルを初めて考案したときにCoddが見抜いたことである。」
　　　　　　　　　　　　　　　　　　C.J.Date『データベース実践講義』（オライリー・ジャパン、2006）、p.81

命題の集合とは見方を変えれば、人間の知識の集合でもあります。私たちの不完全な知識を反映するために3値論理という厄介な体系が採用されたことは、「4　3値論理とNULL」でも見ました。

というSELECT文そのものです。言い換えるなら、行の集合です（図5.1）。その証拠にEXISTSは、サブクエリがどういう列を選択するか、ということを一切気にしません。EXISTS内のサブクエリのSELECT句のリストには、次の3通りの書き方があります。

1. ワイルドカード：SELECT *
2. 定数：SELECT 'ここは何でもいいんだよ'
3. 列名：SELECT col

しかし、この3つの書式は、いずれも結果に違いがないのです。

■ 図5.1　EXISTSの挙動

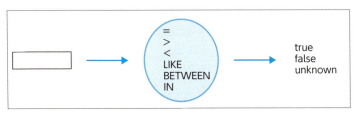

EXISTS以外の述語は1行を入力とする

EXISTSは行の集合を入力とする

　以上からわかるように、EXISTSの特異性は、その入力のレベルにあります（出力は他の述語と同じく真理値）。述語論理では、この「入力のレベル」に応じて、述語を分類します。＝やBETWEENなど1行を入力とする述語を「一階の述語」、EXISTSのように行の「集合」を入力とする述語を「二階の述語」と言います（図5.2）。階（order）というのは、集合や述語のレベルを区別する概念です。以下同様に、

　　三階の述語＝「集合の集合」を入力に取る述語、
　　四階の述語＝「集合の集合の集合」を入力に取る述語
　　　　　　　　　　︙

と無限に階層を上がっていくことになるのですが、SQLには三階以上の述語は登場しないので、あまり気にしなくてかまいません。

　Lisp、Haskellなどの関数型言語やJavaを使った経験のある方は「高階関数」という概念をご存じでしょう。通常の原子的な値ではなく、関数を引数に取る関数のことです。このときの「階」も、述語論理の「階」と同じです（というか、もともと階の概念は集合論と述語論理に由来します）。EXISTSは、集合という一階の存在を引数に取ることから、二階の述語と呼ばれるわけですが、述語は関数の一種ですから、ずばり、

EXISTSは高階関数である

と言ってもいいのです。

■ 図5.2　リレーショナルデータベースにおける存在の階層

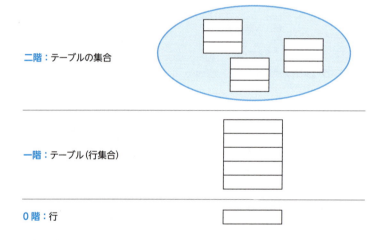

　冒頭で、SQLが採用している述語論理は、少し範囲の狭い「一階述語論理」であると述べました。これは、SQLのEXISTS述語が一階の存在までしか引数に取れないからです。もっと一般的に、二階や三階の存在まで引数に取れるようにするためには、SQLが高階述語論理をサポートする必要があります。これは論理的に不可能なことではありませんが[3]、まだ実現はされていません。

　もし将来、SQLが二階述語論理を備える日が来たら、**テーブルに対する量化**が可能

---

[3]　実際、コッドも最初に関係モデルを考えた1969年の時点では、二階述語論理を基礎とする言語を構想していましたが、翌1970年には早くもこの考えを修正し、一階述語論理に限定する路線を選びました。

になります。つまり、デイトが言うように[*4]、今のSQLでは「供給業者S1を含む行は存在するか？」というクエリしか表現できないのに対し、「供給業者S1を含むテーブルは存在するか？」という一段レベルの高いクエリを表現できるようになるのです。そのとき、SQLは言語として新しい段階へ飛躍することになるでしょう。

全称量化と存在量化

まずはデイトの言葉[*5]を借りましょう。

> これらのことから、形式言語ではEXISTSとFORALLの両方を明示的にサポートする必要がないことがわかる。だが、現実的には、両方をサポートしていることが非常に望ましい。なぜなら、EXISTSで表すほうが「自然な」問題と、FORALLで表すほうが「自然」な問題があるからだ。たとえば、SQLはEXISTSをサポートするが、FORALLをサポートしない。結果として、SQLで表現しようとすると非常にやっかいなクエリが存在する。

述語論理には、量化子（限量子、数量詞）という特別な述語が存在します。これは、日本語で言えば「すべてのxが条件Pを満たす」「条件Pを満たすxが（少なくとも1つ）存在する」という文を書くための道具です。前者が「全称量化子」、後者が「存在量化子」と呼ばれ、∀、∃と略記します。妙な形をした記号だと思うかもしれませんが、全称量化子はアルファベットの「A」を上下逆にした形、存在量化子は「E」を左右逆にした形です。「あらゆるxについて〜」を英語で書くと「for All x, 〜」となり、「〜を満たすxが存在する」は「there Exists x that 〜」と書くのでこういう記号が採用されました。

すぐにピンときた人もいるでしょうが、SQLのEXISTS述語は、述語論理の存在量化子を実装したものです。ところが、ここが本章の核心にかかわる重要な点なのですが、SQLはもう一方の**全称量化子に対応する述語を導入しませんでした**。デイトは自分の本で勝手にFORALL述語を導入していますが（ズルい）、現実のSQLにはありません。

ただ、それでSQLの表現力が致命的に不足するかというと、そうでもないのです。というのも、全称量化子と存在量化子は、片方が定義されていれば、もう片方をそれによって表現できるからです。具体的には、次のような同値変形の規則（ド・モルガンの法則）があります。

[*4] C.J.Date『The Database Relational Model: A Retrospective Review and Analysis』(Addison-Wesley, 2000)、p.32
[*5] C.J.Date『データベース実践講義』（オライリー・ジャパン、2006）、p.205

$$\forall xPx = \neg \exists x \neg Px$$
（すべてのxが条件Pを満たす＝条件Pを満たさないxが存在しない）

$$\exists xPx = \neg \forall x \neg Px$$
（条件Pを満たすxが存在する＝すべてのxが条件Pを満たさないわけではない）

したがって、SQLで全称量化を表現するには、「すべての行が条件Pを満たす」という文を、「条件Pを満たさない行が存在しない」へ変換する必要があるのです。デイトが言うように、SQLにも全称量化子があれば便利なのですが、こればかりは言語仕様なので仕方ありません……変なところで節約しないでほしかった、と思わないでもないですが。

さて、駆け足ですが、以上でSQLの基礎理論である述語論理、特にその量化理論について概観しました。以降の「実践編」では、量化がSQLの中でどう利用されているか、具体的に見ていくことにしましょう。

実践編

テーブルに存在「しない」データを探す

普通、データベースからデータを検索する場合、テーブルに存在するデータのうち、何らかの条件を満たすものを選択する、というケースが一般的です。しかし時には、テーブルに「存在しない」データを探しださねばならないケースもあります。これだけ聞くと奇妙に感じますが、そんなに珍しい要件でもありません。たとえば次のようなケースに遭遇したことはないでしょうか。

何回かにわたる会合とその出席者を記録する次のようなテーブルがあるとします。

Meetings

meeting（会合）	person（出席者）
第1回	伊藤
第1回	水島
第1回	坂東
第2回	伊藤
第2回	宮田
第3回	坂東
第3回	水島
第3回	宮田

当然のことながら、このテーブルから、ある会合に「出席した人物」を求めることは簡単にできます。では反対に、「出席しなかった人物」を求めるには、どうすればいいでしょう。たとえば、伊藤氏は第1回と2回には出席していますが、第3回に欠席しています。坂東氏も、第2回を欠席しています。こういう欠席者の一覧が欲しいわけです（全回欠席はいないとします）。求める結果は次のようになります。

```
meeting      person
---------    ---------
第1回        宮田
第2回        坂東
第2回        水島
第3回        伊藤
```

　存在するデータについて、「これこれこういう性質を満たす」という条件を設定するのではなく、そもそも「データが存在するか否か」という、次数の1つ高い問題設定となっていることがおわかりいただけるでしょうか。これが「二階の問い合わせ」です。こういうときこそ、EXISTS述語の出番です。考え方としては、全員が皆勤したと仮定した場合の集合を作り、そこから現実に出席した人々を引き算すればよいわけです。
　全員が皆勤した場合の集合は、次のようにクロス結合で作れます。

```sql
SELECT DISTINCT M1.meeting, M2.person
  FROM Meetings M1 CROSS JOIN Meetings M2;
```

■ **全員が皆勤出席だった場合**

Meetings

meeting （会合）	person （出席者）
第1回	伊藤
第1回	宮田
第1回	坂東
第1回	水島
第2回	伊藤
第2回	宮田
第2回	坂東
第2回	水島
第3回	伊藤
第3回	宮田
第3回	坂東
第3回	水島

3回×4人で12行。あとはここから、実際の出席者の集合であるMeetingsテーブルに存在しない組み合わせだけに限定すれば完成です。

```
-- 欠席者だけを求めるクエリ：その1　存在量化の応用
SELECT DISTINCT M1.meeting, M2.person
  FROM Meetings M1 CROSS JOIN Meetings M2
 WHERE NOT EXISTS
       (SELECT *
          FROM Meetings M3
         WHERE M1.meeting = M3.meeting
           AND M2.person  = M3.person);
```

これは、要件を素直にSQLに直訳したコードですから、意味も非常に明確です。ちなみにこれを集合論的に解くこともできます。次のように差集合演算をしましょう。

```
-- 欠席者だけを求めるクエリ：その2　差集合演算の利用
SELECT M1.meeting, M2.person
  FROM Meetings M1, Meetings M2
EXCEPT
SELECT meeting, person
  FROM Meetings;
```

このように、NOT EXISTSは直接的に差集合演算としての機能を持っていることがわかります。

全称量化［その1］——肯定⇔二重否定の変換に慣れよう

　それでは次に、EXISTS述語の使い方の中でも目玉と言うべき全称量化の練習へ入りましょう。ここで身に付けてほしいのは、「すべての行について～」という全称量化の表現を、「～でない行が1つも存在しない」という二重否定文へ変換する技術です。
　サンプルに、次のような学生のテスト結果を保存するテーブルを使います。

TestScores

student_id （学生ID）	subject （教科）	score （点数）
100	算数	100
100	国語	80
100	理科	80
200	算数	80
200	国語	95
300	算数	40
300	国語	90
300	社会	55
400	算数	80

　それでは、簡単な問題から行きましょう。「すべての教科について50点以上を取っている生徒」を選択してください。答えは、学生IDが100、200、400の3人です。300番の生徒は国語と社会はクリアしていますが、算数の40点がひびいて失格です。

　さて、

すべての教科が50点以上である

を二重否定に同値変換すると、

50点未満である教科が1つも存在しない

になります。これをNOT EXISTSで表現します。

```sql
SELECT DISTINCT student_id
  FROM TestScores TS1
 WHERE NOT EXISTS              -- 以下の条件を満たす行が存在しない
       (SELECT *
          FROM TestScores TS2
         WHERE TS2.student_id = TS1.student_id
           AND TS2.score < 50);   -- 50点未満の教科
```

> **結果**
> ```
> student_id
> -----------
>         100
>         200
>         400
> ```

　どうでしょう。簡単でしたか。

　では次に、もう少し複雑な条件設定に挑戦しましょう。次の条件をともに満たす学生を選択するクエリを考えてください。

1. 算数の点数が80点以上
2. 国語の点数が50点以上

　結果は、やはり100番、200番、400番の学生になります。400番のように「国語」のデータが存在しない学生も、今は含めます。このような要件は、実務でも頻繁に見かけると思いますが、ぱっと見たところ、これが全称量化文には見えないと思う人も多いのではないでしょうか。

　しかし、次のように読み替えてみれば、これもれっきとした全称量化であることが判明します。

ある学生のすべての行について、教科が算数ならば80点以上であり、教科が国語であれば50点以上である

　そう、実はこれ、同じ集合内の行によって、条件を分岐させた量化なのです。SQLでは、こういう行によって条件を切り替える分岐の表現も可能です。次のような2つの分岐を持つCASE式によって表現できます。

```
CASE WHEN subject = '算数' AND score >= 80 THEN 1
     WHEN subject = '国語' AND score >= 50 THEN 1
     ELSE 0 END
```

　このCASE式は、条件を満たす行については1を、そうでない行については0を返します。ある行が条件を満たすかどうかを判別する関数を作っていると見なすこともできますが、実際これは「特性関数」と呼ばれる関数の一種です。これについては、次章で詳しく取り上げます。あとはこの条件を引っくり返せば完成です。

```
SELECT DISTINCT student_id
  FROM TestScores TS1
 WHERE subject IN ('算数', '国語')
   AND NOT EXISTS
       (SELECT *
          FROM TestScores TS2
         WHERE TS2.student_id = TS1.student_id
           AND 1 = CASE WHEN subject = '算数' AND score < 80 THEN 1
                        WHEN subject = '国語' AND score < 50 THEN 1
                        ELSE 0 END);
```

まず算数と国語以外の行を見る必要はないので、INを使って検索対象を絞ります。あとは、算数の場合に80点以上、国語の場合に50点以上という条件を裏返してサブクエリ内に記述します。

ではここから、国語のデータが存在しない400番の生徒を除外する方法も考えましょう。これは、2教科分、必ず行が存在せねばならないということですから、行数を数えるHAVING句を追加することで対応可能です。

```
SELECT student_id
  FROM TestScores TS1
 WHERE subject IN ('算数', '国語')
   AND NOT EXISTS
       (SELECT *
          FROM TestScores TS2
         WHERE TS2.student_id = TS1.student_id
           AND 1 = CASE WHEN subject = '算数' AND score < 80 THEN 1
                        WHEN subject = '国語' AND score < 50 THEN 1
                        ELSE 0 END)
 GROUP BY student_id
HAVING COUNT(*) = 2;    -- 必ず2教科そろっていること
```

結果
```
student_id
----------
       100
       200
```

このように、非常に簡単な変更で済みます。学生IDをキーに集約しているので、もうSELECT句のDISTINCTは必要ない点にも注意してください。

全称量化［その2］集合 vs. 述語――すごいのはどっちだ？

　もう少し全称量化の練習を続けます。個体ではなく集合レベルの操作を行なうという点で、EXISTSとHAVINGは、よく似ています。実際、両者にはけっこう互換性があって、どちらか一方で表現できるクエリは、もう一方を使って表現できることも多いのです。ここでは、両者を比較しながら、それぞれのメリット・デメリットを見ていきましょう。

　次のようなプロジェクトの工程管理を行なうテーブルを考えます[*6]。

Projects

project_id （プロジェクトID）	step_nbr （工程番号）	status （状態）
AA100	0	完了
AA100	1	待機
AA100	2	待機
B200	0	待機
B200	1	待機
CS300	0	完了
CS300	1	完了
CS300	2	待機
CS300	3	待機
DY400	0	完了
DY400	1	完了
DY400	2	完了

　主キーは、｛プロジェクトID, 工程番号｝です。工程番号は0番から始まります。とりあえず0番が要求定義、1番が基本設計……という感じで考えておいてください。このテーブルには3番までしか工程番号がありませんが、実際には4番以降も含まれる可能性もあります。各工程は、終わっていれば「完了」、前の工程の終了待ちなら「待機」という2つの状態を取ります。

　それでは問題です。このテーブルから、1番の工程まで完了しているプロジェクトを選択してください。まず、0番までしか終わっていないAA100、まったく手つかずのB200は対象外。CS300は合格です。微妙なのは2番まで終わっているDY400ですが、とりあえず除外とします。

　セルコによるHAVING句を使った集合指向的な解答は次のようなものです。

[*6] この問題は、ジョー・セルコ『SQLパズル 第2版』の「パズル11　作業依頼」を改作したもの。

```
-- 工程1番まで完了のプロジェクトを選択：集合指向的な解答
SELECT project_id
  FROM Projects
 GROUP BY project_id
HAVING COUNT(*) = SUM(CASE WHEN step_nbr <= 1 AND status = '完了' THEN 1
                           WHEN step_nbr  > 1 AND status = '待機' THEN 1
                           ELSE 0 END);
```

結果

```
project_id
------------
CS300
```

　本章はHAVINGの解説がメインではないので、詳細は省略しますが、各プロジェクトごとに工程番号が1以下で「完了」の行数と、1より大きくて「待機」の行数を足したら、グループ全体の行数と一致するプロジェクトを選択しています。

　一方、述語論理的にこの問題を解くならばどうなるでしょう。実はこれも全称量化の1パターンとして考えられるのです。さっきの問題よりちょっと複雑ですが、考え方は同じです。こういう全称命題を記述していると考えてください。

プロジェクト内のすべての行について、工程番号が1以下ならば完了であり、1より大きければ待機である

　この条件部は、やはりCASE式を使って表わせます。

```
step_status = CASE WHEN step_nbr <= 1
                   THEN '完了'
                   ELSE '待機' END
```

　最終的にはこの否定形を使うので、答えは次のようになります。

```
-- 工程1番まで完了のプロジェクトを選択：述語論理的な解答
SELECT *
  FROM Projects P1
 WHERE NOT EXISTS
        (SELECT status
           FROM Projects P2
          WHERE P1.project_id = P2. project_id    -- プロジェクトごとに条件を調べる
            AND status <> CASE WHEN step_nbr <= 1 -- 全称文を二重否定で表現する
                               THEN '完了'
                               ELSE '待機' END);
```

結果

```
project_id   step_nbr   status
-----------  --------   ------
CS300               0   完了
CS300               1   完了
CS300               2   待機
CS300               3   待機
```

　同じ全称条件の表現でも、二重否定を使う分、HAVINGより直感的にわかりにくくなるのがNOT EXISTSの欠点です。しかし、この書き方にも利点があります。

　1つ目が、パフォーマンスが良いこと。1行でも条件を満たさない行が存在すれば、そこで検索を打ち切ることができるので、全行を見る必要がありません。しかも結合条件でproject_id列のインデックスも利用できるため、さらに高速化されます。そして2つ目が、**結果に含められる情報量が多い**こと。HAVINGを使うと、問答無用で集約されてしまうため、プロジェクトIDしかわかりませんが、NOT EXISTSならば、集合の具体的な要素を「ヒラ」で求められます。

列に対する量化──オール1の行を探せ

　悪いテーブル設計にはいくつかの典型的なパターンというものがあります。たとえば主キーのない重複行を許すテーブル。あるいは1つの列に複数の意味を持たせて「属性」の概念をまるっと無視したテーブル。しかしその中でも、私たちDBエンジニアが見た瞬間に、「ああ、またか……」とため息をついてしまうものが、単純に配列を写し取って作られた次のようなテーブルです。

ArrayTbl

key	col1	col2	col3	col4	col5	col6	col7	col8	col9	col10
A										
B	3									
C	1	1	1	1	1	1	1	1	1	1
D		9								
E		3	1	9			9			

なぜこのテーブル構造が悪いかと言えば、配列は、要素数を柔軟に増減させられるのに対し、テーブルの列はそうではないからです。1列増減するだけでもかなりの大事です。それに引き換え、行の増減はシステムに何の影響も及ぼしません[*7]。このことから、データベースのテーブル設計においては、**列はある程度持続的な構造として考えるべきである**という原則が導かれます。配列の要素は、データベースのテーブルでは列ではなく行に相当すると考えたほうがいいのです。

そもそも、テーブルが現実世界の実体（エンティティ）を写像した存在であるという関係モデルの理論に自覚的であれば、自然にそういう考え方に到達します。上のようなテーブルを作るぐらいなら、SQL:1999で追加された配列型を利用するほうがまだ筋が通るというものです。

しかしまあ、愚痴を重ねていても目の前のテーブル構造が美しくなるわけではありません。テーブルに改変の余地がないのなら、それを与件として次善の策を考えるほうが建設的です。

こういう擬似配列テーブルを使うときによく発生する要件は、基本的に次のような形をとります。

1. 「オール1」の行を探したい
2. 「少なくとも1つは9」の行を探したい

EXISTS述語が「行方向への量化」を扱うものだったのに対し、これはいわば、**列方向への量化**です。こうなってはもうEXISTSは使えません。かといって、

```
-- 列方向への全称量化：芸のない答え
SELECT *
  FROM ArrayTbl
 WHERE col1 = 1
   AND col2 = 1
     ・
     ・
     ・
   AND col10 = 1;
```

のような無芸な解答も（間違いではありませんが）イマイチです。10列ならまだしも、50列、100列に増えたときには、SQLが読むにたえない長さになります。しかし、案

[*7] もちろんパフォーマンスには影響が及びますが、ここではロジックのみに話を限定します。また、近年はこのRDBのデータ構造の硬直性がシステム開発の効率を下げているという問題意識から、より柔軟にデータ構造を定義できるNoSQL製品群も登場しました。この点については第2部「13　RDB近現代史」で触れます。

ずるには及びません。SQLはちゃんと、列方向への量化に対処する述語も持っています[*8]。

```
-- 列方向への全称量化：芸のある答え
SELECT *
  FROM ArrayTbl
 WHERE 1 = ALL (col1, col2, col3, col4, col5, col6, col7, col8, col9, ⏎
col10);
```

※紙面の都合上、⏎で折り返しています。

結果

```
key  col1  col2  col3  col4  col5  col6  col7  col8  col9  col10
---  ----  ----  ----  ----  ----  ----  ----  ----  ----  ----
 C    1     1     1     1     1     1     1     1     1     1
```

これは、「col1～col10の**すべて**の列が1である」という全称量化文をSQLに直訳したものです。読みやすく、コードも簡潔です。

反対に、存在量化「少なくとも1つは9である」を表現するなら、ALLと対のANY述語を使いましょう。

```
SELECT *
FROM ArrayTbl
WHERE 9 = ANY (col1, col2, col3, col4, col5, col6, col7, col8, col9, ⏎
col10);
```

※紙面の都合上、⏎で折り返しています。

結果

```
key  col1  col2  col3  col4  col5  col6  col7  col8  col9  col10
---  ----  ----  ----  ----  ----  ----  ----  ----  ----  -----
 D                 9
 E          3           1     9                 9
```

あるいはINを代わりに使ってもかまいません。

[*8] PostgreSQLやMySQLでは、ALL述語とANY述語の引数をサブクエリに限定しているため、このクエリは構文エラーになります。PostgreSQLでは配列型にはALL述語が使えるため、以下のようなコードならば動作します。

```
SELECT *
  FROM ArrayTbl
 WHERE 1 = ALL(array[col1, col2, col3, col4, col5, col6, col7, col8, col9, col10]);
```

```
SELECT *
  FROM ArrayTbl
 WHERE 9 IN (col1, col2, col3, col4, col5, col6, col7, col8, col9, ⏎
col10);
```

※紙面の都合上、⏎で折り返しています。

　INは普通、「col1 IN (1, 2, 3)」のように、左辺が列、右辺が値のリストという使い方をするので、このように左右の辺を入れ替えた使い方に違和感を持つ人もいるかもしれませんが、これもれっきとした適法な構文です。

　なお、これが値ではなく、NULLを条件に使いたい場合は、同じやり方は通用しません。

```
-- オールNULLの行を探す：間違った答え
SELECT *
  FROM ArrayTbl
 WHERE NULL = ALL (col1, col2, col3, col4, col5, col6, col7, col8, ⏎
col9, col10);
```

※紙面の都合上、⏎で折り返しています。

　テーブルの内容にかかわらず、この結果は常に空です。これは、ALL述語の意味するところが「col1 = NULL AND col2 = NULL AND …… col10 = NULL」であることを考えれば明白でしょう[*9]。こういう場合には、COALESCEを使います。

```
-- オールNULLの行を探す：正しい答え
SELECT *
  FROM ArrayTbl
 WHERE COALESCE(col1, col2, col3, col4, col5, col6, col7, col8, col9, ⏎
col10) IS NULL;
```

※紙面の都合上、⏎で折り返しています。

結果
```
key  col1  col2  col3  col4  col5  col6  col7  col8  col9  col10
---  ----  ----  ----  ----  ----  ----  ----  ----  ----  -----
 A
```

　これで列方向の量化も恐れるに足りません。

[*9] 明白だと思わなかった方は、このまま「4　3値論理とNULL」へ直行してください。

まとめ

　集合論の観点から見たSQLは、集合指向言語と呼ぶにふさわしい力を備えています。他方、述語論理の観点から見たときは、一種の関数型言語の様相を見せます。

　関数型言語において高階関数の果たす役割が大きいように、SQLにおいてはEXISTS述語が重要な意味を持ちます。EXISTSを使いこなせるようになれば、中級の関門を1つ突破したと言えます。次章では、EXISTSを使う応用問題を多く用意しました。本章で学んだ基礎を生かして、挑戦してみてください。

　それでは、本章のまとめです。

1. SQLにおける述語とは、真理値を返す関数のこと。

2. EXISTSだけが、他の述語と違って(行の)集合を引数に取る。

3. その点で、EXISTSは高階関数の一種と見なせる。

4. SQLには全称量化子に相当する演算子がないので、NOT EXISTSで代用する。

EXISTS述語に関する資料は、以下の参考文献を参照してください。

1. ジョー・セルコ『SQLパズル 第2版』(翔泳社、2007)　ISBN 9784798114132
   EXISTSおよびNOT EXISTSの応用例が数多く収録されています。たとえば、オーソドックスなEXISTSの利用については「パズル18　ダイレクトメール」、NOT EXISTSによる全称量化の表現は「パズル20　テスト結果」や「パズル21　飛行機と飛行士」、差集合演算への応用は「パズル57　欠番探しバージョン1」を参照。

2. C.J.Date『データベース実践講義』(オライリー・ジャパン、2006)
   ISBN 9784873112756
   SQLにおける量化子の扱いについては、「付録A.5　数量化の補足」を参照。「理論編」の引用はこの章からのもの。

3. 戸田山和久『論理学をつくる』(名古屋大学出版会、2000)
   ISBN 9784815803902
   述語論理の量化子については「第5章　論理学の対象言語を拡張する」を参照。肯定と二重否定を同値変換する練習問題もみっちりやれます。

演習問題

●演習問題5-① 配列テーブル──行持ちの場合

「列に対する量化──オール1の行を探せ」(p.98) では、擬似配列テーブルで列方向の量化を行なう方法を考えました。演習では、このテーブルをちゃんと行持ちの形式に直したテーブルを使いましょう。「i」列が配列の添え字を表わしますから、主キーは (key, i) です。

ArrayTbl2

key	i	val
A	1	
A	2	
A	3	
⋮	⋮	⋮
A	10	
B	1	3
B	2	
B	3	
⋮	⋮	⋮
B	10	
C	1	1
C	2	1
C	3	1
⋮	⋮	⋮
C	10	1

1つのエンティティにつき10行必要になるので、ちょっとテーブル全体の表示は省略します。A、B、Cの要素は、先の問題で使ったものと同じです。AはオールNULL、Bはi = 1の要素だけ3で、あとはNULL、Cはオール1です。

それでは、このテーブルから「オール1」のエンティティだけを選択してください。答えはC1つだけになります。今度は行方向への全称量化なので、EXISTSを使います。厳密に考えると、この問題はなかなかトリッキーです。その罠の存在に気づいたら上級者です。

もしEXISTSを使って解けたら、別解も考えてみてください。非常に多彩な別解が存在して、面白いですから。

●演習問題5-② ALL述語による全称量化

全称量化は、NOT EXISTSだけでなく、ALL述語によっても書くことができます。ALL述語は、二重否定を使わなくてよいためSQLがわかりやすくなるのが利点です。

では、「全称量化［その2］集合 vs. 述語——すごいのはどっちだ？」（p.96）のクエリを、ALL述語で書き換えてみてください。

●演習問題5-③ 素数を求める

最後に、ちょっと趣向を変えて数学パズルを1つ。「素数」と言えば、私たちの誰もが学校で習う自然数の一種です。その定義は、1とその数自身以外に正の約数を持たない（つまり1とその数以外のどんな自然数によっても割り切れない）、1より大きな自然数でした。定義はごく簡単でありながら、面白い性質が多くあるため、昔から多くの人々を魅了してきた数です。

ではこの素数を、SQLを使って求めてみましょう。素数は無限にあるので、100以下のものに限定します。準備として、1〜100の数を持つNumbersテーブルを用意しておきます（このテーブルの簡単な作り方は、「10　SQLで数列を扱う」p.197を参照）。

Numbers

num
1
2
3
⋮
98
99
100

100以下の素数を小さい順に並べると、

　　　　　2, 3, 5, 7, 11, 13, 17……83, 89, 97

となります。これを求めてください。

6 HAVING 句の力

> ▶ 世界を集合として見る
>
> HAVING 句は SQL の重要な機能の 1 つですが、その真価は十分に知られていません。しかし、HAVING 句は SQL の集合指向という本質を理解するための重要な鍵であり、マスターすることで幅広い応用が可能です。
> 本章では、HAVING 句の使い方を学び、それを通して「集合単位の操作」という集合指向言語の特性を理解します。

　SQL のクラスを教えるとき、最大の課題の 1 つが、生徒たちがそれまでに手続き型言語から身につけたことを、一度「頭から追い出す（unlearn）」ことだ。私がそのとき採る 1 つの方法は、処理を「レコード単位」ではなく、集合という観点から考えるよう強調することである。

———J. セルコ[*1]

　SQL というのは変わった言語です。こういった印象は人によって差があるかもしれませんが、おそらく最初に手続き型言語を学んだ正統派のプログラマやエンジニアほど強くそう感じるでしょう。

　SQL に違和感を覚える理由は、いくつか考えられます。第一に、SQL が「集合指向」という発想に基づいて設計された言語で、この設計方針を持つ言語が少ないことです。そして第二に、それに劣らず大きいのが、最初に学んだ言語のスキーマ（概念の枠組み）が心理的モデルとして固定され、それを通して世界を見るようになるため、異なるスキーマを持つ言語の理解が妨げられることです。

　本章では、HAVING 句のさまざまな応用方法を紹介していきますが、その際、手続き型言語と SQL の考え方を比較します。それによって、私たちが手続き型言語で身につけた無意識の心理的モデルを自覚し、集合指向という発想に感じる違和感を軽減したいと考えています。

■ データの歯抜けを探す

　では、さっそく最初の問題を見ましょう。次のような連番を持つテーブルがあるとします。システムで一意に割り振る数値を使う場合などに多く見かけます。

[*1] "Thinking in Aggregates", dbazine.com, 2005
http://www.dbazine.com/ofinterest/oi-articles/celko18/

SeqTbl

seq（連番）	name（名前）
1	ディック
2	アン
3	ライル
5	カー
6	マリー
8	ベン

　ところが「連番」とあるものの、この数列は連続していません。4と7が抜けています。最初の問題はこのテーブルにデータの歯抜けが存在するか否かを調べることです。このサンプルのように数行なら一目瞭然ですが、100万行を目で確認する勇気のある人はいないでしょう。

　仮にこのテーブルがファイルで、手続き型言語を使って調べるなら、次のような手順になります。

1. 連番の昇順か降順にソートする。
2. ソートキーの昇順（または降順）にループさせて、1行ずつ次の行とseq列の値を比較する。

　この単純な手順の中にも、手続き型言語とファイルシステムの特徴が浮き彫りになっています。それは、ファイルのレコードは**順序**を持ち、それを扱うためにプログラミング言語はソートを行なうということです。一方、テーブルの行は順序を持ちませんし、SQLもソートの演算子を持っていません[*2]。代わりにSQLは、複数行をひとまとめにして集合として扱います。したがって、テーブル全体を1つの**集合**と見なすと、解答は次のようになります。

```
-- 結果が返れば歯抜けあり
SELECT '歯抜けあり' AS gap
  FROM SeqTbl
HAVING COUNT(*) <> MAX(seq);
```

[*2] 「2　必ずわかるウィンドウ関数」でも取り上げたように、ORDER BY 句は SQL の演算子ではなく、カーソル定義の一部です。

「ORDER BY は、結果を表示する目的には便利だが、それ自体はリレーショナル演算子ではない。」
C.J.Date『データベース実践講義』（オライリー・ジャパン、2006）、p.15

結果

```
gap
------------
'歯抜けあり'
```

　このクエリの結果が1行返れば「歯抜けあり」、1行も返らなければ「歯抜けなし」です。COUNT(*)で数えた行数と連番の最大値が一致したなら、それは最初から最後まで抜けなくカウントアップできたという証拠だからです。抜けがあれば、「COUNT(*) < MAX(seq)」となり、HAVING句の条件が真になります。わずか3行のエレガントな解答です。

　このクエリを集合論の言葉で表現すると、自然数の集合とSeqTbl集合の間に**一対一対応**（**全単射**）が存在するかどうかをテストしている、ということになります[*3]。というのも、図6.1に示すように、MAX(seq)というのは、seqの最大値までの歯抜けのない連番（すなわち自然数）の集合の要素数をカウントするのに対し、COUNT(*)は、SeqTblに実際に含まれている要素数（＝行数）をカウントしているからです。

■ 図6.1　2つの集合に一対一対応があるか調べる

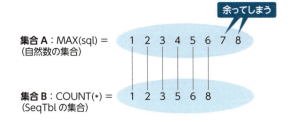

　すると今回のように歯抜けが存在する場合、集合AとBの要素数は絶対に不一致になるわけです。

　ところで、このSQL文にはGROUP BY句が存在しません。こういう場合、テーブル全体が1行に集約されます。その場合でも、HAVING句は問題なく使えます。昔のSQLでは、HAVING句はGROUP BY句と併用しなければならなかったので、今でも時々そう勘違いされていることがありますが、現在の標準SQLでは**HAVING句を単独**

[*3]　**全単射**は2つの集合の要素間に、重複も漏れもなく対応関係（**写像**）が存在することを意味する集合論の用語です。なお、漏れなく対応するが重複が発生する場合を**全射**、重複はないが漏れが発生する場合を**単射**と呼びます。

で使えます[*4]。ただしその場合、SELECT句で元テーブルの列を参照できなくなるので、サンプルのように定数を指定するか、または「SELECT COUNT(*)」のように集約関数を使う必要があります。

さて、これでこのテーブルに歯抜けが存在することが判明しました。今度は歯抜けの最小値を求めます。最小ときたらMIN関数——というわけで次のように書きます。

```
-- 歯抜けの最小値を探す
SELECT MIN(seq + 1) AS gap
  FROM SeqTbl
 WHERE (seq + 1) NOT IN (SELECT seq FROM SeqTbl);
```

```
結果
gap
-----
    4
```

これもわずか3行。NOT INを使ったサブクエリは、ある連番について、それより1つ大きい数値がテーブル内に存在するかどうかを調べるものです。すると、(3, ライル)、(6, マリー)、(8, ベン) の行について、次の数が見つからないため、条件が真になります。歯抜けがない場合は、最大の連番8の次の数である9が得られます。繰り返しになりますが、テーブルはファイルではないので、行に順序がありません（「SeqTbl」テーブルを昇順で表示しているのは、あくまで見やすくするためです）。それゆえ、こういう行同士の比較を行なう際にソートをしません。

ところで、SeqTblにもしNULLが含まれていた場合、このクエリの結果は正しくなりません。なぜ正しくならないかすぐに理由がわからなかった人は、「4　3値論理とNULL」（p.60）を参照してください。

さて、これがSQLによる欠番探索の基本となる考え方を表わしたクエリです。実は、このクエリはまだすべてのケースに網羅的に対応する、というには少し簡単すぎます。

[*4] GROUP BY 句のない構文は、「空集合を引数に取る GROUP BY 句」が**省略されている**と解釈されます。したがって、このクエリは次の構文と同値です。

```
SELECT ' 歯抜けあり ' AS gap
  FROM SeqTbl
 GROUP BY ()
HAVING COUNT(*) <> MAX(seq);
```

PARTITION BY 句を指定しないウィンドウ関数がテーブル全体を 1 つのパーティションと見なして動作することも、同じ理屈で考えることが可能です。詳しくは第 2 部「18　GROUP BY と PARTITION BY」（p.285）を参照。

たとえば、SeqTblテーブルにそもそも1番が存在しない場合、本当なら1番を歯抜けの最小値と見なすべきですが、どちらのクエリも正しく動きません（どのような結果が返るか、自分でシミュレーションして、予想してみてください）。この欠番探索の完全版を、次に考えてみましょう

欠番を探す——発展版

　先の問題からもう少し条件をゆるくして、下限がどんな値であるかは特に問わず、とにかく数列が連続しているか否かだけ調べたい、というケースを考えます。つまり、次の4つのうち、（3）についても「連続している」と見なし、（4）を「歯抜けあり」と見なす場合です。前問のクエリだと、開始値が1という前提のため、（3）の場合も「歯抜けあり」と見なされてしまいます。

ケース（1）
欠番なし（開始値＝1）

seq
1
2
3
4
5

ケース（2）
欠番あり（開始値＝1）

seq
1
2
4
5
8

ケース（3）
欠番なし（開始値 <> 1）

seq
3
4
5
6
7

ケース（4）
欠番あり（開始値 <> 1）

seq
3
4
7
8
10

　テーブル全体を1つの集合と見なし、COUNT(*)で集合の要素数を把握する、という基本的な考え方は変わりません。この4つのケースであれば、いずれのテーブルもCOUNT(*) = 5となります。そして、もし数列の下限値と上限値の間に欠番がないと仮定すると、その間に含まれる数の個数は、

上限値 － 下限値 ＋ 1

になるはずです。したがって、次のような比較条件を書いてやればいいわけです。

```
-- 結果が返れば歯抜けあり：数列の連続性のみ調べる
SELECT '歯抜けあり' AS gap
  FROM SeqTbl
HAVING COUNT(*) <> MAX(seq) - MIN(seq) + 1;
```

このクエリは、(1)と(3)のケースを「連続」と見なします。また、欠番の有無にかかわらず、必ず1行の結果を返したいなら、例によって、SELECT句へ条件を移しましょう。

```
-- 欠番があってもなくても1行返す
SELECT CASE WHEN COUNT(*) = 0 THEN 'テーブルが空です'
            WHEN COUNT(*) <> MAX(seq) - MIN(seq) + 1 THEN '歯抜けあり'
            ELSE '連続' END AS gap
  FROM SeqTbl;
```

このクエリでは、ちょっと工夫を加えて、テーブルが空の場合だけ例外扱いとして「テーブルが空です」という結果を返すようにしています（HAVING句のクエリでは、テーブルが空の場合も「連続」と見なします）。このように詳細な分岐を表現できることが、CASE式の魅力です。

　それではついでに、欠番の最小値を求めるクエリも、開始値が1でないケースへ対応させましょう。前回のシンプルなクエリだと、(4)のケースでも、愚直に最初の「欠番」である5を返します。1と2はそもそもテーブルに存在しないので、次の数の存在チェックも行ないようがないからです。このように、そもそも1がテーブルに存在しない場合は1を返すという分岐を追加したのが、次のクエリです。

```
-- 歯抜けの最小値を探す：テーブルに1がない場合は、1を返す
SELECT CASE WHEN COUNT(*) = 0 OR MIN(seq) > 1  -- 下限が1でない場合 → 1を返す
              THEN 1
            ELSE (SELECT MIN(seq +1)  -- 下限が1の場合 → 最小の欠番を返す
                    FROM SeqTbl S1
                   WHERE NOT EXISTS
                       (SELECT *
                          FROM SeqTbl S2
                         WHERE S2.seq = S1.seq + 1)) END
  FROM SeqTbl;
```

　前問で使ったクエリをスカラサブクエリとして、そのまま豪快にCASE式の戻り値にしています。「COUNT(*) = 0」の条件は、テーブルが空だった場合を考慮したもの

です。また、NOT INをNOT EXISTSに変えていますが、これはNULL対策とちょっとしたパフォーマンスチューニングのためです。特にseq列にインデックスがある場合は、NOT EXISTSを使うことでかなり改善されます。このクエリは、次のような結果を返します。

- ケース（1）➡ 6（欠番がないので、最大値5の次の数）
- ケース（2）➡ 3（最小の欠番）
- ケース（3）➡ 1（テーブルに1がないため）
- ケース（4）➡ 1（テーブルに1がないため）

手続き型言語では、分岐はIF文やCASE文といった「文」の単位で行ないます。しかし、SQLではすべての分岐を「式（関数）」の単位で行ないます。ここにおいて、SQLは関数型言語にとても接近しています。

HAVING句でサブクエリ——最頻値を求める

トマス・ジェファーソンが創立したアメリカの名門ヴァージニア大学は、1984年、修辞コミュニケーション学科の卒業生の平均初任給が55,000ドルだと発表しました。当時は1ドル=240円ぐらいと考えると日本円で約1,320万円です。これだけ聞くと、卒業生の多くがかなりの高給取りだという印象を受けます。しかし、この数字にはトリックがありました。卒業生には、「大学史上最高の選手」とうたわれたNBAの新星ラルフ・サンプソンが含まれていたのです[5]。つまり、大学が使った卒業生テーブルは、イメージとしては次のような極端な分布のテーブルだったのです。

Graduates（卒業生テーブル）

name（名前）	income（収入）
サンプソン	400,000
マイク	30,000
ホワイト	20,000
アーノルド	20,000
スミス	20,000
ロレンス	15,000
ハドソン	15,000
ケント	10,000
ベッカー	10,000
スコット	10,000

[5] このエピソードは、ラリー・ゴニック、ウルコット・スミス共著『マンガ 確率・統計が驚異的によくわかる』（白揚社、1995）、p.18より。

このことからわかるように、単純平均は**外れ値**（outlier）に影響を受けやすいという欠点があります。「平均のトリック」として、現在ではよく知られている統計の悪用方法です。

こういうケースでは、集団の傾向をもっと正確に示す指標を使わねばなりません。その1つが**最頻値**（mode）です。これは、母集団の中で最も数の多かった値のことです。その意味で「流行値」という呼び名もあります。上の卒業生テーブルだと、20,000と10,000の2つです。これを求める方法を考えてみましょう。

DBMSによっては、最頻値を求める独自の関数を用意しているものもあります。しかし、標準SQLでも簡単に求められます。考え方は、収入が同じ卒業生をひとまとめにする集合を作り、その集合群から要素数が最も多い集合を探すことです。SQLにとって、こういう集合操作はお手の物です。

```
-- 最頻値を求めるSQL：その1　ALL述語の利用
SELECT income, COUNT(*) AS cnt
  FROM Graduates
 GROUP BY income
HAVING COUNT(*) >= ALL ( SELECT COUNT(*)
                           FROM Graduates
                          GROUP BY income);
```

結果

```
income   cnt
------   ---
10,000    3
20,000    3
```

GROUP BYは、母集合を切り分けて部分集合を作る働きをします。したがって、収入（income）をGROUP BYのキーに使うと、図6.2のような5つの部分集合S1～S5が得られます。

■ 図6.2　収入（income）をキーにしたときの5つの部分集合

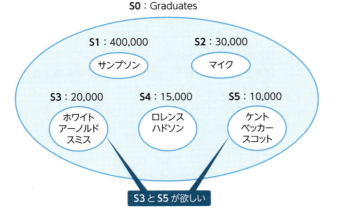

　この中で最大の要素数を持つのは、要素数が3のS3とS5です。したがって、この2つの集合が選択されます。

　また、「4　3値論理とNULL」でも触れたように、ALL述語は、NULLと空集合のケースに気をつければ極値関数で代用できます。今回は「最も多い」ですから、MAX関数を使います。

```
-- 最頻値を求めるSQL：その2　極値関数の利用
SELECT income, COUNT(*) AS cnt
  FROM Graduates
 GROUP BY income
HAVING COUNT(*) >= ( SELECT MAX(cnt)
                       FROM ( SELECT COUNT(*) AS cnt
                                FROM Graduates
                               GROUP BY income) TMP );
```

　もし仮に「Graduates」テーブルがファイルで、手続き型言語で最頻値を求めようとするなら、どうなるでしょう。おそらく収入でソートした後、1行ずつループさせてコントロールブレイクを行ない、同じ収入の行数が前に数えた収入の行数より大きければ、その収入を変数に代入して保存することになるでしょう。しかし、すでに見たように、SQLではループも代入も現われません。

NULL を含まない集合を探す

　COUNT関数の使用法には、COUNT(*)とCOUNT(列名)の2通りがあります。両者の違いは2つあります。1つはパフォーマンスの違い、もう1つは、COUNT(*)がNULLを数えるのに対し、COUNT(列名)は他の集約関数と同様、NULLを除外して集計するという結果の違いです。後者を言い換えると、COUNT(*)が全行を数えるのに対し、COUNT(列名)はそうではない、ということです。

　両者の結果の違いは、NULLしか含まない極端なテーブルにSELECT文を実行してみると明らかになります。

NullTbl

col_1
NULL
NULL
NULL

```
-- NULLを含む列に適用した場合、COUNT(*)とCOUNT(列名)の結果は異なる
SELECT COUNT(*), COUNT(col_1)
  FROM NullTbl;
```

（結果）

```
count(*)  count(col_1)
--------  ------------
       3             0
```

　この相違は、もちろんコーディングの際に注意が必要な点ですが、うまく使うと興味深い応用が可能です。たとえば、学生のレポート提出日を記録する次のようなテーブルを考えます。

Students

student_id （学生ID）	dpt （学部）	sbmt_date （提出日）
100	理学部	2018-10-10
101	理学部	2018-09-22
102	文学部	
103	文学部	2018-09-10
200	文学部	2018-09-22
201	工学部	
202	経済学部	2018-09-25

学生がレポートを提出すると、提出日に日付が入ります。未提出の間はNULLです。このテーブルから、所属するすべての学生が提出済みの学部（理、経済学部）を求めます。単純に「WHERE sbmt_date IS NOT NULL」という条件で選択すると、不要な文学部まで含まれてしまい、うまくいきません（文学部は102番が未提出）。考え方としては、まず学部をキーにGROUP BY句を使って図6.3のような部分集合を作ります。

■ 図 6.3　すべての学生がレポート提出済みの学部は？

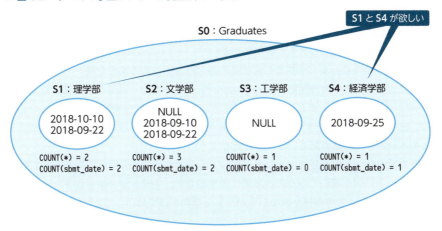

　こうして作られた4つの部分集合のうち、欲しいのはS1とS4です。では、この2つの集合が共有していて、他の集合が持っていない性質は何でしょう。それは「COUNT(*)とCOUNT(sbmt_date)が一致する」という性質です。これはS2とS3がNULLを含むために起こる現象です。したがって答えはこうなります。

```
-- 提出日にNULLを含まない学部を選択する：その1　COUNT関数の利用
SELECT dpt
  FROM Students
 GROUP BY dpt
HAVING COUNT(*) = COUNT(sbmt_date);
```

結果

```
dpt
--------
理学部
経済学部
```

もちろん、CASE式による汎用的な書式でも同じ条件を記述できます。

```
-- 提出日にNULLを含まない学部を選択する：その2　CASE式の利用
SELECT dpt
  FROM Students
 GROUP BY dpt
HAVING COUNT(*) = SUM(CASE WHEN sbmt_date IS NOT NULL
                           THEN 1 ELSE 0 END);
```

　CASE式は、提出日がNULLでない行については1、NULLの行については0というフラグを立てていると考えるとわかりやすいでしょう。いわばCASE式は、各要素（＝行）が特定の条件を満たす集合に含まれるかどうかを決める関数を表わしているのです。こういう関数を**特性関数**（characteristic function）、または集合を定義するという意味で定義関数と呼びます（特性関数の使い方は演習問題でも練習します）。このように、HAVING句は集合の性質を調べる道具として使えます。特に集約関数やCASE式と組み合わせたときの記述力は強力無比です。

　また、お気づきかもしれませんが、HAVING句で集合を切り分けて問題を解く際には、紙の上に円を描いてみるのが非常に効果的です。手続き型言語ではフローチャート（線と四角）が思考の補助線でしたが、集合指向言語では円（ベン図）がそれに相当するのです。

特性関数の応用

　CASE式で特性関数を作る方法を、もう少し練習しておきましょう。これを使いこなせるようになると、どんな複雑な条件でも記述できます（大げさじゃなく、本当に）。次のような、生徒のテスト結果を保持するテーブルを例にとります。

TestResults

student_id (学生ID)	class (クラス)	sex (性別)	score (得点)
001	A	男	100
002	A	女	100
003	A	女	49
004	A	男	30
005	B	女	100
006	B	男	92
007	B	男	80
008	B	男	80
009	B	女	10
010	C	男	92
011	C	男	80
012	C	女	21
013	D	女	100
014	D	女	0
015	D	女	0

　このサンプルを使って、今から出す問題を解いてみてください。今回は、筆者からベン図は見せません。皆さん、自分で円を描いてみてください。ではまずは軽く。

第1問　クラスの75％以上の生徒が80点以上のクラスを選択せよ。

　クラスの総人数は、COUNT(*)でわかります。80点以上をとった生徒の数は、特性関数でカウントできます。したがって答えは、

```
SELECT class
  FROM TestResults
 GROUP BY class
HAVING COUNT(*) * 0.75
       <= SUM(CASE WHEN score >= 80
                   THEN 1
                   ELSE 0 END) ;
```

結果

```
class
-----
B
```

　どうでしょう、簡単でしたか。では次です。

第2問 **50点以上を取った生徒のうち、男子の数が女子の数より多いクラスを選択せよ。**

今度はどちらの条件も特性関数で記述します。

```
SELECT class
  FROM TestResults
 GROUP BY class
HAVING SUM(CASE WHEN score >= 50 AND sex = '男'
                THEN 1
                ELSE 0 END)
     > SUM(CASE WHEN score >= 50 AND sex = '女'
                THEN 1
                ELSE 0 END);
```

【結果】
```
class
-----
B
C
```

それでは、最後の問題です。この問題には少しトリッキーなところがあるのですが、わかるでしょうか。

第3問 **女子の平均点が、男子の平均点より高いクラスを選択せよ。**

今までの流れからいって、次のようなクエリを考えた人もいるのではないでしょうか。

```
-- 男子と女子の平均点を比較するクエリ：その1  空集合に対する平均を0で返す
SELECT class
  FROM TestResults
 GROUP BY class
HAVING AVG(CASE WHEN sex = '男' THEN score ELSE 0 END)
     < AVG(CASE WHEN sex = '女' THEN score ELSE 0 END);
```

【結果】
```
class
-----
A
D
```

Dクラスには女子しかいません。上のクエリでは、男子のほうのCASE式で「ELSE 0」を指定しているため、男子の平均は0点という扱いになります。そのため、女子の平均が約33.3点のDクラスにおいても、「0 < 33.3」という比較が成立して選択されるのです。この場合は、これでもいいかもしれません。でも、仮に013番の生徒がたまたま0点だったらどうなったでしょう。その場合、女子の平均点も0になり、Dクラスは選択されません。

　しかし同じ「0」という数ではあっても、両者の意味は大違いです。女子のほうはれっきとした平均点数ですが、男子はそもそも平均の計算ができないのを、0という数で無理やり代用しただけのことです。本当は、空集合に対する平均は「未定義」でなければなりません。ゼロ除算の結果が未定義なのと同じことです。

　標準SQLでは、空集合にAVG関数を適用した場合は、NULLを返すこととされています（未定義をNULLで代用するこの仕様にも問題はありますが、ここでは深入りしません。詳しくは「4　3値論理と NULL」p.60を参照）。この点を修正したクエリが次のものです。

```
-- 男子と女子の平均点を比較するクエリ：その2　空集合に対する平均をNULLで返す
SELECT class
  FROM TestResults
 GROUP BY class
HAVING AVG(CASE WHEN sex = '男' THEN score ELSE NULL END)
     < AVG(CASE WHEN sex = '女' THEN score ELSE NULL END);
```

結果

```
class
-----
A
```

　今度は、Dクラスの男子の平均はNULLです。したがって、Dクラスは女子の平均点によらず常に選択対象外とされます。こちらのほうが、通常のAVG関数の動作とも一致します。

　集合の性質に着目するということは、裏返していえば、個々の要素の特性を無視する、ということです。今回の例題でも、私たちが考えたのは、あくまでクラスが集団として持つ特徴や傾向性であって、誰が何点を取ったかという生徒の個人情報は詮索しません。構成員の匿名性を保ったまま集団の傾向を把握するこの考え方は、そのまま統計学の方法論でもあります。BIとSQLの親和性が高いのもうなずける話です。

HAVING 句で全称量化

突然ですが、あなたは今、消防隊（地球防衛隊でもかまいませんが）の統括を行なう責任者に任命されたとします。するとさっそく、司令部へ出動要請の入電がありました。あなたの仕事は、今現在出動可能な部隊を検索することです。出動可能な条件は、隊のメンバー全員が「待機」状態にあることです。使うテーブルは、次のようなものです。

Teams

member （隊員）	team_id （チームID）	status （状態）
ジョー	1	待機
ケン	1	出動中
ミック	1	待機
カレン	2	出動中
キース	2	休暇
ジャン	3	待機
ハート	3	待機
ディック	3	待機
ベス	4	待機
アレン	5	出動中
ロバート	5	休暇
ケーガン	5	待機

このサンプルデータにおいて、出動可能な隊はチーム3とチーム4です。チーム4はベス1人しかいませんが、全員そろっていることに違いはありません。これを求めるクエリを考えましょう。

「すべてのメンバーの状態が**待機中**である」という条件は、全称量化文ですから、NOT EXISTSを使って書くことができます。

```
-- 全称文を述語で表現する
SELECT team_id, member
  FROM Teams T1
 WHERE NOT EXISTS (SELECT *
                     FROM Teams T2
                    WHERE T1.team_id = T2.team_id
                      AND status <> '待機' );
```

結果

team_id	member
3	ジャン
3	ハート
3	ディック
4	ベス

　これは、次のような全称量化と存在量化の同値変換を利用しています（量化については「5　EXISTS述語の使い方」p.84を参照）。

「すべてのメンバーの状態が待機中である」＝「待機中ではないメンバーが1人も存在しない」

　このクエリは、パフォーマンスに優れ、具体的なチームメンバーも表示できるため情報量が多いという利点を持ちます。ですが、二重否定を使うため、直感的には少しわかりにくいクエリです。HAVING句を使うと、次のような簡単な書き方ができます。

```sql
-- 全称文を集合で表現する：その1
SELECT team_id
  FROM Teams
 GROUP BY team_id
HAVING COUNT(*) = SUM(CASE WHEN status = '待機' THEN 1 ELSE 0 END);
```

結果

team_id
3
4

　これは素直な肯定文ですから、読みやすくコードも簡潔です。では、このクエリがどういう動作をしているのか、詳しく見ていきましょう。まず、定石に従ってGROUP BY句で元のTeams集合を、チーム単位の部分集合に分割します（図6.4）。

■ 図6.4　全員が待機の集合を探す

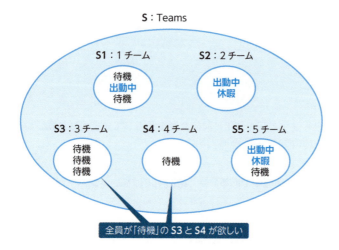

　欲しい集合は、S3とS4です。では、この2つだけが持っていて、他の集合が持っていない性質とは何でしょう。それは、**状態が「待機」の行数と、集合全体の行数が一致する**、という性質です。これをCASE式によって表現しているわけです。CASE式は、状態が「待機」なら1を、それ以外なら0を返します。そう、すでにお気づきのように、これは特性関数の応用です。やはり、すべての行について、条件を満たすか満たさないかに応じて0/1フラグを立てていると考えてもいいでしょう（下表参照）。

member （隊員）	team_id （チームID）	status （状態）	特性関数の フラグ
ジョー	1	待機	1
ケン	1	出動中	0
ミック	1	待機	1
カレン	2	出動中	0
キース	2	休暇	0
ジャン	3	待機	1
ハート	3	待機	1
ディック	3	待機	1
ベス	4	待機	1
アレン	5	出動中	0
ロバート	5	休暇	0
ケーガン	5	待機	1

ちなみに、HAVING句の条件は次のように書くことも可能です。

```
-- 全称文を集合で表現する：その2
SELECT team_id
  FROM Teams
 GROUP BY team_id
HAVING MAX(status) = '待機'
   AND MIN(status) = '待機';
```

このクエリの意味がわかるでしょうか。ある集合について、その要素の最大値と最小値が一致したなら、実はその集合は1種類の値しか含んでいなかった、ということです。複数の値が含まれていたら、最小値と最大値は絶対にズレるはずですから。極値関数は、引数の列のインデックスを利用できるので、こちらのほうがパフォーマンスは良いでしょう（値が3種類しかない今回のケースでは、大した違いはないのですが）。

あるいは集合に対する条件をSELECT句に移して、総員スタンバイか、足りないメンバーがいるかを一覧表示してあげるのも、気が利いています。

```
-- 総員スタンバイかどうかをチームごとに一覧表示
SELECT team_id,
       CASE WHEN MAX(status) = '待機' AND MIN(status) = '待機'
            THEN '総員スタンバイ'
            ELSE '隊長！メンバーが足りません' END AS status
  FROM Teams GROUP BY team_id;
```

結果

```
team_id  status
-------  --------------------------
1        隊長！メンバーが足りません
2        隊長！メンバーが足りません
3        総員スタンバイ
4        総員スタンバイ
5        隊長！メンバーが足りません
```

一意集合と多重集合

「9　SQLで集合演算」で詳しく触れますが、リレーショナルデータベースで扱われる集合は、重複値（ダブり）を認める多重集合です。反対に、通常の集合論で扱われる集合は重複を認めません。こちらの集合を「一意集合」と呼んでおきます（これは筆者

の造語なので、正式な術語ではありません)。

　データの入出力を繰り返すテーブルでは、データに重複が発生することがあります。テーブル定義に一意制約を付けて、事前にその芽を摘めるなら安全ですが、業務要件として、重複が生じること自体はありうる、というケースもあります。たとえば、次のように生産拠点ごとの資材ストックを管理するテーブルを見ましょう。

Materials

center (拠点)	receive_date (搬入日)	material (資材)
東京	2018-4-01	錫
東京	2018-4-12	亜鉛
東京	2018-5-17	アルミニウム
東京	2018-5-20	亜鉛
大阪	2018-4-20	銅
大阪	2018-4-22	ニッケル
大阪	2018-4-29	鉛
名古屋	2018-3-15	チタン
名古屋	2018-4-01	炭素鋼
名古屋	2018-4-24	炭素鋼
名古屋	2018-5-02	マグネシウム
名古屋	2018-5-10	チタン
福岡	2018-5-10	亜鉛
福岡	2018-5-28	錫

　資材は、1日1回、拠点へ搬入されます。各拠点は、資材を使ってさまざまな製品を生産しますが、中には当初の計画通りに消費されず、資材がだぶついてしまうことがあります。こういう場合は、拠点同士で余った資材の調整を行なうために、「ダブり」の存在する拠点を調べる必要があります。

　やりたいことは「拠点」の性質を調べることですが、見ての通り、このテーブルは1拠点につき1行という構成にはなっていません。複数行に分散しています。すなわち、「拠点」という実体は、このテーブルにおいて要素ではなく集合として存在している、ということです。こういう場合の定石は、GROUP BYで部分集合に切り分けることでした。図6.5のようにカットできます。

■ 図 6.5　拠点ごとに集合をカット

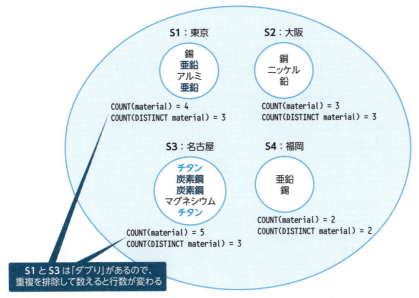

　欲しいのは、亜鉛がだぶついている東京拠点と、チタンおよび炭素鋼がだぶついている名古屋拠点です。では、この2つの集合が満たし、他の集合が満たさない条件とは何でしょう。

　それはまさに「重複を排除して数えた要素数が、排除せずに数えた要素数とは異なる」という条件にほかなりません。要素に重複がなければ、DISTINCTオプション付きでCOUNTしても結果が変わることはないからです。

```
-- 資材のダブっている拠点を選択する
SELECT center
  FROM Materials
 GROUP BY center
HAVING COUNT(material) <> COUNT(DISTINCT material);
```

結果

```
center
------
東京
名古屋
```

これだけでは、どんな資材が余っているのかまではわかりませんが、WHERE句で具体的な資材をパラメータとして渡して、特定の資材の余っている拠点を選択することも可能です。また、前の問題と同様、SELECT句へ条件を移せば、拠点ごとにダブりの有無を一覧表示できます。

```
SELECT center, CASE WHEN COUNT(material) <> COUNT(DISTINCT material)
                    THEN 'ダブり有り'
                    ELSE 'ダブり無し'
               END AS status
  FROM Materials
 GROUP BY center;
```

結果

```
center  status
------  ---------
大阪    ダブり無し
東京    ダブり有り
福岡    ダブり無し
名古屋  ダブり有り
```

　いかがでしょう、GROUP BYで元のテーブルを部分集合に切り分ける考え方も、だいぶ慣れたでしょうか。ここでちょっと種明かし的な話をすると、今まで単純に「部分集合」という言い方をしてきましたが、実はGROUP BYの作る部分集合は、数学で**類**（partition）という特別な名前が与えられています。主に集合論や群論で使われる概念で、ある集合を何らかの基準に従って過不足なく切り分けたときの部分集合をこう呼びます。また、このような分割操作を**類別**と言います。SQLのGROUP BYは、この類別を実装したものです（類と類別についての詳細は、第2部「18　GROUP BYとPARTITION BY」でテーマとして取り上げます）。
　ちなみに、この問題も、HAVINGをEXISTSへ書き換えることが可能です。

```
-- ダブりのある集合：EXISTSの利用
SELECT center, material
  FROM Materials M1
 WHERE EXISTS (SELECT *
                 FROM Materials M2
                WHERE M1.center = M2.center
                  AND M1.receive_date <> M2.receive_date
                  AND M1.material = M2.material);
```

結果

```
center  material
------  --------
東京    亜鉛
東京    亜鉛
名古屋  チタン
名古屋  炭素鋼
名古屋  炭素鋼
名古屋  チタン
```

　この場合にもやはり、「具体的にダブりっている資材まで表示できる」「パフォーマンスが良い」というEXISTSの利点を享受できます。また反対に「ダブりのない拠点」を検索したいなら、EXISTSをNOT EXISTSに変えるだけでOKです。

関係除算でバスケット解析

　最後に、全国展開しているディスカウントチェーンの商品マスタ（Items）および店舗ごとの在庫状況を示すテーブル（ShopItems）を考えます。関連エンティティでよく見かけるテーブル構成です。

Items

item（商品）
ビール
紙オムツ
自転車

ShopItems

shop（店舗）	item（商品）
仙台	ビール
仙台	紙オムツ
仙台	自転車
仙台	カーテン
東京	ビール
東京	紙オムツ
東京	自転車
大阪	テレビ
大阪	紙オムツ
大阪	自転車

　問題は、「Items」テーブルのすべての商品をそろえている店舗を選択することです。すなわち、求める結果は仙台店と東京店です。大阪店はビールを置いていないので対象外です。この問題の実務における代表例は、データマイニングの技術である「バス

ケット解析」ですが[*6]、形を変えてさまざまな業務に現われます。たとえば医療分野で同時に複数の薬を併用している患者を探す場合や、社員の技術データベースからUNIXとPostgreSQLの両方に通じているプログラマを探し出す場合、等々。

「ShopItems」テーブルのように、1つの実体（ここでは店舗）についての情報が複数行に分散して存在する場合、WHERE句で単純にORやINで条件を指定しても正しい結果が得られません。WHERE句で指定する条件は、あくまで1行について適用されるからです。

```
-- ビールと紙オムツと自転車をすべて置いている店舗を検索する：間違ったSQL
SELECT DISTINCT shop
  FROM ShopItems
 WHERE item IN (SELECT item FROM Items);
```

```
結果
shop
----
仙台
東京
大阪
```

　このIN述語の条件は、結局のところ、「ビールまたは紙オムツまたは自転車を置いている店舗」を指定するに過ぎませんから、どれか1つでも置いていれば結果に含まれてしまいます。ではこういうとき、複数行にまたがった条件——すなわち集合に対する条件——を設定するにはどうすればよいのでしょう。もうおわかりですね、HAVING句を使います。

```
-- ビールと紙オムツと自転車をすべて置いている店舗を検索する：正しいSQL
SELECT SI.shop
  FROM ShopItems SI INNER JOIN Items I
    ON SI.item = I.item
 GROUP BY SI.shop
HAVING COUNT(SI.item) = (SELECT COUNT(item) FROM Items);
```

[*6] バスケット解析とはマーケティング分野で用いられる解析手法の1つで、「頻繁に一緒に買われる商品」の法則性を見つけるものです。実例としては、あるスーパーではなぜかビールと紙オムツが一緒に購入されることがよくあるという事実が判明したため（多分、紙オムツを買いにきたお父さんが、ついでにビールも買いたくなったのでしょう）、ビールと紙オムツの売り場を近くに配置して売上向上に成功した、というものが有名です。

結果

```
shop
----
仙台
東京
```

　HAVING句のサブクエリ「(SELECT COUNT(item) FROM Items)」は、定数3を返します。したがって、商品マスタと店舗在庫テーブルを結合した結果が3行になる店舗が選択されます。ビールを置いていない大阪店は2行になるので失格、(仙台店、カーテン)の行は結合で除外されるので仙台店は合格、東京店も無論合格です。

　なおここで「HAVING COUNT(SI.item) = **COUNT(I.item)**」とするのは間違いなので注意してください。この条件だと仙台、東京、大阪の全店舗が選択されてしまいます。これは、結合の影響を受けてCOUNT(I.item)の値がもとの「Items」テーブルの行数ではなくなっているからです。次の結果を見れば一目瞭然です。

```sql
-- COUNT(I.item)はもはや3とは限らない
SELECT SI.shop, COUNT(SI.item), COUNT(I.item)
  FROM ShopItems SI INNER JOIN Items I
    ON SI.item = I.item
 GROUP BY SI.shop;
```

結果

```
shop   COUNT(SI.item)   COUNT(I.item)
-----  --------------   -------------
仙台                3               3
東京                3               3
大阪                2               2
```

　これで要件を満たすSQL文ができました。では次に、商品マスタにない「カーテン」を置いている仙台店も除外して、東京店のみを選択するという変更を考えましょう。いわば「厳密な関係除算（exact relational division）」、つまり、過不足なく割り切れる店舗のみを選択するということです（これに対し、今見たような除算は「剰余を持った除算（division with a remainder）」と呼ばれます）。これは次のように外部結合を使います。

```
-- 厳密な関係除算：外部結合とCOUNT関数の利用
SELECT SI.shop
  FROM ShopItems SI LEFT OUTER JOIN Items I
    ON SI.item=I.item
 GROUP BY SI.shop
HAVING COUNT(SI.item) = (SELECT COUNT(item) FROM Items)     --条件1
   AND COUNT(I.item)  = (SELECT COUNT(item) FROM Items);    --条件2
```

結果

```
shop
----
東京
```

「ShopItems」テーブルをマスタとして外部結合すると、「Items」テーブルに存在しないカーテンとテレビは、NULLとしてI.item列に現われます。ここまでくれば、先のレポート提出の例題と同じでCOUNT関数のトリックが使えます。条件1によって「COUNT(SI.item) = 4」の仙台店が除外され、条件2によって「COUNT(I.item) = 2」の大阪店（NULLはカウントされない！）が除外されます。

■ ShopItems テーブルと Items テーブルの外部結合の結果

shop	SI.item	I.item
仙台	ビール	ビール
仙台	紙オムツ	紙オムツ
仙台	自転車	自転車
仙台	カーテン	NULL ← もとはカーテンだった
東京	ビール	ビール
東京	紙オムツ	紙オムツ
東京	自転車	自転車
大阪	テレビ	NULL ← もとはテレビだった
大阪	紙オムツ	紙オムツ
大阪	自転車	自転車

普通、外部結合というと、商品マスタである「Items」テーブルを主に結合する場合が多いものですが、ここではその主従をあえて逆転させているところが面白い発想です。

まとめ

本章ではHAVING句の応用方法を見てきました。HAVING句（とGROUP BY）の使い方にも、だいぶ慣れてもらえたと思います。HAVING句を使うときのポイントを一言で言うならば、**何を持って集合と見なすかに着目せよ**、ということです。これまでの例題では、実に多種多様な実体を「集合」として捉えてきました。数列や学校のクラス、チームのように、最初から複数のモノの集まりとしてイメージしやすいものもあれば、店舗や生産拠点のように、それ自身を原子的な要素と考えてもおかしくないものまで「集合」に見立ててきました。

これが意味することは、SQLにおいて何を集合と見なすかの基準は、それが現実世界でどういうレベルの存在かということとは一切関係ない、ということです。基準はただ、それがテーブルでどのように表現されているかということだけです。ある実体が、時には要素になり、時には集合になります。

実体1つにつき1行が割り当てられていれば、その実体は集合の要素として扱われています。だから、条件を設定するときも迷うことなくWHERE句を使えばかまいません。一方、1つにつき複数行が割り当てられていれば、それは集合として扱われている証拠です。そうなったら、HAVING句の出番です。

最後に、集合の性質を調べるための代表的な条件をまとめておきます。この条件は、HAVING句またはSELECT句のCASE式で使うことができます。リファレンスとして活用してください。

■ 集合の性質を調べるための条件の使い方一覧

	条件式	用途
1	`COUNT (DISTINCT col) = COUNT (col)`	colの値が一意である
2	`COUNT(*) = COUNT(col)`	colにNULLが存在しない
3	`COUNT(*) = MAX(col)`	colは歯抜けのない連番（開始値は1）
4	`COUNT(*) = MAX(col) - MIN(col) + 1`	colは歯抜けのない連番（開始値は任意の整数）
5	`MIN(col) = MAX(col)`	colが1つだけの値を持つか、またはNULLである
6	`MIN(col) * MAX(col) > 0`	すべてのcol_xの符号が同じである
7	`MIN(col) * MAX(col) < 0`	最大値の符号が正で最小値の符号が負
8	`MIN(ABS(col)) = 0`	colは少なくとも1つのゼロを含む
9	`MIN(col - 定数) = - MAX(col - 定数)`	colの最大値と最小値が指定した定数から同じ幅の距離にある

こうした簡潔な条件以外だけでなく、CASE式で特性関数を表現すれば、どんなに複雑で一般的な条件でも記述できることは、繰り返すまでもありません。HAVING句は、ともするとあまり出番のない脇役と思われがちです。「何だかオマケみたいな句」と軽視されていることも少なくありません。しかし本章で見たように、HAVING句もまた集合指向言語の強力な武器の1つです。そしてその真価は、CASE式や自己結合といった他の武器と組み合わせたときに発揮されるのです。

　それでは、本章の要点です。

1. テーブルはファイルではない。行も順序を持たない。そのためSQLでは"原則"ソートを記述しない。

2. 代わりにSQLは、求める集合にたどりつくまで次々に集合を作る。SQLで考えるときは四角と矢印を描くのではなく、円を描くのがコツ。

3. GROUP BY句は過不足ない部分集合（類）を作る。

4. WHERE句が集合の要素の性質を調べる道具であるのに対し、HAVING句は**集合自身**の性質を調べる道具である。

5. SQLで検索条件を設定するときは、検索対象となる実体が集合なのか集合の要素なのかを見極めることが基本。
   - ・実体1つにつき1行が対応している　➡　要素なのでWHERE句を使う。
   - ・実体1つにつき複数行が対応している　➡　集合なのでHAVING句を使う。

さらに深く学びたい方は、以下の資料を参考にしてください。

1. C.J.Date『データベース実践講義』（オライリー・ジャパン、2006）
   ISBN 9784873112756
   「5.2.8　商」に、EXISTS述語を使った関係除算について説明があります。SQLにおける除算はいくつものマイナーバージョンが存在し混乱しがちなテーマであるためか、「あまり詳細に触れたくない」という、正直なコメントが印象的。

2. ジョー・セルコ『SQLパズル 第2版』（翔泳社、2007）　ISBN 9784798114132
   HAVING句の使い方は、本書の1つの鍵です。HAVING句で全称条件を記述する高度なテクニックは「パズル20　テスト結果」、関係除算については「パズル21　飛行機と飛行士」、HAVING句を利用した欠番探索についてはパズル57と58の「欠番探し」。さらに、多次元の関係除算という興味深い問題が「パズル64　ボックス」で紹介されています。集合指向的発想の宝庫と呼んでいいでしょう。

3. ジョー・セルコ『プログラマのためのSQL 第4版』(翔泳社、2013)
   ISBN 9784798128023
   「27.2　関係除算」および「28.2　GROUP BY句とHAVING句」を参照。

> **Column**　関係除算
>
> 　本章で紹介したバスケット解析の演算は、一般に「関係除算」という名前で呼ばれています。数の演算にならって書けば、「ShopItems ÷ Items」ということです。なぜこれが「除算 (割り算)」という名前なのかは、逆演算である掛け算を考えるとわかります。割り算と掛け算の間には、割り算の商と除数を掛け合わせると被除数になるという関係があります (図6.A)。
>
> ■ 図6.A　割り算と掛け算は逆の関係
>
>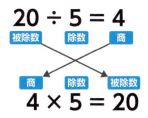
>
> 　SQLにおける掛け算に相当する演算は「クロス結合」です。商を除数である「Items」テーブルとクロス結合して直積を求めると、「ShopItems」テーブルの部分集合が得られます (完全な「ShopItems」テーブルに戻るとは限らない)。これが「除算」という名前の由来です。
>
> 　関係除算は、関係代数の中で最も知名度の低いものです。といっても、実務での利用機会が少ないわけではなく、文中で例を挙げたように、さまざまな局面で (しばしば名前を知らないまま) 利用されています。しかも、コッドが最初に定義した8つの基本的な演算の中に含まれているという「由緒正しい」演算でもあります。
>
> 　それが何で冷遇されているかというと、関係除算の定義が複数あるというのが大きな理由です。今回紹介した2種類の除算だけでなく、デイトがEXISTS述語を使って定義した「剰余を持った除算」も、今回見た除算とは微妙に違う動作をします。デイトの除算は「Items」テーブルが空だった場合に全店舗を返しますが、COUNT関数を使う今回の除算は結果が空になります。関係除算の標準化が遅れていて、いまだに専用の演算子が存在しない背景には、こういう厄介な事情もあります。

Column　HAVING句とウィンドウ関数

　本章で見たHAVING句のクエリのいくつかは、ウィンドウ関数で書き換えることが可能です。HAVING句は基本的にGROUP BY句とセットで使いますが、テーブルをカットして集合を作るという点では、ウィンドウ関数のPARTITION BY句とGROUP BY句は同じ機能を持つからです。

　たとえば、本章で見た「全員がレポートを提出済みの学部」を求めるクエリは、次のようなものでした。

```sql
-- 提出日にNULLを含まない学部を選択する　その1：COUNT関数の利用
SELECT dpt
  FROM Students
 GROUP BY dpt
HAVING COUNT(*) = COUNT(sbmt_date);
```

　これをウィンドウ関数で書き換えると次のようになります。

```sql
SELECT *
  FROM (SELECT dpt,
               sbmt_date,
               COUNT(*) OVER(PARTITION BY dpt) AS cnt_all,
               COUNT(sbmt_date) OVER(PARTITION BY dpt) AS cnt_not_null
          FROM Students) TMP
 WHERE cnt_all = cnt_not_null;
```

結果

```
   dpt     sbmt_date    cnt_all   cnt_not_null
----------  ----------  --------  --------------
 経済学部   2018-09-25      1           1
 理学部    2018-10-10      2           2
 理学部    2018-09-22      2           2
```

　結果は、HAVING句のときと同じく経済学部と理学部です。

　説明の必要がないくらい、コードが何をやっているかは明白ですが、サブクエリの中のSELECT文を単独で実行するとより一層明らかになります。

```
SELECT dpt,
       sbmt_date,
       COUNT(*) OVER(PARTITION BY dpt) AS cnt_all,
       COUNT(sbmt_date) OVER(PARTITION BY dpt) AS cnt_not_null
  FROM Students;
```

結果

dpt	sbmt_date	cnt_all	cnt_not_null
経済学部	2018-09-25	1	1
工学部		1	0 ← cnt_allとcnt_not_nullの結果が一致しない
文学部	2018-09-22	3	2 ← cnt_allとcnt_not_nullの結果が一致しない
文学部	2018-09-10	3	2 ← cnt_allとcnt_not_nullの結果が一致しない
文学部		3	2 ← cnt_allとcnt_not_nullの結果が一致しない
理学部	2018-10-10	2	2
理学部	2018-09-22	2	2

　COUNT(*)でNULLも含めた件数を数え、COUNT(sbmt_date)でNULLを含まない件数を数えています。結局、HAVING句のコードでやっていたことと同じなのです。違いは、結果を集約するかどうか、という点だけです。

　気になるのは、ウィンドウ関数で書き換えることによるメリットがあるか、という点ですが、これも特にありません。コードの可読性はどちらも同じくらい明瞭ですし、パフォーマンスについても、HAVING句は必ず集約を伴うのでソートかハッシュ、ウィンドウ関数はソートが行なわれますが、それほど大きな差はありません。

　しいて言えば、ウィンドウ関数は入力となるテーブルを集約しないので、結果もヒラで出力できるのがメリットといえばメリットです。そういう結果が欲しい場合に使うとよいでしょう。

演習問題

● 演習問題6-①　歯抜けを探す——改良版

「データの歯抜けを探す」（p.105）では、歯抜けがある場合にのみ結果が返るクエリを紹介しました。それではこれを、歯抜けがある場合には「歯抜けあり」、ない場合には「歯抜けなし」と、必ず結果を1行返すように修正してください。

● 演習問題6-②　特性関数の練習

本文中のStudentsテーブルを使って、少し特性関数の練習をしておきましょう。「全員が9月中に提出済みの学部」を選択するSQLを考えてください。答えは、「経済学部」ただ1つになります。理学部は100番の学生が10月になってから提出しているので却下、文学部と工学部は、そもそも未提出の学生がいる時点でこれもダメです。

● 演習問題6-③　関係除算の改良

「関係除算でバスケット解析」（p.127）では、条件を満たす店舗だけを結果として選択しました。しかし、要件によっては、品物をすべてそろえていなかった店舗についても「どれぐらいの品物が不足していたのか」を一覧表示したいこともあるでしょう。

そこで、先の関係除算のクエリを、次のように全店舗について結果を一覧表示するよう変更してください。my_item_cntは店舗の現存在庫数、diff_cntは、足りなかった商品の数を表わします。

結果

shop	my_item_cnt	diff_cnt
仙台	3	0
大阪	2	1
東京	3	0

7 ウィンドウ関数で行間比較を行なう

> ▶ さらば相関サブクエリ
>
> SQLで同一行内の列同士の値を比較することは簡単です。WHERE句に比較対象の列名を記述すればよいだけです。
>
> それに比べて、異なる行を比較対象とするには、少し工夫が必要です。このとき強力な道具となるのが、ウィンドウ関数です。本章では、ウィンドウ関数を用いた行間比較の便利さを理解してください。

はじめに

　SQLでは、同じ行内の列同士を比較することは簡単にできます。普通にWHERE句に「col_1 = col_2」のように書けばよいだけです。一方、異なる行の間で列同士を比較するのは、それほど簡単ではありません。ですが、SQLで行間比較ができないということではありません。SQLで行間比較をする際に威力を発揮するのが、SQL:2003で標準化されたウィンドウ関数です。

　かつて、SQLで行間比較を行ないたいときは、相関サブクエリを使うのが常とう手段でした。しかし相関サブクエリのコードは複雑で動作の理解が難しく、パフォーマンス上の問題を引き起こしやすかったため、DBエンジニア泣かせでした。こうした処理をSQLで行なうよりは、テーブルの結果セットを丸ごとアプリケーション側に渡して、手続き型言語で処理するという選択肢もしばしば採用されていました。

　しかし、ウィンドウ関数の登場によって、行間比較を非常に簡潔なSQL文で記述できるようになったのです。本章では、ウィンドウ関数がどのように相関サブクエリによる行間比較を置き換えられるかを見ていきます。またそれを通して、ウィンドウ関数の動作イメージを理解します。ウィンドウ関数（特に「フレーム句」という機能）を多用するため、先に「2　必ずわかるウィンドウ関数」(p.26)を読んでおくと、理解がスムーズになるでしょう。

成長・後退・現状維持

　行間比較が必要になる代表的な業務要件として、時系列データを記録したテーブルを使って、経年分析を行なうケースがあります。たとえば、ある会社の年商を記録する次のようなテーブルを考えます（図7.1）。

Sales

year (年度)	sale (年商：億円)
1990	50
1991	51
1992	52
1993	52
1994	50
1995	50
1996	49
1997	55

■ 図7.1　年商の推移

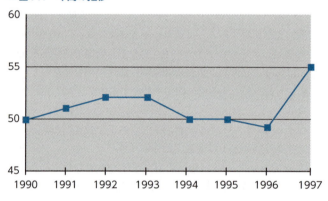

　このデータを使って、「前年に比べて年商が増えたのか、減ったのか、変わらなかったのか」をSQLで出力します。試しに「変わらなかった」パターンを求めてみます。この場合、テーブルから現状維持の年、つまり1993年と1995年を求めます。もしこれを適当な手続き型言語とファイルを使って計算するならば、

1. 年度で昇順にソートする。
2. ループさせて1行ずつ直前の行のsale列と比較する。

というシンプルなやり方になるでしょう。
　しかし、SQLでは、伝統的にこういう発想をしませんでした。やろうにも、ループも変数もないのですから、そもそも同じようにはできません。一般的に使われた方法は、「Sales」テーブルとは別に、「前年の行」を保持するテーブル（S2）を、もう1つ追

加えて相関サブクエリを使うというものです（図7.2）。S2 も物理的な実体は Sales テーブルです。

```
-- 前年と年商が同じ年度を求める：その1　相関サブクエリの利用
SELECT year, sale
  FROM Sales S1
 WHERE sale = (SELECT sale
                 FROM Sales S2
                WHERE S2.year = S1.year - 1)
 ORDER BY year;
```

結果

```
year   sale
-----  ----
1993   52
1995   50
```

■ 図 7.2　年商の推移

S1：今年

year（年度）	sale（年商）
1990	50
1991	51
1992	52
1993	52
1994	50
1995	50
1996	49
1997	55

S2：去年

year（年度）	sale（年商）
1990	50
1991	51
1992	52
1993	52
1994	50
1995	50
1996	49
1997	55

いわば、相関サブクエリは、2つのテーブルにおける比較対象の行を「ずらす」ことで、手続き型言語におけるループの代役を果たしているわけです（このため、相関サブクエリはずばり**ループクエリ**とも呼ばれます）。

一方、現在のSQLでは、これをウィンドウ関数を使って次のように記述します[*1]。

[*1] この SQL 文は、PostgreSQL 10.3 では RANGE オプションがサポートされておらずエラーになります。PostgreSQL 11 以降では実行可能です。

```
-- 前年と年商が同じ年度を求める：その2　ウィンドウ関数の利用
SELECT year, current_sale
  FROM (SELECT year,
               sale AS current_sale,
               SUM(sale) OVER (ORDER BY year
                               RANGE BETWEEN 1 PRECEDING
                                         AND 1 PRECEDING) AS pre_sale
          FROM Sales) TMP
 WHERE current_sale = pre_sale
 ORDER BY year;
```

　結果は相関サブクエリのときと同じで、1993年と1995年が選択されます。ポイントはサブクエリ内部のウィンドウ関数です。これだけを単体で実行してみると、何をやっているのかイメージがつかめます。

```
-- ウィンドウ関数のみで実行してみる
SELECT year,
       sale AS current_sale,
       SUM(sale) OVER (ORDER BY year
                       RANGE BETWEEN 1 PRECEDING
                                 AND 1 PRECEDING) AS pre_sale
  FROM Sales;
```

結果

```
year   current_sale   pre_sale
------ -------------- ----------
1990             50
1991             51         50
1992             52         51
1993             52         52
1994             50         52
1995             50         50
1996             49         50
1997             55         49
```

　ポイントはウィンドウ関数で作ったpre_sale列です。ここには、ちょうど1年だけ「前に」ズレたsale列が表示されています。フレーム句の「RANGE BETWEEN 1 PRECEDING AND 1 PRECEDING」という条件が、「カレント行の年より1年前に限定する」ことを意味しています。「2　必ずわかるウィンドウ関数」でも見たように、カレント行を基点として集計対象とするレコードの範囲を制限するウィンドウ関数の

機能を**フレーム句**（frame clause）と呼びます。もし反対に「カレント行より1年後に」限定したければ、「PRECEDING」を「FOLLOWING」に変えることで実現できます。

ここでのウィンドウ関数のポイントは、元のテーブル（ここではSales）に対して変更を加えず、新たな列（pre_sale）を付け加えた結果を表示しているだけだということです。**情報保全的**、あるいは**非破壊的**な動きとも言えます。SUM(sale)という形でSUM関数を使っているようにも見えますが、実はこれは見かけだけのことで、本物の（というのも妙な表現ですが）集約関数のSUMのようにテーブルのレコード数を減らす（集約する）動作はしないのです[*2]。これによって、ウィンドウ関数によって作られた仮想的な列（pre_sale）と、もともとテーブルに存在していた列の値をサブクエリの外側で比較することが可能になるのです。

さて、次に要件を一般化して、各年について、前年に比べて成長したのか、後退したのか、それとも現状維持だったのかを一度に求めたいと思います。よく音楽や映画の週間ランキングで見かける図表です。

相関サブクエリでは、次のようなコードになります。

```
-- 成長、後退、現状維持を一度に求める：その1　相関サブクエリの利用
SELECT year, current_sale AS sale,
       CASE WHEN current_sale = pre_sale
            THEN '→'
            WHEN current_sale > pre_sale
            THEN '↑'
            WHEN current_sale < pre_sale
            THEN '↓'
       ELSE '-' END AS var
  FROM (SELECT year,
               sale AS current_sale,
               (SELECT sale
                FROM Sales S2
                WHERE S2.year = S1.year - 1) AS pre_sale
          FROM Sales S1) TMP
 ORDER BY year;
```

[*2] この混同を避ける意味では、本当は、ウィンドウ関数向けに **SUM_WIN**、**AVG_WIN** のような専用の予約語を用意して通常の SUM や AVG とは区別したほうが良かったのかもしれません。実際の SQL では、後ろに OVER 句がなければ集約関数、あればウィンドウ関数という判別を行なっています。慣れれば OVER のありなしで一瞬のうちに判別できるようになりますが。

【結果】

year	sale	var
1990	50	-
1991	51	↑
1992	52	↑
1993	52	→
1994	50	↓
1995	50	→
1996	49	↓
1997	55	↑

　相関サブクエリをSELECT句に移してpre_sale列として保存し、これと今年のcurrent_sale列とCASE式で比較しています。90年については前年が存在しないので、「-」を表示しています。

　相関サブクエリの部分をウィンドウ関数で置き換えると次のようになります。

```
-- 成長、後退、現状維持を一度に求める：その2　ウィンドウ関数の利用
SELECT year, current_sale AS sale,
       CASE WHEN current_sale = pre_sale
            THEN '→'
            WHEN current_sale > pre_sale
            THEN '↑'
            WHEN current_sale < pre_sale
            THEN '↓'
       ELSE '-' END AS var
  FROM (SELECT year,
               sale AS current_sale,
               SUM(sale) OVER (ORDER BY year
                               RANGE BETWEEN 1 PRECEDING
                                         AND 1 PRECEDING) AS pre_sale
          FROM Sales) TMP
ORDER BY year;
```

　このように、ウィンドウ関数を使うことで、相関サブクエリを置き換えることができるのです。

■ 時系列に歯抜けがある場合──直近と比較

　もう少し色々なパターンを見てみましょう。前問では、各年のデータが抜けなくそろっていました。しかし、なかには財務担当者がずぼらな会社もあるでしょう。過去のデータが何年分か失われてしまいました。

■ Sales2：歯抜けあり

year （年度）	sale （年商）
1990	50
1992	50
1993	52
1994	55
1997	55

1991年が歯抜け（1990, 1992の行）
1995年、1996年が歯抜け（1994, 1997の行）

こうなると、もう「今年－1」という条件設定ではうまくいきません。より一般化して「直近」の行を比較対象にする必要があります。こういうケースでも、1992年は1990年と、1997年は1994年と正しく比較できるSQLを考えましょう。このケースを見ることで、ウィンドウ関数の威力がより実感できます。

まず相関サブクエリで考えると、ある年から見て「過去の直近の年」ということは、次の2つの条件を満たす年ということです。

1. 自分より前の年であること
2. 条件1を満たす年の中で最大であること

この条件をSQLに直すと、次のようになります。

```sql
-- 直近の年と同じ年商の年を選択する：その1　相関サブクエリ
SELECT year, sale
  FROM Sales2 S1
 WHERE sale =
        (SELECT sale
           FROM Sales2 S2
          WHERE S2.year =
                 (SELECT MAX(year)   -- 条件2：条件1を満たす年度の中で最大
                    FROM Sales2 S3
                   WHERE S1.year > S3.year))  -- 条件1：自分より過去である
 ORDER BY year;
```

結果

```
year   sale
-----  ----
1992   50
1997   55
```

この直近と比較するクエリは、歯抜けありのケースもカバーできるうえ、数値型に限らず、文字型や日付型の列で順序付ける場合にも使えるなど、汎用性が高くなります。ただし、相関サブクエリのネストが深くなり、パフォーマンスはより劣化します。

ウィンドウ関数の場合、このような心配は一切無用です。フレーム句でRANGEをROWSに変えることで、物理的なレコードの順序で集計範囲を設定できるからです。

```sql
-- 直近の年と同じ年商の年を選択する：その2  ウィンドウ関数
SELECT year, current_sale
  FROM (SELECT year,
               sale AS current_sale,
               SUM(sale) OVER (ORDER BY year
                               ROWS BETWEEN 1 PRECEDING
                                        AND 1 PRECEDING) AS pre_sale
          FROM Sales2) TMP
 WHERE current_sale = pre_sale
 ORDER BY year;
```

いかがでしょう。相関サブクエリと比較した場合のウィンドウ関数の簡潔さがおわかりいただけたでしょうか。

ウィンドウ関数 vs. 相関サブクエリ

相関サブクエリとウィンドウ関数のコードを比較すると、以下のような違いがあります。

- ウィンドウ関数は、サブクエリは使っているが、「相関」サブクエリではない。そのため、サブクエリ単体で実行することができるので、可読性が高く動作も理解しやすい。サブクエリ内部だけを実行することで、デバッグも容易に行なえる。
- テーブルに対するスキャンも一度だけで済むので、パフォーマンスが良い[3]。

要するにウィンドウ関数のほうが簡単に読み書きできて性能が良いわけで、こちらを使わない理由がありません。

この劇的な違いが生じる理由は、相関サブクエリが常に（たとえ自己結合で物理的には同一のテーブルであっても）複数のテーブルを結合するという、SQLの古い機能によって行間比較を実現していたのに対して、ウィンドウ関数は「行の順序」に基づい

---

[3] ウィンドウ関数は、内部動作としてはPARTITION BYによるグルーピングおよびORDER BYによる順序付けのためにソートを行なっています。これは現在のところDBMSの種類によらず一律でそうなっていますが、将来的にはPARTITION BYをハッシュによって実現するDBMSも登場するかもしれません。「2 必ずわかるウィンドウ関数」（p.26）も参照。

た操作を行なうことで、手続き型言語のループの動作をよりダイレクトにSQLに持ち込んだからです[*4]。

なぜウィンドウ関数で相関サブクエリを置き換えられるのか

このように、相関サブクエリをウィンドウ関数で代用できることが明らかになったわけですが、ここでちょっとそもそものことを考えてみると、なぜウィンドウ関数によって相関サブクエリを消去することが可能なのでしょうか。両者の構文は似ても似つかないのに。

「試しに書き換えてみたら同値になったから」と言われれば、まあその通りですが、しかし、実は、両者が似た機能を持っていることは、よく動作を比較してみると、それほど意外でもないのです。キーワードは、集合（テーブル）の"カット"です。

これを調べるために、次のような商品の名前や価格を格納するテーブルを使ってみましょう[*5]。

Shohin

shohin_id （商品ID）	shohin_mei （商品名）	shohin_bunrui （商品分類）	hanbai_tanka （販売単価）
0001	Tシャツ	衣服	1000
0002	穴あけパンチ	事務用品	500
0003	カッターシャツ	衣服	4000
0004	包丁	キッチン用品	3000
0005	圧力鍋	キッチン用品	6800
0006	フォーク	キッチン用品	500
0007	おろしがね	キッチン用品	880
0008	ボールペン	事務用品	100

このShohinテーブルから、各商品分類について、平均単価より高い商品を選択するという問題を考えます。たとえば、「キッチン用品」という商品分類の平均単価は2795円であるため、包丁と圧力鍋が選択されます。

これは従来、相関サブクエリで解いていた典型的な問題であり、次のようなクエリによって正しい結果が得られます。

[*4] なぜそもそもSQLは最初からウィンドウ関数のようなレコードの順序を意識した関数を用意せず、回りくどく複雑な——実際に多くの初級者のつまずきの石となってしまった——相関サブクエリのような機能に頼ったのか、という疑問を持った人もいるかもしれません。大変もっともな疑問なのですが、これに対する筆者の考えは、第2部「17　順序をめぐる冒険」（p.279）を参照。

[*5] このサンプルテーブルは拙著『SQL 第2版』（翔泳社、2016）から取りました。

■ 相関サブクエリ

```
SELECT shohin_bunrui, shohin_mei, hanbai_tanka
  FROM Shohin S1
 WHERE hanbai_tanka >
    (SELECT AVG(hanbai_tanka)
       FROM Shohin S2
      WHERE S1.shohin_bunrui = S2.shohin_bunrui
      GROUP BY shohin_bunrui);
```

結果

```
shohin_bunrui     shohin_mei        hanbai_tanka
---------------   ---------------   ------------
事務用品          穴あけパンチ              500
衣服              カッターシャツ           4000
キッチン用品      包丁                     3000
キッチン用品      圧力鍋                   6800
```

　このとき相関サブクエリが何をやっているのかは、すぐにはわかりにくいのですが、ポイントは「S1.shohin_bunrui = S2.shohin_bunrui」というS1集合とS2集合に対するバインド条件です。これによって、S1とS2という2つのテーブルの商品分類が同じレコード集合に限定して、その集合の平均単価と各レコードの販売単価を1行ずつ比較するという動作を実現しています。

　つまり、この相関サブクエリは、次のような商品分類ごとに平均単価が変化するシンプルなSELECT文を1行ずつ（＝ループさせながら）繰り返し実行しているのと同じ動作をしているのです。

■ 商品分類ごとの平均単価

```
SELECT 衣服,          Tシャツ,          1000 FROM Shohin WHERE 1000 > 2500;
SELECT 衣服,          カッターシャツ,   1000 FROM Shohin WHERE 4000 > 2500;
------------------------------------------------------------------------
SELECT キッチン用品,  包丁,             3000 FROM Shohin WHERE 3000 > 2795;
SELECT キッチン用品,  圧力鍋,           6800 FROM Shohin WHERE 6800 > 2795;
SELECT キッチン用品,  フォーク,          500 FROM Shohin WHERE  500 > 2795;
SELECT キッチン用品,  おろしがね,        880 FROM Shohin WHERE  880 > 2795;
------------------------------------------------------------------------
SELECT 事務用品,      ボールペン,        100 FROM Shohin WHERE  100 >  300;
SELECT 事務用品,      穴あけパンチ,      500 FROM Shohin WHERE  500 >  300;
```

つまり、相関サブクエリもウィンドウ関数も、集合のカットとレコード単位のループという、同じ機能を実現していると言えるのです。

上記のコードと同じ結果を得るウィンドウ関数は、次のようになります。

■ ウィンドウ関数

```
SELECT shohin_mei, shohin_bunrui, hanbai_tanka
  FROM (SELECT shohin_mei, shohin_bunrui, hanbai_tanka,
               AVG(hanbai_tanka)
                 OVER(PARTITION BY shohin_bunrui) AS avg_tanka
          FROM Shohin) TMP
 WHERE hanbai_tanka > avg_tanka;
```

サブクエリ内のウィンドウ関数によって、avg_tanka列に商品分類ごとの平均単価（avg_tanka）が計算されます[6]。

結果

shohin_mei	shohin_bunrui	hanbai_tanka	avg_tanka
圧力鍋	キッチン用品	6800	2795
フォーク	キッチン用品	500	2795
おろしがね	キッチン用品	880	2795
包丁	キッチン用品	3000	2795
Tシャツ	衣服	1000	2500
カッターシャツ	衣服	4000	2500
穴あけパンチ	事務用品	500	300
ボールペン	事務用品	100	300

（この区切り線は見やすくするために筆者が入れたもの）

このウィンドウ関数の結果のすばらしい（都合の良い）ところは、商品分類ごとの平均単価を計算していながらも、レコードを集約せずそのまま元のテーブルに列として結果を追加するだけ、という情報保全性が働くところです。Shohinテーブルのデータがそのまま保存されているので、あとは各行で単純に「hanbai_tanka > avg_tanka」という条件を記述してやるだけで、平均と単価の比較ができてしまうのです。平均単価という集合の性質と、単価という集合の要素の性質は、本来はレベル（階層）の異なる情報ですが、それらを同じレベルで保持できるということです（この情報の階層の問題は、「23　SQLにおける存在の階層」でも取り上げます）。

---

[6] お気づきの方もいるかもしれませんが、このウィンドウ関数は「2　必ずわかるウィンドウ関数」の演習問題2-②で見た **ORDER BY 句のないウィンドウ関数** の形です。このように便利な応用方法があるので、事前に演習問題で取り上げた次第です。

いかがでしょう、相関サブクエリとウィンドウ関数という新旧2つの道具が、裏では似通った動きをしていることがおわかりいただけたでしょうか。

余談ですが、このウィンドウ関数の特性は他にも便利な応用があります。たとえば、COUNT関数をウィンドウ関数として使って、データ自体とデータの「件数」という異なるレベルの情報を同一の結果に含めることによって、**ページネーション**（表などを一定件数でページ分割すること）を効率的に行なうことができます。

ウィンドウ関数がなかった時代では、データ件数は、通常のCOUNT関数を発行することで調べるしかありませんでした。そのため、1ページに表示件数に制限のあるアプリケーションの場合、データ件数を取得するクエリを発行して、その件数内に収まっていれば本来のデータを取得するクエリを発行し、件数がオーバーしている場合は警告メッセージを表示する、という2段階を踏んでいました。これはほとんど同じSQLを複数回実行する必要がある非効率な方法です。しかし、ウィンドウ関数を使うことで、SQLの発行回数を削減し、パフォーマンスとリソース効率を改善することが可能になりましたし、結果のページ分割も簡単に行なえるようになりました。

オーバーラップする期間を調べる

さて、最後に行間比較ではあるものの、少し違う観点の問題を考えてみましょう。ホテルや旅館の予約状況を表わす、次のようなテーブルを考えます。

Reservations

reserver（宿泊客）	start_date（投宿日）	end_date（出発日）
木村	2018-10-26	2018-10-27
荒木	2018-10-28	2018-10-31
堀	2018-10-31	2018-11-01
山本	2018-11-03	2018-11-04
内田	2018-11-03	2018-11-05
水谷	2018-11-06	2018-11-06

部屋番号がありませんが、ある1室についての部分を抜き出したものと考えてください。さて、当然のことながら、同日の同じ部屋に2組以上の客が泊まることはできません。ところが、この予約状況を見ると、ダブルブッキングになっている期間が存在します。ガントチャート風に表示してみるとよくわかります（図7.3）。

■ 図7.3　宿泊期間の重複

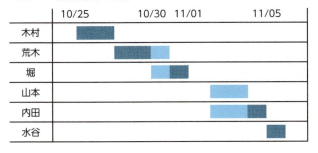

これは問題です。すぐに部屋割りの変更をせねばなりません。今回の問題は、宿泊期間がオーバーラップ（重複）している客をリストアップするというものです。

これまで通り、まずは相関サブクエリで考えます。期間が重なるパターンを分類してみると、図7.4の3つのケースが挙げられます。

■ 図7.4　期間が重複するパターン

たとえば、堀氏から荒木氏を見た場合は（1）に該当しますし、逆に荒木氏から堀氏を見れば（2）に該当します。また、山本氏は内田氏に完全に含まれるので、（3）のケースに該当します。したがって、この3つの条件のいずれかに該当する宿泊客を選択すればよい、ということになります。しかし、少し考えると、（3）のケースは考えなくてよいことがわかります。というのも、（3）を満たすということは、（1）と（2）を共に満たしていることと同値だからです。

したがって、必要十分条件は（1）と（2）の少なくともどちらかを満たしていることとなり、答えはこうです。

```
-- オーバーラップする期間を求める：その1  相関サブクエリの利用
SELECT reserver, start_date, end_date
  FROM Reservations R1
 WHERE EXISTS
        (SELECT *
           FROM Reservations R2
          WHERE R1.reserver <> R2.reserver     -- 自分以外の客と比較する
            AND ( R1.start_date BETWEEN R2.start_date AND R2.end_date
                 -- 条件(1)：開始日が他の期間内にある
               OR R1.end_date BETWEEN R2.start_date AND R2.end_date));
                 -- 条件(2)：終了日が他の期間内にある
```

結果

```
reserver  start_date  end_date
--------  ----------  ----------
荒木      2018-10-28  2018-10-31
堀        2018-10-31  2018-11-01
山本      2018-11-03  2018-11-04
内田      2018-11-03  2018-11-05
```

　自分は自分とオーバーラップしているに決まっているので、「R1.reserver <> R2.reserver」という条件がないと全員出てきてしまう点に注意してください。反対に「どの期間ともオーバーラップしていない期間」を求めたいなら、EXISTSの代わりにNOT EXISTSを使えばOKです。
　一方、ウィンドウ関数を使うと、次のようなクエリになります。ウィンドウ関数の強みは、数値に限らず順序を持ったデータ型の列であればソートできることです。ここでは、投宿日の日付型の列で昇順にレコードをソートすれば、ちょうど図7.4のガントチャートのような順序でレコードを並べられます。そうすると、カレント行の宿泊客の次に泊まるのは、1行下のレコードの客ということになります。この次の客の投宿日が、カレント行の客の滞在期間と重なっているかをチェックすればよいということになり、素直にBETWEEN述語を使えば可能です。

```
-- オーバーラップする期間を求める：その2　ウィンドウ関数の利用
SELECT reserver, next_reserver
  FROM (SELECT reserver,
               start_date,
               end_date,
               MAX(start_date)
                 OVER (ORDER BY start_date
                       ROWS BETWEEN 1 FOLLOWING
                                AND 1 FOLLOWING) AS next_start_date,
               MAX(reserver)
                 OVER (ORDER BY start_date
                       ROWS BETWEEN 1 FOLLOWING
                                AND 1 FOLLOWING) AS next_reserver
          FROM Reservations) TMP
 WHERE next_start_date BETWEEN start_date AND end_date;
```

結果

```
reserver     next_reserver
----------   -------------
荒木          堀
山本          内田
```

　なお、ウィンドウ関数としてMAX関数を使っていますが、これは別に最大値が取得したいのではなく、SUMやAVGは数値以外に適用できないので日付や文字列にも使えるMAX関数で代用しているだけです。どうせフレーム句の「ROWS BETWEEN 1 FOLLOWING AND 1 FOLLOWING」で1行に絞っているので「最大値」を取得することに意味があるわけではありません。したがってここはMIN関数でもかまいません。

　ウィンドウ関数の解法の優れたところは、オーバーラップしている客同士を同じ行にペアとして出力できるため、誰と誰を調整すればよいか、結果から一目瞭然であることです。このフォーマットが本当に便利なのは、3人以上がオーバーラップしているケースです。水谷氏の投宿日を11月4日に早めたデータを考えてみましょう。

■ Reservations：山本・内田・水谷の3人が重複

reserver （宿泊客）	start_date （投宿日）	end_date （出発日）
木村	2018-10-26	2018-10-27
荒木	2018-10-28	2018-10-31
堀	2018-10-31	2018-11-01
山本	2018-11-03	2018-11-04
内田	2018-11-03	2018-11-05
水谷	2018-11-04	2018-11-06	← 水谷氏の投宿日を変更

　このデータに対して、相関サブクエリ、ウィンドウ関数ともに、きちんと水谷氏も結果に追加されるのですが、含意は少し異なります。

■ 相関サブクエリの結果

```
reserver    start_date    end_date
---------   ----------    ----------
荒木         2018-10-28    2018-10-31
堀          2018-10-31    2018-11-01
山本         2018-11-03    2018-11-04
内田         2018-11-03    2018-11-05
水谷         2018-11-04    2018-11-06   ← 水谷氏も追加
```

■ ウィンドウ関数の結果（山本と水谷も重複しているが、結果には表われない）

```
reserver    next_reserver
---------   -------------
荒木         堀
山本         内田
内田         水谷              ← 水谷氏も追加
```

　相関サブクエリのほうは、相変わらず、重複しているという事実がわかるだけですが、ウィンドウ関数のほうは内田氏と重複していることまでわかります（本当は山本氏とも重複しているのですが、2列しか表示しないためそこはわかりません。これでも業務オペレーション上は十分な結果だと思いますが）。

　また、もし山本氏の投宿日が11月3日ではなく、1日遅れの4日だった場合、相関サブクエリの場合は、結果から内田氏が消えます。これは、内田氏の投宿日と出発日が他の期間と接触しなくなるからです。つまり、このクエリでは、相手の期間を完全に含んでしまうような期間は選択できないということです。こういう期間も出力するには、もう少し条件を追加する必要があります（相関サブクエリでそこまで複雑なコー

ドを書く必然性がないので割愛しますが、興味があれば考えてみてください）。一方、ウィンドウ関数の場合は、このケースでも結果は変わりません。この点でも、ウィンドウ関数の汎用性は非常に高いことがわかります。

まとめ

　SQLで行間比較を行なう手段として、相関サブクエリは、ほぼ過去の技術となりました——筆者としては、限定なしに、相関サブクエリそのものが過去の技術になった、と言ってもよいとすら考えています[*7]。

　それでは、本章の要点です。

1. 昔は、SQLで行同士の比較を行なうときは、比較対象のテーブルを追加して、相関サブクエリを行なっていた。

2. しかし相関サブクエリは、パフォーマンスと可読性が悪く、SQLユーザーからは不評だった（セルコの言葉を借りるなら、相関サブクエリは「プログラマにもオプティマイザにも読みにくい」ものだった）。

3. ウィンドウ関数という救世主の登場により、相関サブクエリを使う必要はなくなった。ウィンドウ関数は可読性が高く、コードも簡潔に記述できる。今後さらなるパフォーマンス改善も見込める。

[*7] ウィンドウ関数に相関サブクエリを消去する効果があることに、一部の人々は早くから気づいていました。ウィンドウ関数の標準SQLへの導入を推進したIBM社のエンジニアたちは、2003年時点ですでにその劇的な効果を"WinMagic"と名付けました（あまりこの言葉が流行った形跡はありませんが）。

[参考資料] C.Zuzarte，H.Pirahesh，W.Ma，Q.Cheng，L.Liu，K.Wong, "WinMagic：Subquery Elimination Using Window Aggregation.", ACM SIGMOD, 2003
https://www.researchgate.net/publication/221214692_WinMagic_Subquery_Elimination_Using_Window_Aggregation

演習問題

● 演習問題7-① 移動平均

移動平均という統計指標があります。株式投資やFXをやる人にはなじみ深いと思いますが、あるウィンドウの範囲の平均値を、レコードをずらしながら求めるもので、ウィンドウが「移動」していくように見えることからこの名前がつきました。「2　必ずわかるウィンドウ関数」でも見たように、ウィンドウ関数で移動平均（または移動合計）を求めることは簡単です。

たとえば、次のような銀行口座の入出金を記録するテーブルから、カレント行と前2行を含む3行をウィンドウとする移動平均を求めることを考えます。レコード数の足りない最初の2行について「結果なし」とするか、存在するデータで平均を求めるかは要件次第ですが、ここでは後者を採用します。これはウィンドウ関数のデフォルトの動作でもあります。

Accounts

prc_date （処理日）	prc_amt （処理金額）	移動平均の計算は以下のようになる（小数点以下切り捨て）
2018-10-26	12000	12000 = 12000 / 1
2018-10-28	2500	7250 = (12000 + 2500) / 2
2018-10-31	-15000	-166 = (12000 + 2500 + (-15000)) / 3
2018-11-03	34000	7166 = (2500 + (-15000) + 34000) / 3
2018-11-04	-5000	4666 = ((-15000) + 34000 + (-5000)) / 3
2018-11-06	7200	12066 = (34000 + (-5000) + 7200) / 3
2018-11-11	11000	4400 = ((-5000) + 7200 + 11000) / 3

ウィンドウ関数ならばフレーム句を使えば簡単に求められます。

```
-- ウィンドウ関数による計算
SELECT prc_date, prc_amt,
       AVG(prc_amt)
         OVER(ORDER BY prc_date
              ROWS BETWEEN 2 PRECEDING AND CURRENT ROW)
         FROM Accounts;
```

同じ結果を、あえて相関サブクエリを使って求めてください。

● 演習問題7-②　移動平均 その2

　前問では、レコード数が3行に満たない場合でも、一応、平均を求めました。これを3行未満は結果をNULLとする修正を考えてください。ウィンドウ関数でできた人は、相関サブクエリでも考えてみてください。

8 外部結合の使い方

> ▶ SQLの弱点──その傾向と対策
>
> SELECT文の結果を望む形に整形できないというのは、DBエンジニアがよく直面する課題です。SQLは本来、そのような目的のために作られた言語ではないため、フォーマットの整形には工夫が必要です。本章では、フォーマット整形として代表的な行列変換と入れ子の表側の作り方を解説し、その際に重要な役割を果たす外部結合について理解を深めます。

はじめに

　SQLに対するよくある誤解の1つに、「SQLは帳票作成のための言語だ」というものがあります。確かに、SQLは定型・非定型を問わず、さまざまな帳票やレポートを作成するシステムで利用されています。そのこと自体に問題はありませんが、エンジニアにとってもSQLにとっても不幸なことは、SQLの本来の用途ではない結果のフォーマット整形までがSQLに求められることです。あくまでSQLはデータ検索を目的に作られた言語だからです。

　しかし同時に、SQLは多くの人が考えているよりずっと強力な言語です。特に近年は、そうした用途にも対応すべく、ウィンドウ関数をはじめとするレポート作成のための機能が多く取り入れられるようになりました。システム全体としてソースを簡略化でき、十分なパフォーマンスを得られるなら、SQLの力を利用する価値は十分にあります。

　本章では、**外部結合**（OUTER JOIN）を利用したフォーマッティングの方法を解説します。外部結合そのものは、DBエンジニアにとってなじみ深い演算ですが、今回は少し変わった角度からその特性を捉えなおしてみます。前半が外部結合によるフォーマット整形の解説、後半が集合演算の観点から見た外部結合、という内容になっています。

　外部結合をまったく知らない場合は、後半の「完全外部結合」（p.169）と「外部結合で集合演算」（p.172）から読むと理解しやすいかもしれません。

外部結合で行列変換：その1（行→列）──クロス表を作る

「1 CASE式のススメ」で、クエリの結果をクロス表にする方法を紹介しました。今回は同じことを外部結合的な発想で実現することを考えてみましょう。例として、社員が受講した研修コースを管理する次のようなテーブルを考えます。

Courses

name （受講者）	course （講座）
赤井	SQL入門
赤井	UNIX基礎
鈴木	SQL入門
工藤	SQL入門
工藤	Java中級
吉田	UNIX基礎
渡辺	SQL入門

最初の問題は、このテーブルから次のようなクロス表を作ることです。「○」なら受講済み、NULLなら未受講です。

■ 受講歴一覧（表頭：講座　表側：受講者）

	SQL入門	UNIX基礎	Java中級
赤井	○	○	
工藤	○		○
鈴木	○		
吉田		○	
渡辺	○		

実のところ、元テーブルと結果の間で情報量に差はありません。誰が何の講座を受講したかという情報は、どちらからも同じだけわかります。**違うのは見た目だけ**です。だから本当は、ここにSQLがするべき仕事はありません。ありませんが、そこをあえてSQLでやるのが本章の主旨です。外部結合的に考えるならば、表側（受講者一覧）をマスタとした外部結合を行なうことで結果が得られます。

```
-- クロス表を求める水平展開：その1　外部結合の利用
SELECT C0.name,
  CASE WHEN C1.name IS NOT NULL THEN '○' ELSE NULL END AS "SQL入門",
  CASE WHEN C2.name IS NOT NULL THEN '○' ELSE NULL END AS "UNIX基礎",
  CASE WHEN C3.name IS NOT NULL THEN '○' ELSE NULL END AS "Java中級"
  FROM (SELECT DISTINCT name FROM Courses) C0    -- このC0が表側になる
  LEFT OUTER JOIN
    (SELECT name FROM Courses WHERE course = 'SQL入門') C1
    ON C0.name = C1.name
      LEFT OUTER JOIN
        (SELECT name FROM Courses WHERE course = 'UNIX基礎') C2
        ON C0.name = C2.name
          LEFT OUTER JOIN
            (SELECT name FROM Courses WHERE course = 'Java中級') C3
            ON C0.name = C3.name;
```

　サブクエリを使って、おおもとの「Courses」テーブルからC0〜C3の4つの集合を作っています。自己結合の回でも述べたように、SQLの中で名前を与えれば、テーブルもビューも等しく「集合」として存在することになります。したがってここでは、次のような4つの集合を作ったことになります。

C0：マスタ

name
赤井
工藤
鈴木
吉田
渡辺

C1：SQL

name
赤井
工藤
鈴木
渡辺

C2：UNIX

name
赤井
吉田

C3：Java

name
工藤

　受講者全員を網羅したC0が、いわゆる「受講者マスタ」の役割を果たします（これが最初からテーブルとして用意されている場合は、それを使ってください）。C1〜C3が、講座ごとの受講者の集合です。そして、C0をマスタとして、C1〜C3を順番に外部結合しています。すると、受講した講座の列には受講者の名前が、未受講の列にはNULLが現われます。仕上げに、CASE式で受講済みを「○」に変換して完成です。今回は、求める結果の表頭が3列だったので、3回結合しました。列数が増えた場合も原理は同じなので、結合を追加することで対応できます。表側と表頭を入れ替えたクロス表が欲しい場合も、同じ要領で簡単にできます。この方法は、発想が素直で動作がわかりやすいところが長所ですが、インラインビューと結合を多用するのでコードが長大になるのが短所です。表頭の列が増えるにつれパフォーマンスも悪化します。

そこで、同じ結果を求める他の方法も考えてみましょう。一般に、外部結合はスカラサブクエリで代用できるので、次のようなクエリも考えられます。

```
-- 水平展開：その2　スカラサブクエリの利用
SELECT C0.name,
       (SELECT '○'
          FROM Courses C1
         WHERE course = 'SQL入門'
           AND C1.name = C0.name) AS "SQL入門",
       (SELECT '○'
          FROM Courses C2
         WHERE course = 'UNIX基礎'
           AND C2.name = C0.name) AS "UNIX基礎",
       (SELECT '○'
          FROM Courses C3
         WHERE course = 'Java中級'
           AND C3.name = C0.name) AS "Java中級"
  FROM (SELECT DISTINCT name FROM Courses) C0;   -- このC0が表側になる
```

　表頭の3列をスカラサブクエリで作っているところがポイントです。最終行のFROM句の集合C0は、さっき作った「受講者マスタ」と同じものです。スカラサブクエリは、結合条件に一致すれば「○」を、不一致ならNULLを返します。この方法の利点は、講座の増減があったときにも、変更箇所がSELECT句だけで済むので、**コードの修正が簡単**なことです。

　たとえば4列目として「PHP入門」という講座を追加したければ、SELECT句の最後に、

```
(SELECT '○'
   FROM Courses C4
  WHERE course = 'PHP入門'
    AND C4.name = C0.name ) AS "PHP入門"
```

と付け加えるだけでOKです（先の外部結合の方法だと、SELECT句とFROM句の2箇所を修正しなければなりません）。これは、仕様変更の場合だけでなく、動的にSQLを組み立てる必要のあるシステムにおいても大きなメリットです。反対に欠点は、パフォーマンスがあまりよくないことです。現在のところ、SELECT句でスカラサブクエリ（おまけに相関サブクエリでもある）を使うのは、けっこう高コストな方法です。スカラサブクエリは、SELECTに返された1行ずつについて実行されるからです。

　3つ目に紹介するのは、CASE式を入れ子にする方法です。CASE式は、SELECT

句で集約関数の中にも外にも書くことができます（「1　CASE式のススメ」p.2を参照）。そこで一度、SUM関数の結果を1とNULLで出力し、外側のCASE式で1を「○」に変換します。

```
-- 水平展開：その3　CASE式を入れ子にする
SELECT name,
  CASE WHEN SUM(CASE WHEN course = 'SQL入門' THEN 1 ELSE NULL END) = 1
       THEN '○' ELSE NULL END AS "SQL入門",
  CASE WHEN SUM(CASE WHEN course = 'UNIX基礎' THEN 1 ELSE NULL END) = 1
       THEN '○' ELSE NULL END AS "UNIX基礎",
  CASE WHEN SUM(CASE WHEN course = 'Java中級' THEN 1 ELSE NULL END) = 1
       THEN '○' ELSE NULL END AS "Java中級"
  FROM Courses
GROUP BY name;
```

集約せずに取得すると、「Courses」テーブルの行数だけ出力されてしまうので、受講者単位で集約しています。これもスカラサブクエリの方法に劣らず簡潔で、仕様変更に強い書き方です。集約関数の戻り値を条件に組み込む書き方は、慣れるまで少しとまどうかもしれません。考え方としては、「SELECT句では集約関数もスカラ値に評価されるので、定数や列と同じように扱える」、と考えれば理解しやすいでしょう。

外部結合で行列変換：その2（列→行）──繰り返し項目を1列にまとめる

前問では行から列へ変換しました。それなら今度は、列から行へ変換したくなるのが人情というもの。たとえば次のようなDBエンジニア泣かせのテーブルを考えましょう。

■ Personnel：社員の子ども情報

employee （社員）	child_1 （子ども1）	child_2 （子ども2）	child_3 （子ども3）
赤井	一郎	二郎	三郎
工藤	春子	夏子	
鈴木	夏子		
吉田			

皆さんも、一度は目にしたことがあるでしょう。COBOLなどで使われているフラットファイルを入力データとする場合に、安易にそのフォーマットに引きずられると、こういうテーブルができあがります。このテーブルのどの辺が泣かせどころかという

点には、今は立ち入りません。こういうテーブルは「行持ち」の形式へ変換するのが基本です。UNION ALLを使います。

```
-- 列から行への変換：UNION ALLの利用
SELECT employee, child_1 AS child FROM Personnel
UNION ALL
SELECT employee, child_2 AS child FROM Personnel
UNION ALL
SELECT employee, child_3 AS child FROM Personnel;
```

結果

```
employee    child
----------  -------
赤井        一郎
赤井        二郎
赤井        三郎
工藤        春子
工藤        夏子
工藤
鈴木        夏子
鈴木
鈴木
吉田
吉田
吉田
```

　UNION ALLは重複行を排除しないので、子どものいない吉田氏についてもきっちり3行出力されます。テーブルへ格納するならchild列がNULLの行を排除した形にするのがよいでしょう。

　また、時として、子どものいない吉田氏も残した次のようなリストが欲しい場合もあります。

■社員の子どもリスト

employee （社員）	child （子ども）
赤井	一郎
赤井	二郎
赤井	三郎
工藤	春子
工藤	夏子
鈴木	夏子
吉田	

このケースでは、単純にchild列がNULLの行を除外するわけにはいきません。方法はいくつか考えられますが、まずは子どもの一覧を保持するビュー（子どもマスタ）を作りましょう。

```
CREATE VIEW Children(child)
AS SELECT child_1 FROM Personnel
   UNION
   SELECT child_2 FROM Personnel
   UNION
   SELECT child_3 FROM Personnel;
```

結果

```
child
-----
一郎
二郎
三郎
春子
夏子
```

例によって、マスタが最初からテーブルとして用意されているなら、それを使ってください。

さて、それでは社員一覧をマスタとした外部結合を行ないましょう。結合条件に注目してください。

```
-- 社員の子どもリストを得るSQL（子どものいない社員も出力する）
SELECT EMP.employee, Children.child
  FROM Personnel EMP
       LEFT OUTER JOIN Children
         ON Children.child IN (EMP.child_1, EMP.child_2, EMP.child_3);
```

　子どもマスタと社員テーブルを外部結合しているわけですが、重要なのは結合条件をIN述語で指定していることです。これによって、「Personnel」テーブルの子ども1～子ども3の列に「Children」ビューの名前と一致する子どもがいればその名前が、一致しなければNULLが返ります。工藤家と鈴木家には同名の子ども「夏子」がいますが、その場合でも正しく動作します。

クロス表で入れ子の表側を作る

統計表を作成する業務では、表側や表頭を入れ子にした表を作りたいという要望がよく発生します。たとえば、県別・年齢階級別・性別の人口データを保持する「TblPop」テーブルから、次のようなクロス表を作るケースです。

■ 年齢階級マスタ：TblAge

age_class （年齢階級）	age_range （年齢）
1	21～30歳
2	31～40歳
3	41～50歳

■ 性別マスタ：TblSex

sex_cd （性別コード）	sex （性別）
m	男
f	女

■ 人口構成テーブル：TblPop

pref_name （県名）	age_class （年齢階級）	sex_cd （性別コード）	population （人口）
秋田	1	m	400
秋田	3	m	1000
秋田	1	f	800
秋田	3	f	1000
青森	1	m	700
青森	1	f	500
青森	3	f	800
東京	1	m	900
東京	1	f	1500
東京	3	f	1200
千葉	1	m	900
千葉	1	f	1000
千葉	3	f	900

■ 表側が入れ子の統計表

		東北	関東
21～30歳	男	1100	1800
	女	1300	2500
31～40歳	男		
	女		
41～50歳	男	1000	
	女	1800	2100

問題の要点は、「TblPop」テーブルには年齢階級「2」のデータが1行もないけれど、結果にはその階級も含めて、6行固定で出力することです。表側固定となれば外部結合の出番ですが、表側を入れ子にするにはひとひねり必要です。今回は年齢階級と性別が表側なので、「TblAge」と「TblSex」をマスタに使います。

　基本的な考え方としては、この2つのテーブルをマスタにして外部結合するのですが、単純に外部結合を繰り返すだけではうまくいきません。

```
-- 外部結合で入れ子の表側を作る：間違ったSQL
SELECT MASTER1.age_class AS age_class,
       MASTER2.sex_cd AS sex_cd,
       DATA.pop_tohoku AS pop_tohoku,
       DATA.pop_kanto AS pop_kanto
  FROM (SELECT age_class, sex_cd,
               SUM(CASE WHEN pref_name IN ('青森', '秋田')
                        THEN population ELSE NULL END) AS pop_tohoku,
               SUM(CASE WHEN pref_name IN ('東京', '千葉')
                        THEN population ELSE NULL END) AS pop_kanto
          FROM TblPop
         GROUP BY age_class, sex_cd) DATA
       RIGHT OUTER JOIN TblAge MASTER1     -- 外部結合1：年齢階級マスタと結合
         ON MASTER1.age_class = DATA.age_class
       RIGHT OUTER JOIN TblSex MASTER2     -- 外部結合2：性別マスタと結合
         ON MASTER2.sex_cd = DATA.sex_cd;
```

結果

```
age_class  sex_cd  pop_tohoku  pop_kanto
---------  ------  ----------  ---------
1          m             1100       1800
1          f             1300       2500
3          m             1000
3          f             1800       2100
```

　結果を見ての通り、年齢階級「2」の行が現われません。これは困りました。せっかく外部結合を使ったのに、なぜうまくいかないのでしょうか。

　それは、「TblPop」テーブルに年齢階級「2」のレコードが1行もなかったからです。……「あれ、でも外部結合ってそういう場合でも定型的な結果を得るための技術じゃなかった？」

　そう、確かにその通りです。その証拠に、最初の年齢階級マスタとの結合を終えた時点では、年齢階級「2」のレコードもちゃんと結果に含まれているのです。

```sql
-- 最初の外部結合で止めた場合：年齢階級「2」も結果に現われる
SELECT MASTER1.age_class AS age_class,
       DATA.sex_cd AS sex_cd,
       DATA.pop_tohoku AS pop_tohoku,
       DATA.pop_kanto AS pop_kanto
  FROM (SELECT age_class, sex_cd,
               SUM(CASE WHEN pref_name IN ('青森', '秋田')
                        THEN population ELSE NULL END) AS pop_tohoku,
               SUM(CASE WHEN pref_name IN ('東京', '千葉')
                        THEN population ELSE NULL END) AS pop_kanto
          FROM TblPop
         GROUP BY age_class, sex_cd) DATA
         RIGHT OUTER JOIN TblAge MASTER1
            ON MASTER1.age_class = DATA.age_class;
```

結果

age_class	sex_cd	pop_tohoku	pop_kanto
1	m	1100	1800
1	f	1300	2500
2			
3	m	1000	
3	f	1800	2100

年齢階級「2」も存在する

　しかし、です。ここが核心なので注意してほしいのは、年齢階級「2」は確かに「TblAge」から取得できるものの、**それに対応する「TblPop」テーブルの性別コードはNULLになる**ことです。これは考えてみれば当然のことで、「TblPop」テーブルに年齢階級「2」のデータは存在しないのですから、その性別に「m」も「f」もありません。NULL以外は入りようがないのです。そのため、次の性別マスタとの外部結合において、結合条件が「ON MASTER2.sex_cd = NULL」となってしまい、結果はunknownです（この真理値の意味は「4　3値論理とNULL」p.60を参照）。したがって、最終結果には絶対に年齢階級「2」の行が現われません。結合するテーブルの順番を逆にしてもうまくいきません。
　では、どうすれば入れ子の表側を正しく作れるでしょう。答えは、

外部結合を二度することが許されないなら、一度で済ませてしまえばよい

```
-- 外部結合で入れ子の表側を作る：正しいSQL
SELECT MASTER.age_class AS age_class,
       MASTER.sex_cd AS sex_cd,
       DATA.pop_tohoku AS pop_tohoku,
       DATA.pop_kanto AS pop_kanto
 FROM (SELECT age_class, sex_cd
         FROM TblAge CROSS JOIN TblSex ) MASTER   -- クロス結合でマスタ同士↵
の直積を作る
       LEFT OUTER JOIN
       (SELECT age_class, sex_cd,
               SUM(CASE WHEN pref_name IN ('青森', '秋田')
                        THEN population ELSE NULL END) AS pop_tohoku,
               SUM(CASE WHEN pref_name IN ('東京', '千葉')
                        THEN population ELSE NULL END) AS pop_kanto
          FROM TblPop
         GROUP BY age_class, sex_cd) DATA
           ON MASTER.age_class = DATA.age_class
          AND MASTER.sex_cd = DATA.sex_cd;
```

※紙面の都合上、↵で折り返しています。

結果

```
age_class  sex_cd  pop_tohoku  pop_kanto
---------  ------  ----------  ---------
1          m             1100       1800
1          f             1300       2500
2          m
2          f
3          m             1000
3          f             1800       2100
```

これでしっかり6行が得られました。「TblPop」がどれほど不完全なテーブルでも、結果の表側は常に6行固定で得られます。トリックは「TblAge」と「TblSex」をクロス結合して、「MASTER」という直積を作ることです。行数は3×2=6になります。

MASTER

age_class （年齢階級）	sex_cd （性別コード）
1	m
1	f
2	m
2	f
3	m
3	f

すると、外部結合はこの「MASTER」ビューに対する一度だけで済みます。つまり、表側を入れ子にするときは、その形のマスタをあらかじめ用意してやればよいのです。3レベル以上の入れ子の場合も、同じやり方で拡張できます。

なお、CROSS JOIN構文を持っていないDBの場合は、「FROM TblAge, TblSex」のように、結合条件の指定なしでテーブルを並べればクロス結合と同じ演算になります。

掛け算としての結合

「6 HAVING句の力」のコラム「関係除算」（p.133）で、「SQLでは結合が掛け算に相当する」と述べたことを覚えているでしょうか。これは別に比喩でも何でもなく、行数について見れば本当にそうなのです。

ここでは、次のような商品マスタと、商品の売り上げ履歴を管理するテーブルを例にとって、この点を詳しく掘り下げてみましょう。

Items

item_no	item
10	SDカード
20	CD-R
30	USBメモリ
40	DVD

SalesHistory

sale_date	item_no	quantity
2018-10-01	10	4
2018-10-01	20	10
2018-10-01	30	3
2018-10-03	10	32
2018-10-03	30	12
2018-10-04	20	22
2018-10-04	30	7

ここで、この2つのテーブルを使って、商品ごとに総計でいくつ売れたかを調べる帳票を出力してみましょう。ゴールは次の形です。

結果

```
item_no  total_qty
-------  ---------
     10         36
     20         32
     30         22
     40
```

売り上げ履歴に存在しない（＝まったく売れなかった）40番のDVDも結果に出力す

るのだから、外部結合を利用することは明らかです。おそらく、次のような解答を考える人も多いのではないでしょうか。

```
-- 答え：その1　結合の前に集約することで、一対一の関係を作る
SELECT I.item_no, SH.total_qty
  FROM Items I LEFT OUTER JOIN
       (SELECT item_no, SUM(quantity) AS total_qty
          FROM SalesHistory
         GROUP BY item_no) SH
    ON I.item_no = SH.item_no;
```

これはこれで正答ですし、意図していることもわかりやすいコードです。まず、結合する前に売り上げ履歴テーブルを商品番号で集約することによって、item_noを主キーとする次のような中間ビューを作っています。

■SH（商品番号で一意になる中間ビュー）

item_no	total_qty
10	36
20	32
30	22

あとは、商品マスタとこのビューをitem_noで結合すれば、どちらも主キーによる一対一の結合となるわけです。実に見通しの良いクエリです。

しかし、パフォーマンスの観点から見ると、このクエリには問題が残ります。中間ビューSHのデータを一度メモリ上に保持せねばなりませんし、せっかくitem_noで一意になっても、SH自身には主キーのインデックスが存在しないため、結合条件で利用することができません。

このクエリを改良するために鍵となるのが、「結合を掛け算としてみる」視点を導入することです。今、確かに商品マスタItemsとビューSHは、確かに一対一の関係にありました。しかし実は、Itemsとオリジナルの SalesHistory テーブルも、item_noをキーに見れば一対多の関係にあるのです。そして、結合において片方が「1」の関係では、結合後の行数が増えません。ちょうど、掛け算において1を掛けても絶対に結果が変化しないように[*1]。

[*1] このように、二項演算に入力したとき、もう一方の入力に一切影響を及ぼさない要素のことを、その二項演算の**単位元**（identity）と呼びます。たとえば、整数と掛け算についての単位元は 1、足し算の場合は 0 です。その意味で、SQL の結合における単位元は、「行数が 1 のテーブル」です。これを他のどんなテーブルとクロス結合しても、結果の行数が不変だからです。なお、単位元と SQL の関わりについては p.78 のコラム「文字列と NULL」も参照。

外部結合の場合、マスタだけに存在する40番の行を追加するので、厳密に言うと行数が増えないわけではありませんが、10番や20番の商品の行が不当に増えて結果が狂うということは起こりません。この方向のアプローチで改良したのが次のクエリです。

```sql
-- 答え：その2  集約の前に一対多の結合を行なう
SELECT I.item_no, SUM(SH.quantity) AS total_qty
  FROM Items I LEFT OUTER JOIN SalesHistory SH
    ON I.item_no = SH.item_no       -- 一対多の結合
 GROUP BY I.item_no;
```

こうすることのメリットは、コードを簡潔に記述できることと、中間ビューをなくすことによってパフォーマンスが向上することです。

なお、Itemsテーブルのitem_noに重複が存在するようなケースでは、多対多の結合になってしまうため、この方法は使えません。その場合は、どちらかを集約して一対多の関係にもっていく必要があります[*2]。

結合は、一対一でなくとも一対多ならば行数は（不当には）増えない

これは結合と集約を組み合わせる問題では非常に効果的な技術なので、ぜひ覚えておいてください。

と、ここまで読んで、はたと気づいた方もいるでしょう。実は前問の人口の合計を求める問題も、同じ要領で書き換えることが可能です。これは章末の演習問題にしたので、最後にチャレンジしてみてください。

完全外部結合

前半では、主に外部結合の応用的な側面をクローズアップしました。後半は少し趣向を変えて外部結合そのものの特性を、集合指向的な観点から考えてみたいと思います。

標準SQLでは、以下の3種類の外部結合の構文が定義されています。

- 左外部結合（LEFT OUTER JOIN）
- 右外部結合（RIGHT OUTER JOIN）
- 完全外部結合（FULL OUTER JOIN）

[*2] 多対多の結合と集約を扱う高度な問題を練習したい方は、ジョー・セルコ『SQLパズル 第2版』の「パズル41 予算」をどうぞ。

このうち、左外部結合と右外部結合の間に機能的な差はありません。マスタに使うテーブルを演算子の左に書けば左外部結合、右に書けば右外部結合を使います。この2つについては、皆さんもよくご存じでしょう。ここでは、3つの中では比較的知られていない完全外部結合を取り上げます。というのも、これを集合演算の観点から見ると、外部結合の面白い特徴が見えてくるからです。

完全外部結合がどういう演算かは、言葉で説明するより目で見たほうがわかりやすいので、さっそく、簡単なテーブルを使って見ていきましょう。

Class_A

id（識別子）	name（名前）
1	田中
2	鈴木
3	伊集院

Class_B

id（識別子）	name（名前）
1	田中
2	鈴木
4	西園寺

上の2つのクラスに所属する生徒のうち、田中、鈴木の2人は両方のテーブルに存在します。しかし、伊集院と西園寺は片方のテーブルにしか存在しません。完全外部結合とは、こういうデータ内容が不一致の2つのテーブルから、情報を欠落させずに結果を得るための方法です。言うならば「両方をマスタに使う結合」です。

```
-- 完全外部結合は情報を「完全」に保存する
SELECT COALESCE(A.id, B.id) AS id,
       A.name AS A_name,
       B.name AS B_name
  FROM Class_A A FULL OUTER JOIN Class_B B
    ON A.id = B.id;
```

結果

```
id   A_name   B_name
---- ------   ------
1    田中     田中
2    鈴木     鈴木
3    伊集院
4             西園寺
```

2つのテーブルに存在する4人全員が結果に表われています。COALESCEは、可変個の引数を取って、NULLでない最初の引数を返す標準関数です。左（または右）外部結合の場合、マスタに使えるテーブルはどちらか一方だけなので、伊集院と西園寺の

両方を同時に得ることはできません。完全外部結合の「完全」とは「情報を完全に保存する」という意味です。

なお、完全外部結合を使えない環境で同じ結果を得るには、左外部結合の結果と右外部結合の結果をUNIONします[*3]。

```
-- 完全外部結合が使えない環境での代替方法
SELECT A.id AS id, A.name, B.name
  FROM Class_A A LEFT OUTER JOIN Class_B B
    ON A.id = B.id
UNION
SELECT B.id AS id, A.name, B.name
  FROM Class_A A RIGHT OUTER JOIN Class_B B
    ON A.id = B.id;
```

これでも同じ結果が得られますが、冗長ですし、結合を2回繰り返したうえにUNIONを使うのは、パフォーマンス面でも褒められません。

ところで、少し視点を変えてみると、結合を集合演算と見なすことができます。内部結合が積集合（INTERSECT、「交差」とも呼ぶ）、完全外部結合が和集合（UNION）に、それぞれ相当します。ベン図で描けば図8.1のようになります。

■ 図8.1 結合は集合演算

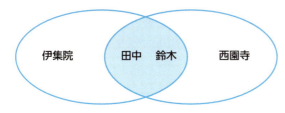

[*3] たとえば、MySQLは完全外部結合をまだサポートしていません。

「情報を欠落させない」という点において、UNIONと外部結合はよく似ています（その意味でMERGE文とも似ている）。次段では、外部結合のこの特性を利用して、実際に集合演算をしてみましょう。

外部結合で集合演算

SQLは集合論を基礎としていますが、意外なことに、最近まで基本的な集合演算の機能すら持っていませんでした[4]。UNIONはSQL-86からの古参ですが、INTERSECTとEXCEPTが取り入れられたのはSQL-92ですし、除算がいまだに標準化されていないことは、前章で述べた通りです。また各DBMSの実装状況も不十分で、バラつきがあります。集合演算子はソートを発生させるので、パフォーマンス上の問題を引き起こす可能性もあります。それゆえ、集合演算子の代用案を知っておくことには意味があります。

では、和と交差に続いて、差の求め方を考えましょう。先の完全外部結合の結果を注意してみると、Aクラスには存在するけど、Bクラスには存在しない伊集院の行はB_name列がNULLになっていることがわかります。逆に、Bクラスには存在するけど、Aクラスには存在しない西園寺は、A_name列がNULLです。つまり、結合結果に対してNULLかどうかの条件を設定することで、差集合を求められます。

外部結合で差集合を求める ── A － B

一般にSQLにおいてNULLはよからぬ存在なのですが、あえて外部結合でNULLを生成して、それを除外することで差集合を計算します。次のSQL文ではClass_Aをマスタとした外部結合を行なうことで、Class_B側にNULLが発生します（図8.2）。

```
SELECT A.id AS id, A.name AS A_name
  FROM Class_A A LEFT OUTER JOIN Class_B B
    ON A.id = B.id
 WHERE B.name IS NULL;
```

結果
```
id    A_name
----  ------
3     伊集院
```

---

[4] SQLの集合演算子にまつわるもろもろの留意点については、「9　SQLで集合演算」（p.179）を参照。

■ 図8.2 外部結合で差集合（A − B）

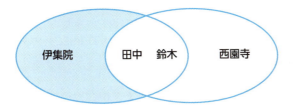

外部結合で差集合を求める──B − A

　先のSQL文から右外部結合に変えることで、今度はClass_Bをマスタとした外部結合が行なわれます（図8.3）。

```
SELECT B.id AS id, B.name AS B_name
  FROM Class_A A RIGHT OUTER JOIN Class_B B
    ON A.id = B.id
 WHERE A.name IS NULL;
```

結果
```
id   B_name
----  ------
4    西園寺
```

■ 図8.3 外部結合で差集合（B − A）

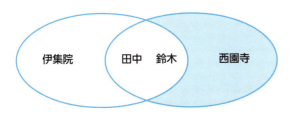

　これは、もちろん外部結合の使い方としては正道とは言いがたいものです。外部結合は、本当はこういう使い方をするためにあるものではありません。しかし、差集合演算を持っていない実装の場合にはNOT INやNOT EXISTSと並んで現実的な選択肢になりますし、実は差集合演算の中では最速の動作をする可能性が高い、というメリットもあるのです。

完全外部結合で排他的和集合を求める

次に、集合AとBの排他的和集合を考えます。SQLはこのための演算子を持っていないので、集合演算子を使うなら、(A UNION B) EXCEPT (A INTERSECT B) または(A EXCEPT B) UNION (B EXCEPT A)という方法になります。どちらにせよかなり面倒ですし、コストも高くつきます。

再び完全外部結合の結果をじっと見つめると（図8.4）……わかりましたか？

```
SELECT COALESCE(A.id, B.id) AS id,
       COALESCE(A.name , B.name ) AS name
  FROM Class_A A FULL OUTER JOIN Class_B B
    ON A.id = B.id
 WHERE A.name IS NULL
    OR B.name IS NULL;
```

結果
```
id    name
----  ------
3     伊集院
4     西園寺
```

■ 図 8.4　完全外部結合で排他的和集合

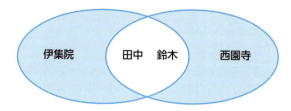

このようにWHERE句の条件を変えることで、いろいろな集合演算を表現できます。これで集合の和、差、交差が求められました。では、商はどうでしょう。実は、これも外部結合で作れます。つまり、「6　HAVING句の力」（p.105）で紹介した関係除算を、外部結合で書けるのです。「6　HAVING句の力」で使った「Items」テーブルと「ShopItems」テーブルを使うなら、次のようになります。

```
-- 外部結合で関係除算：差集合の応用
SELECT DISTINCT shop
  FROM ShopItems SI1
 WHERE NOT EXISTS
       (SELECT I.item
          FROM Items I LEFT OUTER JOIN ShopItems SI2
            ON I.item = SI2.item
           AND SI1.shop = SI2.shop
         WHERE SI2.item IS NULL) ;
```

結果

```
shop
----
仙台
東京
```

　このクエリの意味は、「Items」テーブルから、店舗ごとの商品を引き算した結果が空集合であれば、その店舗は「Items」テーブルの商品をすべてそろえている、ということです。ON句の「SI1.shop = SI2.shop」という相関サブクエリによって「店舗ごとの」という条件を記述しています[*5]。この方法は集合の差を利用しているので、より直接的にEXCEPTを使って書くこともできます。練習問題として、書き換えてみてください（答えは「9　SQLで集合演算」で解説します）。なお、1つだけ注意が必要なのは、「SI1.shop = SI2.shop」の条件をWHERE句に記述すると、結果に「大阪」まで含まれてしまう、という点です。これは、結合条件のON句と検索条件のWHERE句が併用された場合、ONの方が先に実行され、WHEREはそのあとに実行されるからです。ONの条件では店舗関係なくitemでしか比較されないため、「大阪」が除外されないままにWHERE句に渡されてしまうのです。

まとめ

　最後に、外部結合の構文について少し触れておきます。SQLは非常に方言の多い言語ですが、中でも外部結合は、Oracleなら(+)、SQL Serverなら*=を使うなど、特に実装依存の強い部分です。コードの汎用性を考えるなら、こうした独自仕様の構文は避けて、ANSI標準に従うべきです。そのため、本書でも標準的な構文に統一しています。

[*5] このクエリは、Oracle12c およびPostgreSQL10 では動作しますが、MySQL 8.0 では、結合条件での相関名の使用が許可されていないため、動作しません。

また、「OUTER」は省略可能なので、「LEFT JOIN」や「FULL JOIN」という書き方もできますが（これは一応、標準SQLでそう認められている）、内部結合に対して外部結合であるということを明示するために、省略せずに書くのがよいでしょう。皆さんも普段の業務で少し意識してみてください（この「標準語と方言」の問題に関しては、「12　SQLプログラミング作法」でもう一度詳しく取り上げます）。
　それでは、本章の要点です。

1. SQLは帳票作成のための言語ではないので、基本的にフォーマット整形には不向き。
2. 必要に迫られたときは外部結合やCASE式を駆使して乗り切ろう。
3. 入れ子の表側を作るときはマスタの直積を作ってから結合一発でキメる。
4. 行数に着目した場合、結合は「掛け算」として考えられる。だから、一対多の結合の場合、結果の行数は増えない。
5. 外部結合は集合演算と類比的に考えられる。その観点から、さまざまな集合演算を表現できる。

外部結合は日常的によく利用されている技術ですが、そういうなじみ深い技術からも応用が広がっていくところが、SQLの面白さの1つです。
　外部結合についてより深く知りたい方は、以下の参考資料をどうぞ。

1. C.J.Date、Hugh Darwen『標準SQLガイド　改訂第4版』（アスキー、1999）
   ISBN 9784756120472
   外部結合の標準的な構文については第11章を参照。

2. ジョー・セルコ『プログラマのためのSQL　第4版』（翔泳社、2013）
   ISBN 9784798128023
   外部結合を使った集合演算については「25.3　外部結合」、差集合を利用した関係除算については「27.2.6　集合演算を使った除算」、繰り返し項目を持つテーブルのどのあたりが泣かせどころかわからなかった人は「第33章　SQLにおける配列」を、それぞれ参照。

3. ジョー・セルコ『SQLパズル　第2版』（翔泳社、2007）　ISBN 9784798114132
   外部結合は非常に多くの問題で利用されていますが、代表的なところとしては、行列変換へ応用する「パズル14　電話とFAX」と「パズル55　競走馬の入賞回数」、外部結合を利用した差集合演算は、「パズル58　欠番探しバージョン2」、関係除算への応用は「パズル21　飛行機と飛行士」など。

演習問題

●演習問題8-① 結合が先か、集約が先か？

「クロス表で入れ子の表側を作る」(p.163) では、集約してDATAビューとMASTERビューの対応を一対一にしてから結合を行ないました。これはこれでわかりやすい方法ですが、パフォーマンスを考慮するならば、中間ビューを2つ作るのは無駄が多い方法です。そこで、この中間ビューをなるべく減らすように、コードを改良してください。

●演習問題8-② 子どもの数にご用心

「外部結合で行列変換：その2（列→行）——繰り返し項目を1列にまとめる」(p.160)では、社員ごとの子どもの一覧を求めました。こういうリストが得られれば、1人の社員が何人の子どもを扶養しているか、という情報も、社員単位で集約することで簡単に求められます。

では、本文のクエリを修正して、これを求めてください。求める結果は次のようになります。

```
employee   child_cnt
--------   ---------
赤井            3
工藤            2
鈴木            1
吉田            0
```

多分、基本的には悩むことはないと思いますが、微妙に注意が必要なポイントがあるので、自分が書いたコードの結果と上の答えをよーく見比べて見てください。

●演習問題8-③ 完全外部結合とMERGE文

「完全外部結合」のところで、「完全外部結合は情報を欠落させないという点でMERGE文によく似ている」と述べました。ここでは、そのMERGE文について練習しておきましょう。

MERGE文は、SQL:2003で標準化された非常に新しい機能ですが、2つのテーブルの情報を一箇所にまとめることができるため、入力元のデータソースが複数に分散していて、それを1つのテーブルにまとめたい場合などに大きな威力を発揮します。

ここでは、本文でも使ったClass_A、Class_Bのテーブルを再び使いましょう（Bクラスのデータを少し変えています）。

Class_A

id（識別子）	name（名前）
1	田中
2	鈴木
3	伊集院

Class_B

id（識別子）	name（名前）
1	田中
2	内海
4	西園寺

　ここで、Class_BのデータをClass_Aへマージすることにします。すると、求める結果は次のようになります。

■ マージ後の Class_A

id（識別子）	name（名前）
1	田中
2	**内海**
3	伊集院
4	**西園寺**

　識別子（id）列をキーにClass_Aテーブルを検索して、行があればUPDATE、なければINSERTという動作を行ないます。その結果、たまたま名前が一致した1番の「田中」と、Class_Bに存在しなかった3番の「伊集院」については変更なし、キーは一致するけど名前が違う2番の「鈴木」は「内海」に更新され、Class_Aに存在しなかった新顔の西園寺が追加されるわけです。

9 SQLで集合演算

> ▶ **SQLと集合論**
> SQLは集合論をその基礎の1つとする言語ですが、これまで、SQLが集合演算の整備を怠ってきたことも手伝って、その機能は十分に活用されてきませんでした。しかし近年、ようやくSQLにおいても基本的な集合演算の機能が出そろい、本格的な応用が可能になってきました。本章では、SQLの集合演算を利用したテクニックを紹介し、その背景にある考え方を理解します。

はじめに

　SQLが集合論に立脚する言語であるということは、本書を貫くテーマの1つです。その特性ゆえに、SQLは「集合指向言語」と呼ばれていますし、実際、集合的な観点から見たときに初めて、その強力さが理解できます。しかし現実には、SQLのこの側面は長らく無視されてきました。

　その背景にはSQLにも責任の一端があります。というのも、SQLはちょっと前まで、高校で習う程度の基本的な集合演算子すら持っていなかったからです。和（UNION）こそSQL-86からの古参ですが、交差（INTERSECT）と差（EXCEPT）が標準に入ったのはSQL-92ですし、除算（DIVIDE BY）がいまだに標準化されていないことは、前にも述べました。だから、SQLが言語として不完全だという批判は、理由のないものではなかったのです。

　しかし、現在では標準SQLに基本的な集合演算子が出そろい、それと歩調を合わせて実装も進み、ようやく本格的な応用が可能になってきました。本章では、集合演算を利用した便利なSQLを紹介し、その考え方を解説することで、これまでとは違った角度からSQLの本質に迫ります。

導入──集合演算に関するいくつかの注意点

　SQLの集合演算子は、その名の通り、入力に「集合」を取る演算であり、要するに実装レベルではテーブルやビューを引数に取る演算です。中学や高校で習う集合代数と似ているので、直観的には理解しやすいと思いますが、SQLの場合、いくつか独特な特徴があるので注意が必要です。

注意1　SQLの扱う集合は重複行を許す多重集合のため、それに対応するALLオプションが存在する

通常、集合論で集合と言えば、重複する要素を認めません。だから{1, 1, 2, 3, 3, 3 1}という集合は端的に{1, 2, 3 1}と同じと見なされます。しかしリレーショナルデータベースにおけるテーブルは、重複行を認める多重集合（multiset, bag）です。

その結果、SQLの集合演算子にも、重複を認めるバージョンと認めないバージョンの2通りが用意されています。通常、UNIONやINTERSECTをそのまま使うと、結果から重複行を排除します。もし重複行を残したい場合は、ALLオプションを付けて、UNION ALLのように記述します。ちょうどSELECT句のDISTINCTオプションと反対の扱いになっています。しかし、なぜか「UNION DISTINCT」のような書き方は許されていません[*1]。

この2通りの使い方には、演算の結果以外にもう1つ違いが存在します。それは、集合演算子は重複排除のために暗黙のソートを発生させるが、**ALLオプションを付けるとソートが行なわれないのでパフォーマンスが向上する**、という点です。これは効果的なパフォーマンスチューニングなので、重複を気にしなくてよい場合、または重複が発生しないことが確実な場合には、ALLオプションを付けるとよいでしょう（もっとも、対象行数が少ない場合には大した違いは出ないのですが）。

注意2　演算の順番に優先順位がある

標準SQLでは、UNIONとEXCEPTに対して、INTERSECTのほうが先に実行されるよう定められています。だからたとえば、UNIONとINTERSECTを併用するときにUNIONを優先的に実行したい場合は、括弧で明示的に演算の順序を指定せねばなりません（この点に注意の必要な例題も、あとで練習します）。

注意3　DBMSごとに集合演算子の実装状況にバラツキがある

先述の通り、初期のSQLは集合演算の整備を怠ってきました。そのツケとして、DBMSごとの実装状況も統一性がありません。SQL Serverは2005バージョンからINTERSECTとEXCEPTをサポートしましたが、MySQLは2018年現在まだ両方ともサポートしていません。また、OracleのようにEXCEPTをMINUSという別の名前で持っているDBMSもあります。面倒ですが、Oracleユーザーの方はEXCEPTをすべてMINUSに置き換えて使ってください。

[*1] もう少し細かく言うと、UNION ALL はほぼすべての DBSM で利用できるのですが、INTERSECT ALL や EXCEPT ALL はまだサポート状況にばらつきがあります。

注意4　除算の標準的な定義がない

　四則演算のうち、和（UNION）、差（EXCEPT）、積（CROSS JOIN）は標準に入っています。しかし、残る1つ、商（DIVIDE BY）は、諸事情により標準化が遅れています（この「諸事情」は「6　HAVING句の力」p.105に詳しく書いたのでそちらを参照してください）。そのため、除算をするときは自前でクエリを作る必要があります。

テーブル同士のコンペア——集合の相等性チェック[基本編]

　さて、それでは集合演算の実践的な応用を見ていきましょう。

　DB環境を移行したり、バックアップと最新環境を比較したい場合など、2つのテーブルが等しいか否かを調べたい場合があります。ここで言う「等しい」とは、行数も列数もデータ内容も同じ、つまり「集合として等しい」という意味です。たとえば、次の「tbl_A」と「tbl_B」は、テーブル名が違うだけで、集合としては同じです。

■ 名前が違うだけで、中身は同じ2つのテーブル

tbl_A

key	col_1	col_2	col_3
A	2	3	4
B	0	7	9
C	5	1	6

tbl_B

key	col_1	col_2	col_3
A	2	3	4
B	0	7	9
C	5	1	6

　こういう等しいテーブル同士が等しいとわかり、等しくないテーブルが等しくないとわかる方法はないでしょうか。たとえるなら、ファイルに対するコンペアを、テーブルに対して行なうイメージです。サンプルのように数行程度なら目で確認しても間違いは少ないでしょうが、数百列とか数千万行の規模では無理な相談です。

　これを実現する方法は、2通りあります。まずはUNIONだけを使う簡単な方法から見ていきましょう。事前に、「tbl_A」と「tbl_B」の行数は同じであることは確認済みと仮定します（そもそも行数が違ったらその時点で終わりです）。

　このサンプルだと、両テーブルとも行数は3です。すると、次のクエリの結果も3であれば、テーブル同士が相等であることがわかります。逆に、結果が3より大きくなれば、相等ではありません。

■ このクエリの結果が tbl_A と tbl_B の行数と一致すれば、両者は等しいテーブル

```
SELECT COUNT(*) AS row_cnt
  FROM ( SELECT *
           FROM tbl_A
         UNION
         SELECT *
           FROM tbl_B ) TMP;
```

結果
```
row_cnt
-------
3
```

　なぜそう言えるのでしょうか。「導入」の［注意1］を思い出してください。SQLの集合演算子は、ALLオプションを付けなければ重複行を排除します。それゆえ、「tbl_A」と「tbl_B」が同じなら、**重複が排除されてきれいに重なり合う**のです（図9.1）。

■ 図 9.1　集合が同一か否かによる和集合の違い

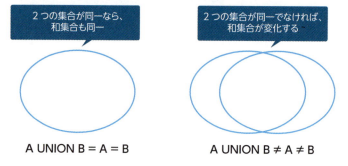

A UNION B = A = B　　　　　　A UNION B ≠ A ≠ B

　必然的に、次のような1行だけ相違するテーブルに対しては、結果が「4」になります。相違する行は、重複排除した後も「一体化」せずに「残余」として残らざるをえないからです。

■ keyが「B」の行が相違するサンプルデータ：結果は「4」になる

tbl_A

key	col_1	col_2	col_3
A	2	3	4
B	0	7	9
C	5	1	6

tbl_B

key	col_1	col_2	col_3
A	2	3	4
B	0	7	8
C	5	1	6

　このクエリは、NULLを含むテーブルにも正しく動作しますし、**列数や列名、データ型を一切指定せずに使える**のが便利なところです。UNIONしか使わないのでMySQLでも使えます。もちろん、テーブルの一部の列や、一部の行だけを比較することもできます。その場合は、比較したい列名を指定したり、WHERE句で条件を設定したりして比較すればOKです。

　以上の例からも明らかなように、SQLのUNIONは、任意のテーブルSについて

```
S UNION S = S
```

となります。これは、UNIONが非常に重要なある性質を持つことを意味します。それは、数学で冪等性（idempotency）と呼ばれる性質です。もともと群論などの抽象代数で使われる概念で、いくつか意味がありますが、今回に関係する意味を平たく言うと、**二項演算子*の任意の入力Sについて、S * S = Sが成り立つ**ということです。UNIONはこの意味で冪等です。

　プログラミングの分野では、この原義を少し拡張して、「繰り返し処理を実行しても、一度だけ実行した場合と結果が同じになる」という意味で使われます[*2]。たとえば身近な例としては、C言語のヘッダーファイルは冪等性を持つよう設計されています。同じファイルを何度インクルードしても、一度インクルードした場合と結果が変わらないからです。同じ意味で、HTTPのGETコマンドも冪等です。同じ要求を繰り返し発行しても安全なようになっているからです。また、この性質は、特にユーザーインターフェイスにおいて重要な役割を果たします。ボタンを何回連打しても一度押したのと同じこと、というのは安全なインターフェイス設計の基本です。

　集合演算のUNIONの場合、「S UNION S」を1つの処理単位と見れば、何度実行しても結果が変わりませんから、これも冪等と言えます。したがって、3つ以上のテーブルが等しいかどうかを比較することも可能です。

[*2] この意味では、あるソフトウェアのインストールとアンインストールをまとめて1つの演算と見なせば、やはり冪等性を持つと言えます。アンインストールしたことで、マシンの環境がインストール前に戻るわけですから。この演算を「IU」、マシン環境をEとすれば、IU(E) = E というわけです。もちろん、何度実行しても結果は不変なので、IU(IU(IU(E))) = E です。

■ 同じ集合をいくつ足しても結果は不変
```
S UNION S UNION S UNION S …… UNION S = S
```

1つ注意が必要なのは、「UNION ALL」は演算を繰り返すたびに結果が変化するので、冪等性が成立しないことです。似た理由から、重複行を持ったテーブルに対してはUNIONも冪等性を失います。つまり、この美しく強力な性質が成り立つのは、あくまで集合の世界の話であって、多重集合の世界では通用しないのです。皆さん、**主キーは大事**だよ、ということです。

さて、それでは先に進む前に、ちょっとクイズを出しましょう。実は、集合演算子には、UNION以外にも冪等性を持つものがあります。それは何でしょうか。次はその演算子も使います。

テーブル同士のコンペア──集合の相等性チェック［応用編］

前の解法では、テーブルの比較をするのに、事前準備として2つのテーブルの行数を調べておく必要がありました。それほど大きな手間ではありませんが、この準備なしで、いきなり相等性チェックを行なえるような改良版を考えましょう。サンプルは、さっきの「tbl_A」と「tbl_B」を使います。

集合論では、一般的に集合の相等性を調べる公式として、以下の2つが知られています。

1. $(A \subseteq B)$ かつ $(A \supseteq B) \Leftrightarrow (A = B)$
2. $(A \cup B) = (A \cap B) \Leftrightarrow (A = B)$

1. の方法は、集合の包含関係をもとに相等性を調べる方法です。「AがBを含み、かつBがAを含むなら、両者は等しい」という意味です。これを利用することも可能ですが、少し面倒です（この方法については、あとの例題で触れます）。

一方、2. の方法は、集合の和と交差をもとに相等性を調べる公式です。SQLに翻訳すれば、「A UNION B = A INTERSECT Bなら、AとBは互いに等しい」ということです。こちらのほうが簡単に書けそうです。

AとBが等しい集合なら、「A UNION B = A = B」でした。そして実は、INTERSECTにも、AとBが等しければ、「A INTERSECT B = A = B」が成り立ちます。そう、UNION以外に冪等性が成立する演算子とは、INTERSECTのことです。

反対に、$A \neq B$ であれば、UNIONとINTERSECTの結果は異なります。**UNION**

のほうが絶対に行数が多くなります。最初は異なる集合だったAとBが、次第に接近するアニメーションを想像するとわかりやすいでしょう（図9.2）。

■ 図9.2　集合が同一か否かにより UNION と INTERSECT の結果は違う

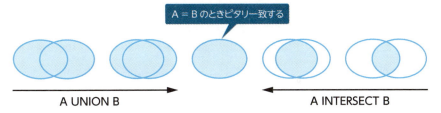

残る問題は、UNIONとINTERSECTの結果をどう比較するかですが、現在、常に、

(A INTERSECT B) ⊆ (A UNION B)

であることがわかっています。したがって、(A UNION B) EXCEPT (A INTERSECT B)の結果が空集合かどうかという判定をすればOKです。A = Bのときに空集合になり、A ≠ Bのときに1行以上の行が残ります。

```
-- 2つのテーブルが相等なら「等しい」、そうでなければ「異なる」を返すクエリ
SELECT CASE WHEN COUNT(*) = 0
            THEN '等しい'
            ELSE '異なる' END AS result
  FROM ((SELECT * FROM tbl_A
         UNION
         SELECT * FROM tbl_B)
         EXCEPT
        (SELECT * FROM tbl_A
         INTERSECT
         SELECT * FROM tbl_B)) TMP;
```

　このクエリもやはり、列名や列数は一切知る必要がなく、NULLを含むテーブルにも使えるという前問と同じ利点を兼ね備えており、さらに、行数を調べる事前準備が不要という優れものです。ただし高機能にした分、欠点も発生します。集合演算3回分のソートが発生するため、パフォーマンスが落ちます（そう頻繁に実行するたぐいのクエリではないでしょうから、このぐらいは許容範囲だと思いますが）。また、INTERSECTとEXCEPTを使うので、現時点ではMySQLでは使えません。利点と欠点を検討して、前問のクエリと使い分けてください。

さて、実際に2つのテーブルが相違することがわかったら、今度は相違した行を具体的に表示しましょう。ファイルに対するdiffコマンドを、テーブルに行なうイメージです。これは、排他的和集合を選択すればいいので、次のようになります。

```
-- テーブル同士のdiff
(SELECT * FROM tbl_A
 EXCEPT
 SELECT * FROM tbl_B)
UNION ALL
(SELECT * FROM tbl_B
 EXCEPT
 SELECT * FROM tbl_A);
```

結果

key	col_1	col_2	col_3
B	0	7	9
B	0	7	8

A-BとB-Aの間に共通部分は存在しえないので、両者をマージするときは「UNION ALL」でかまいません。このクエリは、片方の集合がもう一方の部分集合である場合にも正しく動きます（その場合は、A-BとB-Aのどちらかが空集合になります）。括弧は演算の順序を指定する極めて重要なものなので、外すと正しい結果が得られません。

差集合で関係除算を表現する

導入で述べたように、SQLにはまだ除算用の演算子がありません。そのため、除算を行なうには自前でクエリを書く必要があります。方法は数多くありますが、代表的なものとしては、

1. NOT EXISTSを入れ子にする
2. HAVING句を使った一対一対応を利用する
3. 割り算を引き算で表現する

の3通りが挙げられます。今回は、3番の方法を解説します。

集合代数における引き算とは、差集合演算のことです。「8　外部結合の使い方」で、差集合を外部結合で書く方法を紹介したときに、この方法を考えてもらう問題を出しま

186

したが、今回はその解答と解説です。

サンプルデータは、社員の技術情報を管理する次の2つのテーブルを使います。

Skills

skill（技術）
Oracle
UNIX
Java

EmpSkills

emp（社員）	skill（技術）
相田	Oracle
相田	UNIX
相田	Java
相田	C#
神崎	Oracle
神崎	UNIX
神崎	Java
平井	UNIX
平井	Oracle
平井	PHP
平井	Perl
平井	C++
若田部	Perl
渡来	Oracle

問題は、「EmpSkills」テーブルから、「Skills」テーブルの技術すべてに精通した社員を探すことです。すなわち、答えは相田氏と神崎氏です。平井氏も惜しいのですが、Javaが使えないので選外です。

今回紹介する方法は、HAVINGを使う方法より理解しやすいかもしれません。というのも、見方によっては非常に手続き型に近い発想をするからです。まずは、答えを見てもらいましょう。

```
-- 差集合で関係除算（剰余を持った除算）
SELECT DISTINCT emp
  FROM EmpSkills ES1
 WHERE NOT EXISTS
        (SELECT skill
           FROM Skills
         EXCEPT
         SELECT skill
           FROM EmpSkills ES2
          WHERE ES1.emp = ES2.emp);
```

```
結果
emp
---
相田
神崎
```

　ポイントは、EXCEPT演算子と相関サブクエリにあります。相関サブクエリは、同じ「EmpSkills」テーブルを関係づけていますが、これは、引き算を社員ごとに行なうためです。社員ごとのスキルを、要求されるスキルの集合から引き算して、結果が空集合（ϕ）なら全部備えていた、残る行があれば足りないスキルがあった、ということです。

　たとえば相田氏については、図9.3となり、結果が空集合なので合格です。

■ 図9.3　相田氏のスキル

　他方、たとえば平井氏の場合、図9.4となり、「Java」の行が残るので、結果に含まれません。いわば、処理単位を社員ごとに分割して、割り算よりも簡単な引き算に還元して解いているわけです。「困難は分割せよ」の格言にのっとった、巧みな解法です。

■ 図9.4　平井氏のスキル

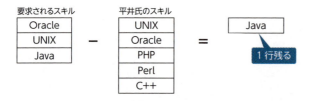

　ところで、このロジックを見て、何か気づいたところはないでしょうか。実はこのクエリは、手続き型言語で言うコントロールブレイクに似た処理を記述しているのです。試しに、この2つのテーブルがファイルで、1行ずつループして処理をすると考えてください。ある社員について、スキルが存在している間は引き算を行ない、スキル

がなくなったら次の社員に移り、同じ作業を繰り返します。

この解法のほうが理解しやすいかもしれない、と言ったのは、ループのイメージを持ちやすいからです。

「なーるほど、除算（division）なだけに、分割（divide）して解くわけですな」

……おあとがよろしいようで。

等しい部分集合を見つける

この問題は、1993年にデイトが提出して以来、非常に有名になったパズルです。サンプルには、彼が定番として使う供給業者－部品の関連を表わすテーブルを使いましょう。これは、業者が取り扱っている部品の一覧を示す形のテーブルです[3]。

SupParts

sup（供給業者）	part（部品）
A	ボルト
A	ナット
A	パイプ
B	ボルト
B	パイプ
C	ボルト
C	ナット
C	パイプ
D	ボルト
D	パイプ
E	ヒューズ
E	ナット
E	パイプ
F	ヒューズ

A＝C

B＝D

求めるのは、数も種類もまったく同じ部品を取り扱う供給業者のペアです。この例だと、A－CとB－Dの組み合わせです。AとEは、扱う部品数は同じ3ですが、部品

---

[3] もちろん、実際には、「供給業者」テーブルや「部品」テーブルも存在します。SupPartsはいわゆる関連エンティティです。このテーブルは以下を参考に作りました。
C.J.Date『データベース実践講義』（オライリー・ジャパン、2006）p.11を参照。

の種類が異なるので対象外、Fは、数も種類も他のどの業者とも一致しないので論外です。

一見すると簡単そうなこの問題がなぜパズルになるかと言うと、SQLには集合の包含関係や相等性をテストするための述語が一切存在しないからです。INは、あくまで要素として含まれるかどうかを記述する述語（∈）であって部分集合の述語（⊂）ではありません。かつて、IBMが作ったリレーショナルデータベースの試作機第一号「System R」には、CONTAINSという集合の包含関係を記述する述語があったそうです。しかし、これはのちにパフォーマンス上の理由から削除され、現在にいたるまで復活を見ていない「幻の述語」です。

この問題は、集合同士の比較を行なうという点で、前問の関係除算と構造がよく似ています。ただし、除算においては比較対象の一方の集合は固定されていたのに対し（先の例だと「Skills」テーブルがそうです）、今度は、どちらの集合も固定せずに、部分集合同士の組み合わせ全部についてテストするため、より一般性の高い問題になっています。

まずは、業者の組み合わせを作りましょう。これは、おなじみの非等値結合で作れます。集約しているのは、単に重複を解消するためです。

```
-- 業者の組み合わせを作る
SELECT SP1.sup AS s1, SP2.sup AS s2
  FROM SupParts SP1, SupParts SP2
 WHERE SP1.sup < SP2.sup
 GROUP BY SP1.sup, SP2.sup;
```

結果

```
s1    s2
----  ----
A     B
A     C
A     D
       :
D     E
E     F
```

次に、この業者ペアについて、(A ⊆ B)かつ(A ⊇ B) ⇒ (A = B)の公式を当てはめます。この公式は、次の2つの条件と同値です。

- 条件1. どちらの業者も同じ種類の部品を扱っている
- 条件2. 同数の部品を扱っている（すなわち全単射が存在する）

条件1は、素直に部品列で結合するだけですし、条件2はCOUNT関数によって記述できます。

```
SELECT SP1.sup AS s1, SP2.sup AS s2
  FROM SupParts SP1, SupParts SP2
 WHERE SP1.sup < SP2.sup              -- 業者の組み合わせを作る
   AND SP1.part = SP2.part            -- 条件1. 同じ種類の部品を扱う
 GROUP BY SP1.sup, SP2.sup
HAVING COUNT(*) = (SELECT COUNT(*)    -- 条件2. 同数の部品を扱う
                     FROM SupParts SP3
                    WHERE SP3.sup = SP1.sup)
   AND COUNT(*) = (SELECT COUNT(*)
                     FROM SupParts SP4
                    WHERE SP4.sup = SP2.sup);
```

結果

```
s1   s2
----  ----
A    C
B    D
```

　HAVING句の2つの条件は、厳密な関係除算と同じだと考えればわかりやすいでしょう。これによって、集合AとBの要素が過不足なく一致する（＝全単射が存在する）ことを保証しています。そして、個数が一致するだけでなく、その種類もすべての部品について一致することを、条件1が保証しています。

　このパズルは、さまざまな解法が考案されていますが、この「除算の一般化」は、集合指向という特性を利用した見事なものです。SQLでは、2つの集合を比較するときは、行単位で比較するのではなく、あくまで**集合を全体として扱う**というポイントをよく示しています。

　では最後に、ちょっと脱線話をしましょう。先ほど私は、CONTAINS述語は幻の述語だ、と書きましたが、もし使えるとすれば、次のような構文になります[*4]。

[*4] CONTAINS述語の構文については、ジョー・セルコ『プログラマのためのSQL　第4版』（翔泳社、2013）の「35.3　包含演算子」を参照。

```
SELECT 'A CONTAINS B'
  FROM SupParts
 WHERE (SELECT part
          FROM SupParts
         WHERE sup = 'A')
       CONTAINS
           (SELECT part
              FROM SupParts
             WHERE sup = 'B')
```

意味としては、A⊃B、つまり「業者Bの扱う部品すべてを業者Aが扱っている」、ということです。上のサンプルデータなら、「A CONTAINS B」という文字列を返します。いかがでしょう、あればなかなか便利な述語だと思いませんか。今ならパフォーマンス上の問題も解決できるかもしれませんし、案外、近い将来に復活の目のある機能かもしれません。

重複行を削除する高速なクエリ

集合演算の応用方法として、最後に重複行の削除を取り上げましょう。これは、「3 自己結合の使い方」でも取り上げた問題です。再度、主キーなしの恐怖のテーブルにご登場願いましょう。

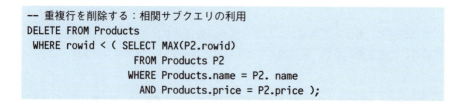

以前紹介した解法は、相関サブクエリを使うシンプルなものでした。

```
-- 重複行を削除する：相関サブクエリの利用
DELETE FROM Products
 WHERE rowid < ( SELECT MAX(P2.rowid)
                   FROM Products P2
                  WHERE Products.name = P2.name
                    AND Products.price = P2.price );
```

これも悪くはないのですが、相関サブクエリはパフォーマンスに難点があります（ただでさえDELETEは時間のかかる処理です）。そこで、相関サブクエリを使わずに同じ処理を実現する方法を考えます。

上のクエリの考え方としては、{ 名前, 値段 }の組み合わせでまとめたときに、最大のrowidを求めて、反対にそれ**以外**の行を削除する、というものでした。削除対象の行を直接求めるのは難しいので、もっと簡単に求められる、残す行を先に求めて、それを全体から引く――いわゆる補集合の考え方です。相関サブクエリのバージョンでは、{ 名前, 値段 }の組み合わせごとにその処理を行なっていました（＝コントロールブレイク！）。今度は、削除対象となるrowidを、サブクエリ内で全部求めきってしまいます。

ここで、rowid列が次のように与えられているとします。

rowid（レコードID）	name（商品名）	price（値段）
1	りんご	50
2	みかん	100
3	みかん	100
4	みかん	100
5	バナナ	80

極値関数を使って残したいrowidを1つだけ取得する、という点は同じです。ポイントは、その集合を「Products」テーブル全体から引き算することです。次のクエリが答えになります。

```sql
-- 重複行を削除する高速なクエリ1：補集合をEXCEPTで求める
DELETE FROM Products
 WHERE rowid IN ( SELECT rowid              -- 全体のrowid
                    FROM Products
                  EXCEPT                    -- 引く
                  SELECT MAX(rowid)         -- 残すべきrowid
                    FROM Products
                   GROUP BY name, price);
```

非相関になったサブクエリは、定数のリスト（2, 3）を返します。EXCEPTで補集合を求める部分は、図で表わせば図9.5のようなイメージです。

■ 図 9.5　EXCEPT で補集合を求める部分

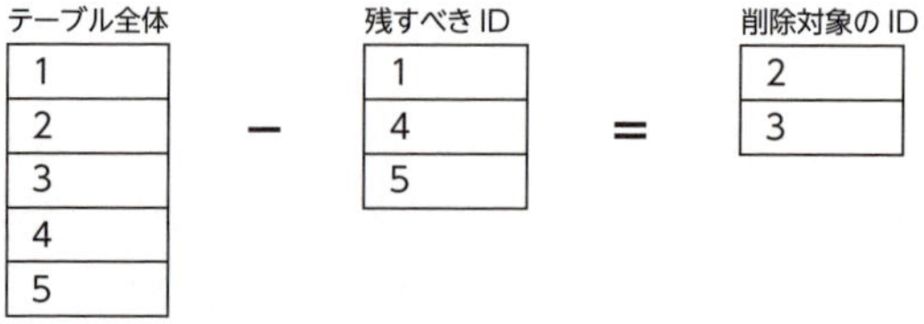

```
テーブル全体        残すべきID              削除対象のID
    1              1                       2
    2       －     4         ＝             3
    3              5
    4
    5
```

　EXCEPTを使うと、補集合を利用した解法が簡単に実現できることがおわかりいただけるでしょう。ちなみに、EXCEPTをNOT INで代用した次のようなコードも考えられます[*5]。

```
-- 重複行を削除する高速なクエリ2：補集合をNOT INで求める
DELETE FROM Products
 WHERE rowid NOT IN ( SELECT MAX(rowid)
                        FROM Products
                       GROUP BY name, price);
```

　どちらのほうがパフォーマンスが良いかは、テーブルの規模や、削除する行と残す行の比率によって変わるでしょう。ただ、後者のほうがEXCEPTを持っていない実装でも使えるというメリットはあります。

まとめ

　本章では、集合演算の使い方を紹介しました。冒頭でも述べましたが、このあたりは整備が遅れていたせいで、豊かな応用がたくさんあるにもかかわらず、まだあまり知られていません。皆さんもぜひ、面白いSQLを考えてみてください。
　それでは、本章の要点です。

1. SQLでは集合演算機能の整備が遅れていた。今でもDBによって実装状況にバラツキがあるので、利用するときは要注意。
2. 集合演算子は、ALLオプションを付けないと重複排除を行なう。その際、ソートも行なわれるのでパフォーマンス面ではマイナス。

[*5] このrowidについては、「3　自己結合の使い方」の「重複行を削除する」（p.49）を参照。

3. UNIONとINTERSECTは、冪等性という重要な性質を持つ。EXCEPTは持たない。
4. 除算は標準的な演算子がないので、自前で作る必要がある。
5. 集合の相等性を調べる方法には、冪等性か全単射を利用する2通りがある。
6. EXCEPTを使うと、補集合を簡単に表現できる。

さらに深く知りたい方は、以下の参考文献を参照してください。

1. ジョー・セルコ『プログラマのためのSQL 第4版』（翔泳社、2013）
   ISBN 9784798128023
   重複排除については、「15.1.4　同一テーブルのデータを削除する」を、差集合演算を利用した関係除算については、「27.2.6　集合演算を使った除算」を参照。なお、セルコは空集合のチェックをIS NULLで行なっていますが、これは多くの実装ではサブクエリが複数の値を返す場合にエラーになるでしょう。標準SQLではIS NULLが値のリストを引数に取ることができるので、間違いではないのですが、まだ一般的には実装されていない機能です。

2. ジョー・セルコ『SQLパズル 第2版』（翔泳社、2007）　ISBN 9784798114132
   等しい集合を発見するクエリについては、「パズル27　等しい集合をみつける」を参照。System Rのエピソードのソースもこの章。

3. C.J.Date『Relational Database Writings 1991-1994』（Addison-Wesley、1995）　ISBN 9780201824599
   「Expression Transformation (Part 1 of 2)」から、UNIONとINTERSECTが冪等性を持つことの重要性について示唆を受けました。また、等しい集合を発見するパズルの初出は、「A Matter of Integrity (Part 2 of 3)」。

演習問題

●演習問題9-①　UNIONだけを使うコンペアの改良

　「テーブル同士のコンペア——集合の相等性チェック［基本編］」（p.181）のUNIONだけを使うクエリを紹介したとき、これを利用するにはテーブルの行数を調べる事前準備が必要だと述べました。しかし実は、少し強引な修正を加えることで、事前準備なしで使えるように改善できます。どんな修正を加えればよいか、考えてみてください。

●演習問題9-②　厳密な関係除算

　「差集合で関係除算を表現する」（p.186）で、除算を減算に還元して解く方法を紹介しました。そのクエリを「厳密な除算」をするよう修正してください（「厳密な除算」の定義、覚えていますか）。今度は過不足なくスキルを満たす社員だけを選択するので、結果は神崎氏1人になります。

10 SQLで数列を扱う

> ▶ SQLで順序を扱う──集大成
>
> 本書の主題の1つは、順序を持ったデータをSQLで扱うにはどうすればよいか、というものでした。SQLとRDBはデータに行の順序がないことを前提として作られたため、順序データの従来の取り扱い方がトリッキーなものに見えます。本書では、その背景となっている考え方を説明するとともに、順序をより自然で直観的に扱う新しい手段についても見てきました。本章は、それらを駆使して順序データを色々なやり方で操作してみましょう。

はじめに

　関係モデルのデータ構造には、「順序」という概念がありません。必然的に、その実装であるRDBのテーブルやビューにも、(たてまえ上) 行列の順序がありません。同様にSQLも、順序集合を扱うことを直接的な目的とはしていませんでした。

　そのため、従来、SQLでの順序集合の扱い方は、最初から順序を扱うことを目的とした手続き型言語とファイルシステムのアプローチとはかなり異質なものが採用されました。具体的に言えば、述語論理の量化子や順序数を定義する再帰集合を応用したのです。しかし、1990年代末からSQLにウィンドウ関数の導入が進んだことによって、順序を持つデータの取り扱いが非常にスムーズにできるようになりました。

　本章では、SQLを使って、数列や日付などの順序を持つデータを扱う方法を解説します。単にTipsを列挙するだけでなく、新旧の解法を比較し、それぞれが土台とする原理を抽出することで、それぞれの解法の本質を理解してもらいたいと思います。これまでの実務を想定した問題とは趣向を変えて、ちょっとパズル的な要素も入っているので、肩の力を抜いて遊びだと思って取り組んでください。ここまでの章をすべて読みこなしてきた読者ならば、問題なく理解できる力が身についているはずです。

連番を作ろう

　まず、SQLで連番を作ることを考えましょう。最近では多くの実装がシーケンスオブジェクトを持っているので、連番を1個ずつ順に取得する場合なら、これを使うことができます。しかし、1つのSQLで、任意の大きさの連番が欲しい場合はどうすればよいでしょうか。たとえば、0から99までの数をずらっと100行作りたい、という場合です。実装依存でよいならば各RDBの階層問い合わせの方言 (OracleのCONNECT

BY等）を使ったり、各RDBの最新のバージョンであればSQL標準の再帰WITH句を使う方法がありますが、ここでは実装やバージョン非依存の方法に限定します。

この問題を考える前に、突然ですが、ちょっと次のクイズを考えてください。

> **問題** 00から99までの100個の数の中には、0、1、2……、9の各数字は、それぞれ何個含まれているか？

1桁の数は前ゼロ（ゼロパディング）を付けて「01」「07」のように表記します。紙には書かず、頭の中だけで考えてみてください。それでは、スタート。

……できましたか。正解は、どの数字も20個。たとえば「1」の文字について、一の位と十の位にそれぞれ現われる箇所を数えます。すると、一の位が1の数が10個、十の位が1の数も10個。「11」はどちらにも含まれますが、この数だけは1を2個含むので、ダブルカウントにはなりません。

■ 00～99までの数に、各数字は20個現われる

00	01	02	03	04	05	06	07	08	09
10	11	12	13	14	15	16	17	18	19
20	21	22	23	24	25	26	27	28	29
30	31	32	33	34	35	36	37	38	39
40	41	42	43	44	45	46	47	48	49
50	51	52	53	54	55	56	57	58	59
60	61	62	63	64	65	66	67	68	69
70	71	72	73	74	75	76	77	78	79
80	81	82	83	84	85	86	87	88	89
90	91	92	93	94	95	96	97	98	99

何が言いたいかと言うと、ある数を「文字」として見た場合、それは各位を構成する数字を組み合わせて作られる集合として把握できる、ということです。クイズタイム終わり！

さて、本題に戻りましょう。まず、各位の構成要素となる数字を保持する「数字テーブル」を作ります。これは10行固定の読み取り専用テーブルです。どんな巨大な数も、この10個の数字を組み合わせて作られることは明らかです。

Digits

digit（数字）
0
1
2
3
4
5
6
7
8
9

すると、0～99までの数は、2つのDigits集合の直積を取ることで作れます。結果の表記上、前ゼロがなくなっていますが、想像で補って読んでください。

```
-- 連番を求める：その1　0～99
SELECT D1.digit + (D2.digit * 10) AS seq
  FROM Digits D1 CROSS JOIN Digits D2
 ORDER BY seq;
```

結果

```
seq
---
  0
  1
  2
  :
  :
 98
 99
```

D1が一の位、D2が十の位を表わします。「3　自己結合の使い方」でも、同一テーブルをクロス結合して直積を求める方法を見ましたね。おさらいすると、クロス結合は図10.1のように2つの集合の要素の「可能なすべての組み合わせ」を得るものでした。

■図10.1　直積：可能なすべての組み合わせを作る

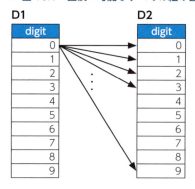

あとは同じ要領でD3、D4……と追加していけば、何桁の数でもお好みで作れます。また、始点を0ではなく1から始めたり、「542」のような中途半端な数で止めたりしたい場合は、WHERE句に条件を追加しましょう。

```
-- 連番を求める：その2　1～542を求める
SELECT D1.digit + (D2.digit * 10) + (D3.digit * 100) AS seq
  FROM Digits D1 CROSS JOIN Digits D2
       CROSS JOIN Digits D3
 WHERE D1.digit + (D2.digit * 10) + (D3.digit * 100)
       BETWEEN 1 AND 542 ORDER BY seq;
```

お気づきでしょうが、この連番の生成方法は、見事に数の「順序」という性質を無視しています。ノイマン型の順序数の定義と比較してみると、その相違が際立ちます。再帰集合を使った定義では、0を定義して初めて「次の数」である1が得られ、1を定義した後に2が得られる、という順序がありました（それゆえ、ランキングや累計のような順序関係を記述するのに適していたのです）。

一方、順序の概念を捨てて、数を「数字の組み合わせ」にすぎないと見なしたのがこのアプローチです。その意味でSQL的な方法ではあります。このクエリをビューとして保存しておくことで、簡単なSELECT文でいつでも連番を取得できるようになります。

```
-- シーケンスビューを作る（0～999までをカバー）
CREATE VIEW Sequence (seq) AS
SELECT D1.digit + (D2.digit * 10) + (D3.digit * 100)
  FROM Digits D1
       CROSS JOIN Digits D2
       CROSS JOIN Digits D3;
```

```
-- シーケンスビューから1～100まで取得
SELECT seq
  FROM Sequence
 WHERE seq BETWEEN 1 AND 100
 ORDER BY seq;
```

これは色々な用途に使える便利なビューですから、1つ作っておくと、多くの局面で役に立ちます。

欠番を全部求める

「6 HAVING句の力」で、連番の歯抜けを探す方法を紹介しました。そのときの解法は、歯抜けが複数あった場合は、その最小値だけを取得するものでした。しかし、これを読んだ方の中には「どうせなら欠番を全部求めたい」という欲張りな願望を持った人もいるのではないでしょうか。

お任せください。前問で作ったシーケンスビューを使えば、そんな欲張りさんの要求も見事かなえられます。0～nまでの歯抜けのない自然数の集合が自在に作れるわけですから、あとは比較したいテーブルと差集合演算をするだけです。そしてSQLで差集合を求める方法は、豊富に用意されています。EXCEPT演算子を持っている実装なら朝飯前、NOT EXISTSやNO INを使ってもいいでしょう。外部結合を使うなんていう変わり種まであります。

サンプルに、次のような歯抜けの連番を持つテーブルがあるとします。

SeqTbl

seq（連番）
1
2
4
5
6
7
8
11
12

最小値が1、最大値が12ですから、作るシーケンスの範囲もこれに合わせます。下のクエリはいずれも、欠番の3、9、10を返します。

```
-- EXCEPTバージョン
SELECT seq
  FROM Sequence
 WHERE seq BETWEEN 1 AND 12
EXCEPT
SELECT seq
  FROM SeqTbl;
```

```
-- NOT INバージョン
SELECT seq
  FROM Sequence
 WHERE seq BETWEEN 1 AND 12
   AND seq NOT IN (SELECT seq FROM SeqTbl);
```

結果

```
seq
---
  3
  9
 10
```

前回で不満が残った方も、これですっきり解決でしょう。また、実行コストは高くなりますが、BETWEEN述語の引数を一般化して、検証したいテーブルの最小値と最大値を動的に組み込むこともできます。

```
-- 連番の範囲を動的に決定するクエリ
SELECT seq
  FROM Sequence
 WHERE seq BETWEEN (SELECT MIN(seq) FROM SeqTbl)
               AND (SELECT MAX(seq) FROM SeqTbl)
EXCEPT SELECT seq FROM SeqTbl;
```

これは、下限や上限の値が必ずしも固定的でないテーブルを調べる場合などに便利です。2つのサブクエリは、非相関なうえ、一度しか実行されませんし、seq列にインデックスがあれば、極値関数を高速化できます。

3人なんですけど、座れますか？

友人同士で旅行に出かける際、列車や飛行機の座席を予約しようとしたら、人数分の連続した空席がなくて、1人だけ離れ小島の席になってしまった——こんなさみしい経験をしたことのある人もいるのではないでしょうか。今回はちょっとこんな座席のカタマリにまつわるパズルをいくつか考えてみましょう。

次のような、座席の空席状況を表わすテーブルを考えます。

Seats

seat （座席）	status （状態）
1	占
2	占
3	空
4	空
5	空
6	占
7	空
8	空
9	空
10	空
11	空
12	占
13	占
14	空
15	空

今、3人で旅行に出かけようと思って、この列車に予約を取ろうとしているとします。問題は、この1～15までの席番号の中から、連続する3個の空席の組み合わせをすべて探すことです。この連続した整数の集合を「シーケンス」と呼ぶことにします。要するに連番の集合です。シーケンスには歯抜けがあってはいけません。

上のデータから求めたい結果は、

- 3～5
- 7～9
- 8～10
- 9～11

の4つです。(7, 8, 9, 10, 11)というシーケンスは、部分集合として(7, 8, 9)、(8, 9, 10)、(9, 10, 11)という3つのシーケンスを含みますが、これらも区別して求めます。また、普通こういう座席は途中で行の折り返しが入るものですが、今は無視して、席は直線的に並んでいるとします（図10.2）。

■ 図10.2　7～11のシーケンスは3つの部分のシーケンスを持つ

NOT EXISTSによる解法

図10.2を使って考えれば、数nを始点として、n + (3 -1)までの数が、すべて空席の状態にあるということです（マイナス1しないと席を1つ多く取ってしまうので注意してください）。答えは次のようになります。

```
-- 人数分の空席を探す：その1  NOT EXISTS
SELECT S1.seat AS start_seat, '～', S2.seat AS end_seat
  FROM Seats S1, Seats S2
 WHERE S2.seat = S1.seat + (:head_cnt -1)    -- 始点と終点を決める
   AND NOT EXISTS
        (SELECT *
           FROM Seats S3
          WHERE S3.seat BETWEEN S1.seat AND S2.seat
            AND S3.status <> '空' );
```

:head_cntは、座りたい人数を表わすパラメータです。これに代入する人数を変えることで、集団が何人でも対応できます。

このクエリには、SQLで順序集合を扱うときの原理がよく現われています。今から、それを詳しく説明しましょう。このクエリの要点は、2段階に分けて考えると理解しやすくなります。

［ステップ1］自己結合で始点と終点の組み合わせを作る

このクエリで言えば、S2.seat = S1.seat + (:head_cnt-1)の部分に相当します。これによって、「1～8」とか「2～3」のような大きさが3以外の組み合わせを排除して、始点と終点までにちょうど3個の座席を含むシーケンスのみに制限できます。

［ステップ2］始点－終点間のすべての点が満たすべき条件を記述する

　始点と終点が決まったら、今度はその内部の各点が満たすべき条件を記述します。そのために、始点と終点の間を移動する点集合を追加します（上のクエリの「S3」）。移動する範囲を画定するには、BETWEEN述語が便利です。今回、シーケンス内の要素が満たすべき条件は、

すべての行の座席の状態が「空」であること

です。前章で見ましたね、この形式の条件。述語論理で全称量化と呼ばれる命題の一種です。しかし、SQLではこの条件をストレートに記述できないのでした。SQLで全称量化を考える際のワンポイントは、「すべての行が条件Pを満たす」という文を、

条件Pを満たさない行が存在しない

という二重否定文に同値変形することです。それゆえ、サブクエリ内の条件も「S3.status = '空'」ではなく、その否定形「S3.status <> '空'」となります。

ウィンドウ関数による解法

　一方、正反対の発想でこの問題を解くこともできます。seat列の数列の順序を利用するのです。
　ここで、ステータスが「空」のシートだけに着目すると、もしシートが長さ3のシーケンスを構成するとすれば、そのseat列の始点と終点の値には、「終点－始点＝2」という関係が成り立つはずです。これが1になっても3以上になっても、シーケンスの長さが異なります。

■ 空席シートだけに着目

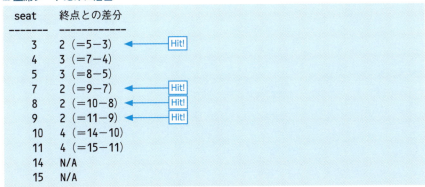

つまり、この問題は「2行うしろのseat列の値」がわかれば解けるのです。私たちは、この情報を簡単に取る方法をすでに知っています。そう、ウィンドウ関数のフレーム句を使えばよいのです。:head_cntは先ほどと同じく集団の人数を表わすパラメータです。

```
-- 人数分の空席を探す：その2　ウィンドウ関数
SELECT seat, '～', seat + (:head_cnt -1)
  FROM (SELECT seat,
               MAX(seat)
                 OVER(ORDER BY seat
                       ROWS BETWEEN (:head_cnt -1) FOLLOWING
                                AND (:head_cnt -1) FOLLOWING ) AS end_seat
          FROM Seats
         WHERE status = '空') TMP
 WHERE end_seat - seat = (:head_cnt -1);
```

いかがでしょう、どちらの解法のほうが理解しやすかったでしょうか。おそらくほとんどの人にとっては、ウィンドウ関数のほうではないでしょうか。"順序"という従来のSQLが禁則とした概念を使えるのは、特に数列のようなもともと順序を持った構造を扱う際には大きなメリットを発揮します（パフォーマンスという観点では、NOT EXISTSが優れる可能性もありますが）。

▍折り返しのある数列

では、次に応用版として、ラインの折り返しも考慮した修正を考えましょう。たとえば、この列車が5列で折り返すと仮定します。テーブルに、ラインの識別子（line_id）を追加します。

Seats2

seat（座席）	line_id（行ID）	status（状態）
1	A	占
2	A	占
3	A	空
4	A	空
5	A	空
6	B	占
7	B	占
8	B	空
9	B	空
10	B	空
11	C	空
12	C	空
13	C	空
14	C	占
15	C	空

　このケースにおいては、たとえ連番だけ見ればシーケンスをなしていても、(9, 10, 11)のような集合は選択してはいけません（図10.3）。11番に座る人が実質ひとりぼっちになってしまうからです。

■図10.3　9〜11は折り返しが入るのでダメ

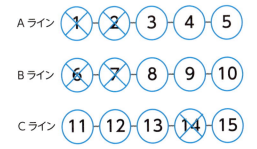

NOT EXISTSによる解法

折り返しに対応するには、シーケンス内の座席がすべて空席であるだけではなく、「すべて同じライン内にある」ことを条件に組み込む必要があります。全称量化のクエリは、次のような簡単な修正で可能です。

```sql
-- 人数分の空席を探す：ラインの折り返しも考慮する  NOT EXISTS
SELECT S1.seat AS start_seat, '～' , S2.seat AS end_seat
  FROM Seats2 S1, Seats2 S2
 WHERE S2.seat = S1.seat + (:head_cnt -1)  -- 始点と終点を決める
   AND NOT EXISTS
       (SELECT *
          FROM Seats2 S3
         WHERE S3.seat BETWEEN S1.seat AND S2.seat
           AND ( S3.status <> '空' OR S3.line_id <> S1.line_id));
```

結果

```
start_seat  ～   end_seat
----------  ---- ----------
3           ～   5
8           ～   10
11          ～   13
```

シーケンス内の要素が満たすべき条件は「すべてのラインについて、状態が「空」である、かつ、ラインIDが同じである」です。後半の「ラインIDが同じ」という条件が追加されたわけですが、これは要するに「始点のラインIDと同じである」と同値です（もちろん終点でもかまいません）。それを素直にSQLに訳せば、

```
S3.status = '空' AND S3.line_id = S1.line_id
```

です。しかし、先述の通り、SQLではこの条件の否定を使わなければなりませんから、

```
NOT (S3.status = '空' AND S3.line_id = S1.line_id) = S3.status <> '空' ↵
OR S3.row_id <> S1.row_id
```

※紙面の都合上、↵で折り返しています。

という条件になるわけです。この「肯定⇔二重否定」の同値変形は、SQLで量化を扱うには必須の技術です。

ウィンドウ関数による解法

　ウィンドウ関数の修正も簡単です。折り返しが入るということは、結局のところ、line_id列をキーにして部分集合を作るということです。これはPARTITION BY句の機能そのものです。

```
-- 人数分の空席を探す：行の折り返しも考慮する　ウィンドウ関数
SELECT seat, '～', seat + (:head_cnt - 1)
  FROM (SELECT seat,
               MAX(seat)
                 OVER(PARTITION BY line_id
                      ORDER BY seat
                      ROWS BETWEEN (:head_cnt - 1) FOLLOWING
                               AND (:head_cnt - 1) FOLLOWING ) AS end_seat
          FROM Seats2
         WHERE status = '空') TMP
 WHERE end_seat - seat = (:head_cnt - 1);
```

単調増加と単調減少

　ある企業の株価の動向を表わす次のようなテーブルを考えます。

MyStock

deal_date （取引日）	price （株価）
2018-01-06	1000
2018-01-08	1050
2018-01-09	1050
2018-01-12	900
2018-01-13	880
2018-01-14	870
2018-01-16	920
2018-01-17	1000
2018-01-18	2000

　前問までは、順序集合ということで「数」を考えてきましたが、「日付」も当然、順序を持ちます。今回は、株価が単調増加している期間を求めます。つまり、欲しい結果は、次の通りです。

- 2018-01-08〜2018-01-08
- 2018-01-16〜2018-01-18

　1月8日はいわゆる「一日天下」ですが、1日だけではあっても期間とみなすことにします。まず最初のステップは、特定の取引日における株価が、上昇しているか否かを見極めることです。これは、ウィンドウ関数を使えば簡単にわかります。

```
-- 前回取引から上昇したかどうかを判断する
SELECT deal_date, price,
       CASE SIGN(price - MAX(price)
                      OVER(ORDER BY deal_date
                           ROWS BETWEEN 1 PRECEDING
                                    AND 1 PRECEDING))
       WHEN  1 THEN 'up'
       WHEN  0 THEN 'stay'
       WHEN -1 THEN 'down' ELSE NULL END AS diff
  FROM MyStock;
```

結果

```
deal_date    price   diff
-----------  ------  -------
2018-01-06   1000
2018-01-08   1050    up
2018-01-09   1050    stay
2018-01-12    900    down
2018-01-13    880    down
2018-01-14    870    down
2018-01-16    920    up
2018-01-17   1000    up
2018-01-18   2000    up
```

　SIGN関数は数値を引数に取って、符号が正ならば1、0ならば0、負ならば-1を返します（CASE式の記述を単純化するために使っているだけで、あまり重要な役割ではありません）。あとは、diff列が「up」になっている日付を1つのグループとして取得することが必要です。
　コードの見通しをよくするため、「up」のレコードだけに限定して、昇順の連番を振ったビューMyStockUpSeqを作っておきましょう。

```sql
CREATE VIEW MyStockUpSeq(deal_date, price, row_num)
AS
SELECT deal_date, price, row_num
  FROM (SELECT deal_date, price,
               CASE SIGN(price - MAX(price)
                                 OVER(ORDER BY deal_date
                                      ROWS BETWEEN 1 PRECEDING
                                               AND 1 PRECEDING))
               WHEN 1  THEN 'up'
               WHEN 0  THEN 'stay'
               WHEN -1 THEN 'down' ELSE NULL END AS diff,
               ROW_NUMBER() OVER(ORDER BY deal_date) AS row_num
          FROM MyStock) TMP
 WHERE diff = 'up';
```

■ MyStockUpSeq ビューの内容

deal_date	price	row_num
2018-01-08	1050	2
2018-01-16	920	7
2018-01-17	1000	8
2018-01-18	2000	9

　ここまでくれば、row_numを使って、連続するシーケンスのグループを作るという問題になりました。この問題は自己結合を使って次のように解くことができます[1]。

```sql
-- 自己結合でシーケンスをグループ化
SELECT MIN(deal_date) AS start_date,
       '~',
       MAX(deal_date) AS end_date
  FROM (SELECT M1.deal_date,
               COUNT(M2.row_num) - MIN(M1.row_num) AS gap
          FROM MyStockUpSeq M1 INNER JOIN MyStockUpSeq M2
            ON M2.row_num <= M1.row_num
         GROUP BY M1.deal_date) TMP
 GROUP BY gap;
```

---

[1] この解法はジョー・セルコ『プログラマのためのSQL 第4版』(翔泳社、2013) の第32章より。

【結果】

```
start_date   ～   end_date
-----------  ---  -----------
2018-01-08   ～   2018-01-08
2018-01-16   ～   2018-01-18
```

このクエリの意味は、サブクエリ内部の自己結合の結果を表示してみるとよくわかります。

```
SELECT M1.deal_date,
       COUNT(M2.row_num) cnt,
       MIN(M1.row_num) min_row_num,
       COUNT(M2.row_num) - MIN(M1.row_num) AS gap
  FROM MyStockUpSeq M1 INNER JOIN MyStockUpSeq M2
    ON M2.row_num <= M1.row_num
 GROUP BY M1.deal_date;
```

【結果】

```
deal_date    cnt   min_row_num   gap
-----------  ----  ------------  ---
2018-01-08   1     2             -1
2018-01-16   2     7             -5
2018-01-17   3     8             -5
2018-01-18   4     9             -5
```

このように、gap列の値によってシーケンスをグループ化することが可能になります。あとは、グループ内の取引日の最小値と最大値がそのまま始点と終点になります。

この問題からわかることは、日付や文字列といったデータ型が問題なのではなく、順序を持っているということが本質的であることがわかります。順序さえあるなら、その項目をソートキーとしてウィンドウ関数のROW_NUMBER()を使って数列に変換することができるからです。

まとめ

本章では、数列に代表される順序集合の扱い方を見てきました。単なるTipsの列挙に終わるのではなく、解法の背後に潜むSQLの原理を抽出しようと試みたつもりです。

おそらく、すべてを集合と述語でやろうとするSQLの発想に初めて触れたときは、不思議な印象を受けるでしょう。その主な理由は、私たちはまだ、この比較的新しい

概念（どちらも生まれてから100年ちょっとしか経っていない）をよく知らないし、うまく扱えていないからです。高校までの学校教育の中でも、これらを本格的に習わないことが、集合と述語に対する私たちの理解不足に拍車をかけています。ですが、この2つの概念の扱い方に慣れることが、SQL上達には欠かせないポイントです。

また、順序を自然に扱えるウィンドウ関数の実力は本章でも遺憾なく発揮されました。今後のSQLプログラミングにおいて順序データを操作するときの第一選択肢は、ウィンドウ関数になるということが実感できたのではないかと思います。

それでは、本章の要点です。

1. SQLでのデータの扱い方は2通りある。
2. 1つは、順序を無視した集合と見なす方法。この場合は伝統的なSQLの集合と述語による考え方に基づいて考える。
3. もう1つは、順序を持った集合と見なす方法。このときの基本的な指針はウィンドウ関数によるダイレクトな順序の操作。
4. SQLで全称文を記述したいときは、存在文の否定に同値変形して、NOT EXISTS述語を使う必要がある。これは、SQLが述語論理の存在量化子しか実装していないため。

SQLで数列や順序集合を扱う方法についてより深く知りたい方は、以下の参考資料を参照してください。

1. ジョー・セルコ『プログラマのためのSQL 第4版』（翔泳社、2013）
   ISBN 9784798128023
   SQLでの数列の扱い方については、「第32章　SQLにおける数列の扱い」が必読。本章の問題はここから借用したものが多い。

2. ジョー・セルコ『SQLパズル 第2版』（翔泳社、2007）　ISBN 9784798114132
   シーケンスビューを使った欠番の求め方は、「パズル57　欠番探しバージョン1」を参照。セルコは、2つのテーブルはどちらも重複値を持たないだろうと仮定して、パフォーマンス向上のために「EXCEPT ALL」を使っています。これは優れた措置ですが、まだあまりサポートしているDBが少ないので、本書では単純にEXCEPTを使うようにしました[*2]。

---

*2 「EXCEPT ALL」が使えるのは、現在のところ Db2 と PostgreSQL のみです。

演習問題

●演習問題10-①　欠番をすべて求める——NOT EXISTSと外部結合

　本文にも書いたように、SQLで差集合演算を実現する方法は多くあります。文中ではEXCEPTとNOT INを使ったものを紹介しました。ここではNOT EXISTSと外部結合を使う方法を考えてみてください。

●演習問題10-②　シーケンスを求める——集合指向的発想

　「3人なんですけど、座れますか？」（p.203）では、NOT EXISTSで全称量化を表現することによって、シーケンスを求めました。これをHAVING句を使って書き換えてください。行に折り返しがないケースが解けたら、折り返しのあるケースも考えてみてください。

11 SQLを速くするぞ

> ▶ お手軽SQLパフォーマンスチューニング
>
> SQLとRDBに関わるエンジニアにとって、パフォーマンスというのは永遠の課題です。ハードウェアとソフトウェアの進化は目覚ましくパフォーマンス向上も日進月歩ですが、それを上回るスピードで扱わなければならないデータ量も増加しており、いたちごっこが繰り返されています。また「予算制約」という名の厳しい現実によって簡単には物量作戦に頼れないという開発現場もあるでしょう。本章では、ちょっとした気遣いで性能を改善できるTipsを紹介します。

はじめに

　SQLのパフォーマンスチューニングは、DBエンジニアが実務で直面する主要な課題の1つです。中には、「ほとんど唯一の課題」にすらなっている人もいるでしょう。実際、たとえばWebサービスのように高速なレスポンスが要求される業務などでは、SQLのパフォーマンスは文字通りシステムにとって死活問題の様相を呈します。

　本章では、これまでのSQLのさまざまな機能を駆使したテクニックの解説とは方向を変えて、SQLを高速化し、なるべく少ないリソースで実行するためのちょっとしたパフォーマンスチューニングの技術を紹介します。

　本格的なパフォーマンスチューニングを行なうには、使用しているハードウェアやDBMSが持つ機能や特徴についての知識が不可欠ですし、レスポンスが遅い原因は、SQL単体にあるとは限りません。メモリの配分が悪い、ストレージ構成が不適切などシステムの物理的な設計そのものに起因することがしばしばです。また、SQLに起因する性能問題を解決する場合にも、DBMSが選択する実行計画を見て判断することが求められます[*1]。したがってここで紹介する方法も、決して万能の魔法薬ではありません。

　本章では、なるべく実装非依存で、SQLを見直すだけで手軽にできる方法を集めました。普段の業務で「SQLが遅いな」と感じたときの初期診断ツール——往年の名著『家庭の医学』のような——としてお役に立てば幸いです。

[*1] 筆者もこのテーマについて1冊の書籍を書いています。『SQL実践入門』（技術評論社、2015）

効率の良い検索を利用する

　SQLでは、同じ結果を得るコードにも複数の書き方が存在します。本来は、同じ結果を得られるコード同士は同じパフォーマンスが得られればよいのですが、残念ながら現在のDBMSが立てる実行計画は、かなりの程度、コードの外的な構造に左右されます。したがって、パフォーマンスを追求したい場合には、効率良いアクセスをオプティマイザに指示できる書き方を知る必要があります。

サブクエリを引数に取る場合、INよりもEXISTSを使う

　IN述語はその利便性とコードのわかりやすさから、非常に使用頻度の高いツールです。しかし、便利な反面、IN述語はパフォーマンス面から見るとボトルネックになる危険を抱えています。コードの中で多用するだけに、IN述語の使い方を見直すだけで劇的なパフォーマンス改善が望めることがしばしばあります。

　INの引数に (1, 2, 3) のような値のリストを取っているときは、それほど気にしなくてよいのですが、サブクエリを引数に取る場合は注意して使う必要があります。**NOT IN**と**NOT EXISTS**は、たいていの場合、まったく等しい結果を返します。しかし、この両者でサブクエリを作る場合は、EXISTSのほうが速く動作します。

　たとえば、これまでもたびたび使った、2つの受講クラスを管理するテーブルを使いましょう。

Class_A

id（識別子）	name（名前）
1	田中
2	鈴木
3	伊集院

Class_B

id（識別子）	name（名前）
1	田中
2	鈴木
4	西園寺

　Class_Aテーブルから、Class_Bテーブルにも存在する受講生を選択することを考えます。以下の2つのSQLは、同じ結果を返しますが、EXISTSのほうが速く動作する可能性があります。

```
-- 遅い
SELECT *
  FROM Class_A
 WHERE id IN (SELECT id FROM Class_B);
```

```
-- 速い
SELECT *
  FROM Class_A A
 WHERE EXISTS
       (SELECT *
          FROM Class_B B
         WHERE A.id = B.id);
```

結果はともに次の通り。

(結果)

```
id   name
----  ------
1    田中
2    鈴木
```

EXISTSのほうが速いと期待できる理由は以下の2つです。

❶ もし結合キー（この場合はid）にインデックスが張られていれば、Class_Bテーブルの実表は見にいかず、インデックスを参照するのみで済む。
❷ EXISTSは1行でも条件に合致する行を見つけたらそこで検索を打ち切るので、INのように全表検索の必要がない。これはNOT EXISTSの場合でも同様。

　INの引数にサブクエリを与える場合、DBはまずサブクエリから実行し、その結果を一時的なワークテーブル（インラインビュー）に格納し、その後、ビューを全件走査します。これは、多くの場合、非常にコストがかかりますし、一般にワークテーブルにはインデックスが存在しません。EXISTSならばワークテーブルは作成されません。
　ただし、ソースコードの可読性という点において、INはEXISTSに勝ります。要するに、INで書いたほうがぱっと見て意味がわかりやすいコードになります。そのため、INを使っても十分短い応答時間が確保されているなら、そのSQLをあえてEXISTSで書き直す必要はありません。
　また最近のDBMSは、INを使った場合でもパフォーマンスを上げられるよう改善を図るようになっています。たとえば、Oracleはインデックスの存在するキーを使う場合は、INを使ってもインデックススキャンを行なうよう工夫されていますし、PostgreSQLは、バージョン7.4からIN述語によるサブクエリが速度改善されています。こうした理由から、将来的にはIN述語を使うことが性能的なアンチパターンと見なされることは少なくなっていくでしょう。

サブクエリを引数に取る場合、INよりも結合を使う

INのパフォーマンスを改善するには、EXISTSだけでなく、結合に書き換える方法も知られています。上のクエリならば、次のように「フラット化」できます。

```
-- INを結合で代用
SELECT A.id, A.name
  FROM Class_A A INNER JOIN Class_B B
    ON A.id = B.id;
```

こうすることで、少なくともどちらかのテーブルのid列のインデックスが利用できますし、サブクエリがなくなったので中間テーブルも作られません。EXISTSへの書き換えとどちらが優れているかは微妙ですが、インデックスがない場合は、恐らくEXISTSに軍配があがるでしょう。また、あとで見ますが、結合よりはEXISTSを使うほうが好ましいケースもあるのです。

ソートを回避する

SQLでは、手続き型言語と違い、ユーザーが明示的にソートの演算をDBMSに命令することはありません。そういう「手続き」は極力ユーザーから隠蔽することがSQLの設計思想だからです。

しかしそれは、DBMS内部でもソートが行なわれていないという意味ではありません。それどころか反対に、ソートは実に頻繁に「暗黙裡」に行なわれています。そのため、結局のところ、どの演算でソートが発生するのかをユーザーも意識する必要があります（このような意識をしなければならない時点で、「手続きの隠蔽」という理想も実現されたわけではないことがわかります）。

ソートが発生する代表的な演算は、次の通りです。

- GROUP BY句
- ORDER BY句
- 集約関数（SUM、COUNT、AVG、MAX、MIN）
- DISTINCT
- 集合演算子（UNION、INTERSECT、EXCEPT）
- ウィンドウ関数（RANK、ROW_NUMBER等）

ソートがメモリ上で行なわれている間はまだいいのですが、それでは足りずにストレージを使ったソートが行なわれるようになると、パフォーマンスが大きく低下しま

す[*2]。

したがって、無駄なソートは極力回避することが私たちの目的となります。

集合演算子の ALL オプションをうまく使う

SQLはUNION、INTERSECT、EXCEPTという3つの集合演算子を持っています。これらは、普通に使うと必ず**重複排除のためのソート**を行ないます。

```
SELECT * FROM Class_A
UNION
SELECT * FROM Class_B;
```

結果

```
id    name
----  ------
1     田中
2     鈴木
3     伊集院
4     西園寺
```

重複を気にしなくてよい場合、または重複が発生しないことが事前に明らかな場合は、UNIONの代わりにUNION ALLを使ってください。そうすればソートは発生しません。

```
SELECT * FROM Class_A
UNION ALL
SELECT * FROM Class_B;
```

[*2] おおざっぱに、メモリとハードディスクは数十万～100万倍の性能差があると言われています。この落差を埋める技術として近年実用化が急速に進んだのがSSDに代表されるフラッシュストレージで、特にハードディスクがボトルネックになっていたデータベースでは、フラッシュストレージに置き換えるだけで劇的な性能改善を見ることがあります。

結果

```
id    name
----  ------
1     田中
2     鈴木
3     伊集院
1     田中     ← 重複を排除しないのでソートも不要
2     鈴木
4     西園寺
```

同様のことは、INTERSECTとEXCEPTについても当てはまります。このALLオプションはパフォーマンスチューニングには効果的ですが、DBMSによって実装状況にばらつきがあるので注意が必要です。いずれはすべての実装で当たり前のようにALLオプションを使えるようになると思いますが、現在はまだ実装ごとに制限を受けることを覚えておいてください（詳細は「9　SQLで集合演算」p.179を参照）。

DISTINCTをEXISTSで代用する

DISTINCTも、重複を排除するためのソートを行ないます。2つのテーブルを結合した結果を一意にするためにDISTINCTを使っているケースでは、EXISTSで代用することでソートを回避することができます。

Items

item_no	item
10	SDカード
20	CD-R
30	USBメモリ
40	DVD

SalesHistory

sale_date	item_no	quantity
2018-10-01	10	4
2018-10-01	20	10
2018-10-01	30	3
2018-10-03	10	32
2018-10-03	30	12
2018-10-04	20	22
2018-10-04	30	7

上の商品マスタ「Items」から、売り上げ履歴「SalesHistory」に存在する商品を選択することを考えます。平たく言えば、売り上げのあった商品を探すのです。

INを使ってもよいのですが、それよりは結合のほうが好ましいことを、先に述べました。そこで次のようにitem_noで結合すると……

```
SELECT I.item_no
  FROM Items I INNER JOIN SalesHistory SH
    ON I.item_no = SH.item_no;
```

【結果】

```
item_no
--------
10
10
20
20
30
30
30
```

　一対多の結合なので、item_noに重複が出てきます。これを一意にするには、DISTINCTを使わなければなりません。

```
SELECT DISTINCT I.item_no
  FROM Items I INNER JOIN SalesHistory SH
    ON I. item_no = SH. item_no;
```

【結果】

```
item_no
--------
10
20
30
```

　しかし、ここでの最適解は、EXISTSを使うことです。

```
SELECT item_no
  FROM Items I
 WHERE EXISTS (SELECT *
                 FROM SalesHistory SH
                WHERE I.item_no = SH.item_no);
```

これならばソートは発生しません。しかも、EXISTSは結合に劣らず高速に動作します。

極値関数（MAX/MIN）でインデックスを使う

SQLはMAXとMINという2つの極値関数を持っています。両者はいずれもソートを発生させますが、引数の列にインデックスが存在する場合、そのインデックスのスキャンだけで済ませ、実表への検索を回避できます。先ほどのItemsテーブルを使えば、

```
-- これは全表検索が必要
SELECT MAX(item)
  FROM Items;
```

```
-- これはインデックスを利用できる
SELECT MAX(item_no)
  FROM Items;
```

ということです。item_noは主キーのユニークインデックスですから、一層効果的です。複合インデックスの場合でも、先頭列であれば有効であるため、SalesHistoryテーブルのsale_date列でも利用できます。これは、ソート自体をなくしているわけではありませんが、その前段の検索を高速化することによる軽減措置です。

WHERE句で書ける条件はHAVING句には書かない

たとえば、次の2つのクエリの返す結果は同じです。

```
-- 集約した後に HAVING句でフィルタリング
SELECT sale_date, SUM(quantity)
  FROM SalesHistory
 GROUP BY sale_date
HAVING sale_date = '2007-10-01';
```

```
-- 集約する前に WHERE句でフィルタリング
SELECT sale_date, SUM(quantity)
  FROM SalesHistory
 WHERE sale_date = '2007-10-01'
 GROUP BY sale_date;
```

結果

sale_date	sum(quantity)
'2007-10-01'	17

　しかし、パフォーマンス面で見ると、後者のほうが効率良く動作します。その理由は、2つあります。1つ目は、GROUP BY句による集約はソートやハッシュの演算を行なうので、できることなら事前に行数を絞り込んだほうがソートの負荷が軽減されること。2つ目は、うまくいけばWHERE句の条件でインデックスが利用できることです。sale_dateは意味的にかなりカーディナリティ高い列であることが期待でき、インデックスがあれば絞り込みもかなり効率的です。

　HAVING句は、集約した後のビューに対する条件を設定しますが、残念なことに**集約後のビューは元テーブルのインデックスまでは引き継がないケースが多い**でしょう。

GROUP BY句とORDER BY句でインデックスを使う

　GROUP BY句やORDER BY句は普通、並べ替えのためのソートを行ないますが、インデックスの存在する列をキーに指定することで、ソートのための検索を高速化することができます。特に、ユニークインデックスを持つ列を指定した場合には、ソート自体をスキップできる実装もあります。使っている実装がこの機能をサポートしているかどうか、一度確認しておくとよいでしょう。

そのインデックス、本当に使われてますか？

　普通、ある程度大きなテーブルにはインデックスが張られています。インデックスの原理は、C言語のポインタ配列と同じだと考えるとわかりやすいでしょう。サイズの大きなオブジェクトの配列を検索するよりも、サイズの小さなポインタを検索したほうが効率良い、ということです（あるいはもっと一般的に、書籍の索引ページを想像してもらってもかまいません）。しかも、最もポピュラーなBツリーインデックスの場合、2分探索による高速検索が可能なよう工夫されています。

　さて今、col_1という列にインデックスが張られているとします。以下のSQLはそのインデックスを使うつもりで、実のところテーブルを全件検索してしまいます。無意識のうちにこういう書き方をしてしまっていることも、多いのではないでしょうか。

223

索引列に加工を行なっている

```
SELECT * FROM SomeTable WHERE col_1 * 1.1 > 100;
```

　SQLは計算向きの言語ではない、とはよく言われることですが、実際、データベースのエンジンはこの程度の式変形すらしてくれないことも多いのです。
　検索条件の右側で式を用いれば、インデックスが使用されます。したがって、代わりに、

```
WHERE col_1 > 100 / 1.1
```

という条件を使えばOKです。同様に、左辺に関数を適用しているケースもインデックスは利用されません。

```
SELECT * FROM SomeTable WHERE SUBSTR(col_1, 1, 1) = 'a';
```

　どうしても左辺で計算を行ないたい場合は、関数索引を使う方法もありますが、運用が面倒になるため不用意に使うことは推奨しません。

インデックスを利用するときは、列は裸

　これがインデックスまわりのチューニングの基本の「き」なので、頭にたたき込んでおいてください。

インデックス列にNULLが存在する

　インデックスにおけるNULLの扱いは難しく、実装によっても異なります。IS NULLやIS NOT NULLを使用するとインデックスが使用されなかったり、NULLが多い列ではインデックスが利用されなかったりという制限を受けることがあるからです。

```
SELECT * FROM SomeTable WHERE col_1 IS NULL;
```

　なぜインデックスにおいてNULLが難しい問題になるかといえば、原則的にNULLが列の正当な値ではないからです（「4　3値論理とNULL」p.60を参照）。そのため、これをどのように扱うかに関して統一的な基準がなく、状況が複雑になっています。詳細は、第2部「22　NULL撲滅委員会」で取り上げます。

なお、IS NOT NULLと同等の条件でインデックスをどうしても利用したいなら、次のような方法があります。今、col_1の最小値が1だとすると、

```
-- IS NOT NULLの代用案
SELECT * FROM SomeTable WHERE col_1 > 0;
```

原理は簡単で、最小値より小さい数を指定して不等号を使えば、col_1のすべての値が選択されます。NULLの行だけが「col_1 > NULL」がunknownに評価されて選択されないわけです。もっとも、「NULLでない行」を選択したいなら、やはりそのように書くのが正しいコーディングスタイルですから、コードの意味を混乱させるこのトリックを積極的には推奨しません。いざというときだけ使う応急処置だと考えてください。

否定形を使っている

次に挙げるような否定形はインデックスを使用できません。

- <>
- !=
- NOT IN

したがって、次のようなコードもインデックスが利用できません。

```
SELECT * FROM SomeTable WHERE col_1 <> 100;
```

ORを使っている

col_1とcol_2に別々の索引がある場合、または (col_1, col_2) に複合索引を張っている場合のいずれも、ORを使って条件を結合するとインデックスが利用できなくなるか、使えたとしてもANDに比べれば非効率的な検索になります。

```
SELECT * FROM SomeTable WHERE col_1 > 100 OR col_2 = 'abc';
```

どうしてもOR条件を使用したい場合は、こうした用途に向いたビットマップインデックスがありますが、これもまた更新コストが高くなるというデメリットを抱えており、使いどころの限定されるインデックスです（一般にはオンラインの更新処理が少ないBI/DWH向けとされています）。

複合索引の場合に、列の順番を間違えている

（col_1, col_2, col_3）に対してこの順番で複合インデックスが張られているとします。その場合、作成されたインデックスの列の順番が重要です。

```
○  SELECT * FROM SomeTable WHERE col_1 = 10 AND col_2 = 100 AND col_3 = 500;

○  SELECT * FROM SomeTable WHERE col_1 = 10 AND col_2 = 100;

×  SELECT * FROM SomeTable WHERE col_1 = 10 AND col_3 = 500;

×  SELECT * FROM SomeTable WHERE col_2 = 100 AND col_3 = 500;
```

必ず最初の列（col_1）を先頭に書かねばなりませんし、順番も崩してはいけません。中には、順番が崩れていてもインデックスを利用できるDBもありますが、それでも順番が正しい場合に比べてパフォーマンスは落ちます[3]。このルールを守れない場合は、別々のインデックスに分割することを検討しましょう。

後方一致、または中間一致のLIKE述語を用いている

LIKE述語を使うときは、前方一致検索のみ索引が使用されます。

```
×  SELECT * FROM SomeTable WHERE col_1 LIKE '%a';

×  SELECT * FROM SomeTable WHERE col_1 LIKE '%a%';

○  SELECT * FROM SomeTable WHERE col_1 LIKE 'a%';
```

暗黙の型変換を行なっている

次の例は、文字列型で定義されたcol_1に対する条件を書く場合の例です。

```
×  SELECT * FROM SomeTable WHERE col_1 = 10;

○  SELECT * FROM SomeTable WHERE col_1 = '10';

○  SELECT * FROM SomeTable WHERE col_1 = CAST(10, AS CHAR(2));
```

---

[3] たとえばOracleではWHERE句の条件でインデックスの指定順が異なっている場合もSKIP SCANという形でインデックスが利用されることがありますが、通常のインデックススキャンに比べれば非効率です。

暗黙の型変換は、オーバーヘッドを発生させるだけでなく、インデックスまで使用不可になります。まさに百害あって一利なしです。エラーが出ないからといって面倒くさがらずに、ちゃんと明示的な型変換を心がけましょう（変換は列ではなく条件値のほうでするのを忘れないように）。PostgreSQLのように、データ型が左辺と右辺で異なる場合にはそもそもエラーになるDBMSもありますが、パフォーマンス低下の起きるクエリを開発時から防止する意識を高められるという意味では1つの見識です。

中間テーブルを減らせ

SQLでは、サブクエリの結果を新たなテーブルと見なして、あたかもオリジナルのテーブルと同じようにコードの中で扱うことができます。この直交性の高さによって、SQLプログラミングは高い柔軟性を得ていますが、中間テーブルを不用意にたくさん使うと、パフォーマンス低下の原因となります。

中間テーブルの問題点は、データを展開するためにメモリ（場合によってはストレージ）を消費することと、元テーブルに存在したインデックスを使うのが難しくなる（特に集約した場合は）ことです。そのため、可能な限り無駄な中間テーブルを省くことがパフォーマンス向上の鍵となります。

HAVING句を活用しよう

集約した結果に対する条件は、HAVING句を使って設定するのが原則です。HAVINGを使い慣れていないエンジニアは、次のように一度中間テーブルを作って、WHERE句に頼ろうとする傾向があります。

```
SELECT *
  FROM (SELECT sale_date, MAX(quantity) AS max_qty
          FROM SalesHistory
         GROUP BY sale_date) TMP    ← 無駄な中間テーブル
 WHERE max_qty >= 10;
```

結果

```
sale_date   tot_qty
---------   -------
07-10-01        10
07-10-03        32
07-10-04        22
```

しかし、集約結果に対する条件は、わざわざ中間テーブルを作らなくても、次のようにHAVINGを使って設定できます。

```sql
SELECT sale_date, MAX(quantity)
  FROM SalesHistory
 GROUP BY sale_date
HAVING MAX(quantity) >= 10;
```

HAVING句は、集約を行ないながら並行して動作するため、中間テーブルの作成後に実行されるWHERE句よりも効率的です。しかもコードも簡潔にまとめられます。

IN述語で複数のキーを利用する場合は、一箇所にまとめる

SQL-92から、行比較の機能が取り入れられました。これによって、=、<、>といった比較述語やINの引数に、スカラ値ではなく値のリストを取ることが可能になりました。

たとえば、次のように複数のキーを使ってIN述語を組み立てているケースを考えましょう。id列が主キーです。

```sql
SELECT id, state, city
  FROM Addresses1 A1
 WHERE state IN (SELECT state
                   FROM Addresses2 A2
                  WHERE A1.id = A2.id)
   AND city IN (SELECT city
                  FROM Addresses2 A2
                 WHERE A1.id = A2.id);
```

このコードは、サブクエリを2つ使っています。しかし、次のようにキーを結合して1つにすれば、ロジックを一箇所にまとめられます。

```sql
SELECT *
  FROM Addresses1 A1
 WHERE id || state || city IN (SELECT id || state|| city
                                 FROM Addresses2 A2);
```

これなら、サブクエリを非相関にできるうえ、検索回数も一度で済みます。さらに、行比較をサポートしているDBなら、次のように列のペアをINの引数に取る書き方もできます。

```
SELECT *
  FROM Addresses1 A1
 WHERE (id, state, city) IN (SELECT id, state, city
                               FROM Addresses2 A2);
```

　この方法には文字列の結合に比べて2つの利点があります。1つは、結合の際の型変換を気にしなくてよいこと。もう1つが、列に加工を施さないのでインデックスを利用できることです。

集約よりも結合を先に行なう

　第1部「8　外部結合の使い方」でも触れましたが、結合と集約を併用するケースでは、極力、集約よりも先に結合を行なうことで、中間テーブルを省略できます。これが可能であるのは、集合演算としての結合が「掛け算」として機能するからです。一対一、または一対多の関係が保たれている場合は、結合によって行数が増えることはありません。そして普通の設計では、多対多の関係は関連エンティティによって2つの一対多の関係に分解されているはずですから、このテクニックはほとんどの場合で利用可能でしょう。

ビューのご利用は計画的に

　ビューはとても便利な道具ですから、日常的に多くの人が活用していると思います。しかし、安易に複雑なビューを定義することは、パフォーマンス面では大きなマイナスになります。特にビュー定義のクエリに以下のような演算が含まれている場合、非効率的なSQLになり、思わぬ速度低下を招くことがあります。

- 集約関数（AVG、COUNT、SUM、MIN、MAX）
- 集合演算子（UNION、INTERSECT、EXCEPT等）

　基本的に、**ビューで集約をしていたら要注意**、ということです。最近では、ビューのこのような欠点を補うために、マテリアライズドビューなどの技術を実装するDBMSも増えてきました[4]。ビュー定義が複雑になる場合は、これらを使用することも一案です。

---

[4] マテリアライズドビュー（実体化されたビュー）は、名前の通りクエリの結果を実体的なデータとして保存するもので、その性能特性はほとんどテーブルと同じです。ストレージ容量を消費し、データの同期性に注意する必要がありますが、ただのビューに比べてパフォーマンスを向上させられます。マテリアライズドビューはOracleとPostgreSQLがサポートしており、Db2では同様の機能であるマテリアライズ照会表（MQT:Materialized Query Table）、SQL Serverではインデックス付きビューの機能が提供されています。

まとめ

本章では、SQLのパフォーマンスチューニングについての留意点を見てきました。いくつかのポイントを紹介しましたが、チューニングにおいて本質的に大事なことは1つだけです。すなわち、**ボトルネックを見つけ、そこを重点的に解消すること**。

データベースとSQLにおいて、最大のボトルネックになるのはストレージ（典型的にはハードディスク）へのアクセスです。だから、メモリの増設や高速アクセスの可能なフラッシュストレージの導入がパフォーマンス向上に効果をあげます。ソートを減らすのも、インデックスを利用するのも、中間テーブルを省略するのも、すべては**低速ストレージへのアクセスを減らす**ことを目的にしています。この本質をぜひおさえておいてください。

それでは、本章の要点です。

1. INにサブクエリを取る場合は、EXISTSまたは結合に書き換える。
2. インデックスを利用するときは「左辺は裸」が基本。
3. SQLは明示的にソートを記述することはないが、暗黙のソートを行なう演算が多くあるので注意が必要。
4. 余計な中間テーブルをなるべく減らそう。
5. レコード数を絞れる条件は早い段階で記述する。負債は早く返さないと、あとでツケを払うことになる。

12 SQL プログラミング作法

▶ 宗教戦争をこえて

わかりやすく書こう――「効率」のためにわかりやすさを犠牲にしてはいけない

――カーニハン＆プローガー[*1]

SQLの原型となる言語を考案したとき、E.F.コッドは、「これで母国語でプログラミングができるようになった」と胸を張りました。確かにSQLは他の言語に比べるとかなり直観的に記述できて、エンジニアやプログラマではない人たちでも利用することができます。しかし、ことはそれほど簡単にはすまなかったようで、SQLにおいても、他のプログラミング言語ほどではないにせよ、プログラミングスタイルに起因する保守性の問題が起きます。SQLにおいてもやはり、読みやすく・わかりやすく書く努力は必要だったのです。本章では、みんなが幸せになるためのコーディングスタイルについて私案を提示したいと思います。

はじめに

　プログラミングの世界には、さまざまな高度なテクニックを追求するだけでなく、コードの可読性を重視し、スムーズな開発に寄与しようという観点から、コーディングスタイルを研究する分野が成立しています。自らがわかりやすいコードを書くだけでなく、既存のコードを整理し、仕様変更を容易にしていくリファクタリングという技術も大きな発展を遂げました。近年、アプリケーション保守やマイグレーション（移行）といった既存資産の存在を前提としたプロジェクトが増えてきたことも、こうした「読みやすく保守しやすいコード」の重要性を高めています。

　プログラミング言語が機械語やアセンブラのようなマシンが読解しやすい形式に重点を置いた低級言語から、人間が読みやすい高級言語へ移行するにつれ、「プログラミング言語は人間が読み書きできる言語であるべきだ」という認識が高まり、一種の認知心理学的な観点からプログラミングスタイルを研究する機運が生まれました。認知心理学というと難しく聞こえますが、要するに「動けばいいや」「効率こそすべて」的な態度を改め、誰が見ても読みやすく間違いの少ないコードを書くにはどうすればいいか、真剣に考えよう、という常識的な話です。KISS[*2] という有名なスローガンを聞いたことのある人も多いでしょう。

[*1] Brian W.Kernighan、P.J.Plauger『プログラム書法　第2版』（共立出版、1982）、p.17
[*2] 「Keep It Short & Simple」の略。「Keep It Simple, Stupid（簡単にしておけ、このバカ）」だという説も。

たとえば、簡単な例を出すと、図12.1の2つのカードに書いてある数を数えるには、どちらがわかりやすいでしょうか。

■ 図12.1　どちらも同じ5だけど……

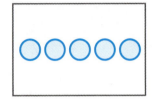 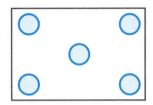

　どちらも「○が5つ」という情報を伝える点では同じです。でも、大抵の人にとっては、右のほうがわかりやすいはずです。理由は単純で、私たちは「この形が5を意味する」ということを、小さい頃からトランプやサイコロ（……およびマージャン）を通じて覚えこんでいるからです。右のカードを見るとき、私たちはこれを図形として把握するため、「○を数える」というステップを飛ばして「5」という概念を記憶から呼び出せます。このようにイメージに訴えかけて認識を助ける工夫は、町でみかける色々な交通標識や、プレゼンテーションの資料などでも活用されています。

　プログラミングにおけるスタイルの確立も、基本的にはこれと同じ効果を狙ったものです。大きなプロジェクトになればなるほど、他人がコードを読み、他人のコードを読む機会が増えるのだから、その点で、プログラミングというのは、コードや仕様書などのドキュメントを媒介とした一種のコミュニケーションとしての側面を持ちます。いわばプログラミングスタイルの研究とは、システム開発におけるコミュニケーションを円滑化する技法を求めるものです（1人でプログラミングしているからといって例外ではありません。プログラミングの世界には「未来の自分は他人と思え」という格言があります）。

　この分野の研究は、プログラミングの世界に重要な知見をもたらしました。従来主流であった手続き型言語では、カーニハンとパイクの『プログラミング作法』[*3]や同じくカーニハンとプローガーの『プログラム書法』[*4]のような古典的名著から始まり、多くの重要な成果が得られました。また、ユーザーインターフェイスの分野で重要な役割を果たしています。

　一方、データベースに関してみると、その発展は遅れていたと言わざるをえません。SQLはこれまで傍流とされてきた非手続き型言語の1つであるため、手続き型言語に

[*3]　Brian W.Kernighan、Rob Pike『プログラミング作法』（KADOKAWA、2017）。本書は2000年にアスキーから刊行された初版の再版書籍（内容は同じ）。

[*4]　Brian W.Kernighan、P.J.Plauger『プログラム書法　第2版』（共立出版、1982）

おける蓄積がそのままの形では生かしづらいうえ、何より、スタイルが問題になるほど長大で複雑なSQLを記述する機会自体が多くありませんでした。総じて、それほど必要性が認められていなかったのです。しかし近年、SQLのユーザーはマーケティングやコンサルティング、データ分析などをなりわいとする非エンジニア層にまで広がり、データ分析やデータプリパレーションのため、ある程度複雑なクエリを利用する機会も増えてきました。

そこで本章では、SQLコーディングスタイルについて、筆者の経験から私案を提出してみたいと思います。

テーブル設計

名前と意味

人間というのは総じて「無意味」に弱い生き物です。私たちは日々、言葉から仕事から人生にいたるまで、何かにつけ意味を求めたがります。あんまり無意味なものに囲まれて人生をおくると精神的に悪影響が出ますし、無意味なもの、規則性のないものを扱う能力も極めて低いのが人間の特徴です。

リレーショナルデータベースがシステムの世界で絶大な支持を獲得した最大の理由は、無意味なもの、すなわちアドレスを追放したことです[*5]。では、アドレスを追放した後に何が残ったかといえば、**名前**です。名前は、固有名のように具体的な物を指すことで意味を持つものもあれば、一般名のように概念や集合を指すことで意味を持つものもあります。コードやフラグのように、一見、名前には見えないものも、集合や概念を指示するという点から見れば一般名に含められます。たとえば、性別フラグは「男」や「女」のような集合を、疾病コードは「風邪」や「虫歯」のような概念を指示する一般名です。反対に、アドレスは何の概念も物も指示しません。

せっかく有意味な名前だけから成る世界を作り上げたのですから、そこにまた自ら無意味な記号の羅列を持ち込む愚を犯すことはありません。列、テーブル、インデックス、制約は、名が体を表わす具体的な名前を付けましょう。間違っても「A」とか「AA」とか「idx_123」のような無意味な記号を使ってはいけません。特に、インデックスと制約は、明示的に名前を与えないとDBMSが自動的にランダムな識別子を付与してしまうので注意が必要です。

名前を付ける際、使うことが許される文字は以下の3種類です。

- アルファベット
- 数字
- アンダーバー（_）

[*5] 第2部「16 アドレス、この巨大な怪物」（p.274）を参照。

これは筆者の独断というわけではなく、標準SQLで許されている文字集合です。各実装は、これ以外にも $、#、@といった特殊文字や、漢字のようなマルチバイト文字を扱えるような拡張をしているものもありますが、使うのは避けたほうがよいでしょう。マイグレーションにおける移植性が低下しますし、予期せぬバグの原因にもなります。クラウド上でのマネージドサービスも含め、DBMSの選択肢が増えた現在、DBMS間の移植性を低下させるコーディング要素は極力避けることが望ましいからです。

また標準SQLは、先頭が文字で始まることを要請しているので、これも守るべきです。"Primary"のようにダブルクォーテーションで囲めば、SQLの予約語を名前として扱うこともできますが、無用の混乱を招くだけなので、これもやらないほうがよいでしょう。

さて、ここで日本特有の問題として持ち上がるのが、英単語を使うかヘボン式のようなローマ字表記を利用するかです。たとえば「学生ID」を「student_id」とするか「gakusei_id」とするかの判断です。これはどちらにも一長一短あり、現在でも意見の割れるテーマです。開発プロジェクト自体がグローバル規模だったりすると、最初から英語一択で悩むことはないのですが、ユーザーも開発者も日本人というケースでは、英語を採用すると、かえって見慣れぬ英単語を使って可読性が落ちるという可能性もあります[*6]。一方、ローマ字表記はほとんどの日本人にとって、子どもの頃からある程度なじみのある表記法なのでそれほど読解に苦労することもないため、日本に閉じた案件の場合は、採用しても大きなコミュニケーションロスを発生させることはないでしょう。

属性と列

時折、1つの列に複数の意味を持たせているテーブル設計をみかけることがあります。

たとえば、年度ごとに様式の変わる帳票などの値を保存するテーブルにおいて、様式が切り替わるタイミングに応じて、1つの列に格納される値の意味が変わる、といったケースです。たとえば、ある時点までは労働者の「年収」を意味していた列が、途中から「収めた税金」に変わってしまうようなテーブルを見たことがないでしょうか。あるいは、都道府県コードや顧客コードなどの雑多なコード集合を1つの列で管理するようなテーブルもそうです。「EAV（エンティティアトリビュートバリュー）」や「単

[*6] その業界でしか利用しない特殊な用語の多いケースは、特にその傾向が強くなります。筆者も医療関係のシステム構築に従事したときは、病名や体の部位、治療法、薬名など特殊な英単語のオンパレードで、システム設計よりもそっちに苦労した経験があります。

一参照テーブル」という名前で呼ばれるバッドノウハウです[*7]。

　こうした設計は、「位置によるデータ呼び出し」の考え方に基づくものであり、リレーショナルデータベースの世界では御法度とされています。データベースにおいて、列とはある実体の「属性」、すなわちかなりの程度、永続的（一度決めたら変えられない）な存在と見なされます。プログラミングで利用される一時的な変数とは異なるのです。あるときは年齢、あるときは体重、あるときは……というように列の意味が時と場合によって七変化するような設計は、コーディングを難しくしますし、それ以前に適切な列名を付けることすら困難なものにするため、やらないようにしましょう。

コーディングの指針

コメント

　コメントは、コーディングスタイルの中でも特に議論の的となるテーマです。コメントを絶対に付けるべきだとする推進派がいる一方、「コメントはむしろコードの可読性を下げるだけで、コメントがなくとも読めるようなコーディングを心がけるべきだ」とする反対派も根強く存在します。

　筆者は、他の言語はともかく、ことSQLに関するかぎり、なるべくコメントはあったほうがよいと考えます。理由は2つあります。

　1つは、SQLは宣言型言語であるため、同じ処理を記述するにも手続き型言語に比べて非常に凝縮されたコードに多くの処理を詰め込みます。そのため、手続き型言語ほど「コードに語らせる」コードを書くことが難しいのです。

　もう1つの理由は、SQLでは段階的な実行デバッグがほとんどできないからです。コードの解析時には机上デバッグに頼ることが手続き型言語よりも多くなります（これは、なるべく相関サブクエリを使うべきではない理由でもあります）。

　コメントの書き方には、以下の2通りがあります。

```
-- 1行コメント
-- SomeTableからcol_1を選択するよ
SELECT col_1
  FROM SomeTable;
```

[*7] Bill Karwin『SQLアンチパターン』（オライリー・ジャパン、2013）、第5章「EAV（エンティティ・アトリビュート・バリュー）」、および拙著『達人に学ぶDB設計 徹底指南書』（翔泳社、2012）、「7-3　ダブルミーニング」も参照。

```
/*
複数行コメント
SomeTableからcol_1を選択するよ  */
SELECT col_1
  FROM SomeTable;
```

　1行コメントを「--」で書くことは、誰でも知っていると思いますが、C言語やJavaと同じく「/**/」で複数行コメントが書けることは、意外に知られていません[*8]。この形式のコメントは、本当にコメントを書く場合だけでなく、コードをコメントアウトするときにも便利ですから活用してください。
　また、SQLではコードの途中に空行を含むことはできないのですが、以下のようにコメントを挟むことはできます。

```
SELECT col_1
  FROM SomeTable;
 WHERE col_1 = 'a'
   AND col_2 = 'b'
-- 以下の条件は col_3が 'c'、'd'のいずれかであることを指定します
   AND col_3 IN ( 'c', 'd' );
```

　これは、WHERE句にずらずらと条件を並べなければならない場合など、そのままでは平たんで読みづらいコードを意味的なブロックに分ける場合に便利です。ソースと同じ行に書くことも、問題なくできます。

```
SELECT col_1     -- SomeTableからcol_1を選択するよ
  FROM SomeTable;
```

　皆さんも、コメントはできるだけ詳しく付けるよう心がけてください。

インデント

　世にあふれる読みづらいコードの中で最もよく見かけるのが、インデントのないコードです（次に多いのがモジュールを分けずに長く続くコード）。
　特に、プログラミング初心者は、インデントの重要性を理解できなくて、全部同じレベルからソースコードを書き始めます。学習用の小さなプログラムの場合、インデ

[*8] MySQLでは1行コメント「--」の後に、空白やタブを入れないとコメントと見なされないという独自仕様があります。不思議な制約ですが、意識の高いDBエンジニアは、他のDBMSを使っているときも空白を入れる癖をつけておきましょう。なお筆者はそこまで意識が高くありません。

ントがなくても混乱しないので、これは無理のないことです。しかし、プロのエンジニアがインデントを意識しないコーディングをするのは看過できません。以下に、筆者が良いと思う見本と悪いと思う見本を示します。

```sql
-- ○良い見本
SELECT col_1,
       col_2, col_3,
       COUNT(*)
  FROM tbl_A
 WHERE col_1 = 'a'
   AND col_2 = ( SELECT MAX(col_2)
                   FROM tbl_B
                  WHERE col_3 = 100 )
 GROUP BY col_1,
          col_2,
          col_3;
```

```sql
-- ×悪い見本
SELECT col_1, col_2, col_3, COUNT(*)
FROM tbl_A
WHERE col_1 = 'a'
AND col_2 = (
SELECT MAX(col_2)
FROM tbl_B
WHERE col_3 = 100
) GROUP BY col_1, col_2, col_3;
```

　どちらが読みやすいかについては、異論はないでしょう。悪い見本を人間が読むと、プログラムで自動生成されたコードのような不気味さを感じます。まず重要な約束として、サブクエリはインデントを1段下げます。これは必ず守ってください。「サブ(下位)」という接頭辞が付くことからもわかるように、意味的にも1段下のレベルになるからです。

　次に、SELECT句やGROUP BY句において列を複数指定する場合は、これも1レベル下げます。こうすることで、「句」の区切りが明確になり、読みやすくなります。行数が増えるのが気になる場合は、1行3列や5列ぐらいでまとめたり、意味のある単位でキーをまとめて改行してもいいでしょう。

　悪い見本では、GROUP BY句の前で行を切り替えていませんが、これもよくない書き方です。SQLではSELECT、FROMなどの句が明確な役割を担っているため、必ずこの単位で改行を入れましょう。

　また、これは細かい話になりますが、個人的には、

```
SELECT
FROM
WHERE
GROUP BY
HAVING
ORDER BY
```

のように先頭の開始位置をそろえるよりも、

```
SELECT
  FROM
 WHERE
 GROUP BY
HAVING
 ORDER BY
```

のように末尾をそろえるほうが、次に来る列名やテーブル名の位置がそろって読みやすいと思います（このあたりまで来ると好き嫌いの領域を出ないかもしれませんが……）。

　最近は自動的にフォーマット整形してくれるエディタやツールも整備されているので、そうした開発環境の力を借りるのもよい方法です（フォーマット整形のWebサービスもありますが、商用サービスのコードで利用するかどうかは、またセキュリティや著作権という別観点の問題があるので慎重な判断が必要です）。

スペース

　どんな言語で書くときでもそうでしょうが、コードには適度なすきまが必要です。あんまりきつきつに詰めてしまうと、意味的な単位が不明確になり、解読する側の余計な労力も増えます。

```
-- ○良い見本
SELECT col_1
  FROM tbl_A A INNER JOIN tbl_B B
    ON A.col_3 = B.col_3
 WHERE ( A.col_1 >= 100 OR A.col_2 IN ( 'a', 'b' ) );
```

```
-- ×悪い見本
SELECT col_1
  FROM tbl_A A INNER JOIN tbl_B B
    ON A.col_3=B.col_3
 WHERE (A.col_1>=100 OR A.col_2 IN ('a','b'));
```

悪い見本を見るとわかるように、区切りがないため、まるで「A.col_1>=100」や「A.col_3=B.col_3」で1つの要素であるかのように見えてしまい、読みづらくなります。別に構文エラーにはならないのですが、きちんとスペースを入れて、要素を明示的に区切ってやるほうが、人間の目には読みやすくなります。ちょっとした心がけでできることですから、普段から気をつけましょう。

大文字と小文字

英文では、重要な語句を強調するときには、斜体か大文字にする文化があります。それゆえ、プログラミングにおいても、重要な語句は大文字、重要でない語句は小文字で書く習慣が引き継がれています。

SQLの場合、大文字・小文字の使い分けはかなり共通理解が成立していて、予約語は大文字、列名やテーブル名は小文字（要素語の頭文字だけは大文字を使う流派もある[9]、ということになっています。多くの書籍でもそうなっているでしょう。時々、SQLをすべて大文字、あるいはすべて小文字で書く例を見ますが、あまり感心しません。

```
-- ○メリハリがあって読みやすい
SELECT col_1, col_2, col_3, COUNT(*)
  FROM tbl_A
 WHERE col_1 = 'a'
   AND col_2 = ( SELECT MAX(col_2)
                   FROM tbl_B
                  WHERE col_3 = 100 )
 GROUP BY col_1, col_2, col_3;
```

---

[9] たとえば PlayStation、McDonald のように書く記法で、大文字をラクダのこぶに見たてて、キャメルケースと呼ばれます。スペースを使わなくても単語の区切りを示せる利点があるので、Java のクラス名などに見られるように、コンピュータの世界でも多用されています。

```
-- ×平たんで読みにくい：オール小文字
select col_1, col_2, col_3, count(*)
  from tbl_a
 where col_1 = 'a'
   and col_2 = ( select max(col_2)
                   from tbl_b
                  where col_3 = 100 )
 group by col_1, col_2, col_3;
```

```
-- ×平たんで読みにくい：オール大文字
SELECT COL_1, COL_2, COL_3, COUNT(*)
  FROM TBL_A
 WHERE COL_1 = 'A'
   AND COL_2 = ( SELECT MAX(COL_2)
                   FROM TBL_B
                  WHERE COL_3 = 100 )
 GROUP BY COL_1, COL_2, COL_3;
```

なお、SQLにおいて大文字と小文字の区別は、見た目上の違いしかなく、DBMS内部ではどちらも同じと扱われます。Javaなど予約語の大文字と小文字を区別するプログラミング言語とは異なるので、注意してください。

カンマ

この話は、しようかどうか非常に迷ったのですが、議論のたたき台を提出するという本章の目的を考えて、批判を承知のうえであえて紹介します。

SQLでは列やテーブルなどの要素の区切りにカンマを使います。カンマは、要素の「後ろ」に置くと考えている方が多いでしょう。確かに「col_1, col_2, col_3」と書くとき、col_1を書いて、その**後ろ**にカンマを書いて、col_2を書いてその**後ろ**にカンマを書いて……という順番になります。でもそうすると、col_3の後ろにカンマがないことが説明できません。かといって、カンマは要素の前に置くものでもありません。それでは今度はcol_1の前にカンマがないことが説明できないからです。正解は、

カンマは要素と要素の中間に置く

です。言われてみれば当たり前のことですが、このことを念頭に置くと、次の書き方の発想がわかります。

```
SELECT  col_1
       ,col_2
       ,col_3
       ,col_4
  FROM  tbl_A;
```

例としてカンマを使いましたが、「＋」や「－」などの二項演算子やAND、ORでも同様のことが言えます。ANDとORについては、ごく自然にこの行頭に持ってくるスタイルが定着しています。

この「前カンマ」スタイルの利点は2つあります。1つは、最後のcol_4を削除してもSQLがエラーにならず、そのまま使えることです。普通の書き方をしたときにcol_4を削除すると、SELECT句のラストが「col_3,」になってしまい、エラーになります。逐一カンマも削らねばなりません。この書き方でも、最初の列を削除したときには同様の問題が起きますが、大体追加・削除の対象になるのは最後の列であることが多いものです。先頭列は重要なキーである可能性が高いので、めったに変更されません。

2つ目の利点は、カンマがどの行でも同じ列位置に来るため、矩形選択の機能を持つエディタでの編集がやりやすいことです。後ろにカンマを持ってくると、列名の長さに応じてカンマの列位置がバラバラになります。

反対にこの書き方の欠点は、まさに**可読性を下げる**ことです。おそらく、このスタイルで書かれたSQL文を初めて見た人は、ぎょっとするでしょう。「これは、"可読性を高めるスタイルの追求"という本章の目的と真っ向から反するのではないか？」——そう、この批判は痛いところを突いています。慣れ親しんだ書式から変えるのは多大な精神的努力が必要です。冒頭で「取り上げようかどうか迷った」と述べたのは、このためです。しかし、とりわけSQLの場合、前カンマのメリットも決して軽視できないものがあると考えたため、ここで紹介しました[*10]。読者の皆さんは、どのように考えるでしょうか。

ワイルドカードは使わない

ワイルドカード（*）で全列を指定すると、テーブルの全列を選択します。これは手

[*10] データベース界における、後カンマ推進派の筆頭はセルコです。

> 「カンマは行頭ではなく、行末に書くこと。カンマ、セミコロン、クエスチョンマーク、ピリオドは、何かがそこで終わったことを示す視覚的サインであって、何かが始まることを示すサインではない。」
>
> Joe Celko『Joe Celko's SQL Programming Style』（Morgan Kaufmann、2005）、p.31

主張の当否は今はおくとして、この論拠には誤りがあります。というのも、セルコは連結子と終端子を混同しているからです。確かに、セミコロンやピリオドは文の終わりを示す終端子ですが、カンマは要素と要素を結ぶ連結子であり、その意味でANDやORなどと同じ機能を持ちます。したがって、行頭に書くことは、意味的におかしくありません。おかしくないのですが、おかしく見えてしまうのが、慣習の力のなせる業です。

軽で便利なのですが、なるべく使わないほうがよいでしょう。ワイルドカードを使うと、論理的には不要な列まで含まれるため、コードの可読性が低下し、仕様変更にも弱くなります。結果の形式が列の並び順に左右されるため、テーブルの列の順番を入れ替えたり、追加・削除が発生したときに結果が狂う原因となるからです。

× `SELECT * FROM SomeTable;`

○ `SELECT col_1, col2, col3 ... FROM SomeTable;`

　面倒であっても、SELECT句には必要な列だけを指定するよう心がけましょう。そうはいっても数百列も保持するようなテーブルにおいて列名をすべて指定するのはかえって読みにくい、というケースがあるのも事実なので、これはあくまで原則で、ケースバイケースで対応というのが現実的な運用です。

ORDER BYで列番号は使わない

　ORDER BY句ではソートのキー列として、実際の列名の代わりに列番号を指定できます。動的にSQLを生成する場合などに重宝する機能ですが、可読性は悪くなります。しかもこの機能はSQL-92で「**将来削除されるべき機能**」のリストに挙げられました。そのため、保守性の観点からも使用しないほうがよいでしょう。先のワイルドカードもそうですが、SQLでは順序や位置に左右される書き方を極力排除することが鉄則です。

× `SELECT col_1, col2 FROM SomeTable ORDER BY 1, 2;`

○ `SELECT col_1, col2 FROM SomeTable ORDER BY col_1, col2;`

標準語を話そう

　SQLは数ある言語の中でも方言が多いほうで、各実装が良くも悪くも特色ある拡張をしてくれています。SQLにも一応、ANSIによる標準語が取り決められてはいるのですが（SQL:1999、SQL:2003と呼んでいるのがそうです）、あまり統一感を高めるための努力がされているようには見えません。これには、歴史的に仕方のない部分もあります。かつて標準SQLはとても貧弱で、そのままでは実用に耐えなかったため、DBベンダは独自拡張によって不足を補わざるを得なかったからです。

　しかし、近年は標準SQLも整備が進み、実用性も大幅に向上しました。しかも、こういう方言に無自覚なままコーディングしていると、当然の結果として、PostgreSQL → Oracle、SQL Server → MySQLのようなDBMS間のコード移植性が恐ろしく低く

なりますし、慣れたDBMSではない環境でプログラミングをするときに大きな苦労を強いられます。

ちょっとした配慮で、こんな苦労は避けられるのですから、日頃から標準語を話す癖をつけましょう。特に気をつけるポイントを以下に挙げます。

1. 実装依存の関数・演算子を使わない

実装依存の関数が特に乱立しているのは、変換関数や文字列操作まわりです。DECODE（Oracle）、IF（MySQL）、NVL（Oracle）、STUFF（SQL Server）等の関数は使わないこと。CASE式やCOALESCE、NULLIFといった標準関数を使いましょう。一方、SIGNやABS、REPLACEのように、標準SQLではないものの、ほぼすべての実装で使える関数は、実害がないので使ってもよいでしょう。

悩ましいのは、標準SQLでありながら、実装状況にばらつきのある機能です。日付関数のEXTRACT、文字列連結の「||」演算子やPOSITION関数がこのグループに該当します[*11]。いずれも使う頻度の高い機能ですが、使うことで互換性が低下することは覚えておきましょう（こうした問題はいずれ実装によるサポートが進めば解決されるでしょう。各ベンダの努力に期待します）。

2. 結合には標準の構文を使う

SQLの文法で最も実装依存の度合いが高いのが、結合構文です。かつて、結合条件は、普通の検索条件と区別せずにWHERE句に一緒にして書いていました。

```sql
SELECT *
  FROM Foo F, Bar B
 WHERE F.state = B.state
   AND F.city = '東京';
```

標準SQLでは、INNERやCROSSなどの結合の種類を示すキーワードを用いて、結合条件もON句に分離して書くことになっています。

```sql
-- 内部結合で、結合条件が「F.state = B.state」であることが一目でわかる
SELECT *
  FROM Foo F INNER JOIN Bar B
    ON F.state = B.state
 WHERE F.city = '東京';
```

[*11] たとえばMySQLではデフォルトでは文字列連結子「||」が利用できず、CONCAT関数を使う必要があります（設定変更を行なうことで「||」も使えるのですが）。

こうすることで、一目で結合の種類と条件が判別できて、読みやすくなります。また、こうすることで結合条件を書き忘れたときに意図せずクロス結合になる現象（通称「うっかりクロス結合」）も防止しやすくなるというメリットもあります。

外部結合は「LEFT OUTER JOIN」「RIGHT OUTER JOIN」「FULL OUTERJOIN」を使って書きましょう。(+)演算子（Oracle）、*=演算子（SQL Server）などの実装依存の書式は、移植性を下げますし表現力も貧弱なので避けましょう。キーワード「OUTER」は標準SQLで省略が認められていますが、内部結合に対して外部結合である、という重要な情報を伝えるものですから、省略せずに書くのがよいでしょう。

左派と右派

外部結合には、左、右、完全の3種類があります。このうち、左と右の表現力は同じですから、論理的にはどちらを使ってもいいことになります。

しかし筆者は、左外部結合には1つ、スタイルとしてのメリットがあると考えています。それは、結果の表側は当然、左側に来るので（右に表側がくる表は見たことがない）、左のテーブルにマスタを持ってくることで、SQLと結果イメージの形が一致する、というものです（図12.2）。これは、ぱっとSQLを見たときに結果を想像しやすくさせることに資すると思います。実際、他の書籍などを見ても、左外部結合を使っているケースが圧倒的に多いのは、こういう理由によるのではないでしょうか。

■ 図 12.2　左外部結合のスタイルとしてのメリット

普通、表側は左に来る

	0-4歳	5-9歳	10-14歳	…
北海道				
青森				
秋田				
新潟				
⋮				

右に表側が来ると何だか不思議

0-4歳	5-9歳	10-14歳	…	
				北海道
				青森
				秋田
				新潟
				⋮

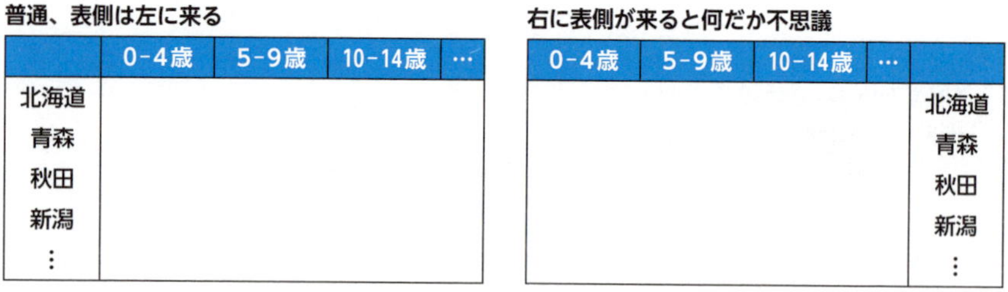

しかしそうすると、今度は「なぜ表側は左にあるのか」という同型のメタ疑問が生じますが、これはきっと、人間の目が、探し物をするときに左上から走査（スキャン）を始めるからでしょう（自動販売機や本棚の前で自分の視線がどういう動きをするか、思い出してみてください）。

「なぜ人間の目は右ではなく左から走査を始めるのか」というメタメタ疑問については、筆者の手に余るのでここで打ち切ります。

相関サブクエリを追放せよ

昔から「SQLにつまずきの石3つあり。NULLに量化、相関サブクエリ」と言われてきました。NULLと量化についてはSQLの本質に深く根差した仕様なので付き合っていくしかありませんが、相関サブクエリはかなりの確率でサヨナラすることが可能になりました。本書でもウィンドウ関数による相関サブクエリの消去（WinMagic）はハイライトの1つですが、これによって可読性もパフォーマンスも上がるのだから、採用しない理由がありません。

相関サブクエリは、書くのも難しいですが、デバッグも劣らず大変です。サブクエリを単独で実行することができないので、どうしてもデバッグを脳内でやることになるからです。ウィンドウ関数ならば、サブクエリ化したとしても非相関なので、簡単に小さい単位で実行できます。デバッグの基本方針である「困難は分割せよ」を実現できるようになったのは、大きなメリットです。

FROM句から書く

これはちょっとお節介に属する事柄かもしれませんが、参考になりそうだと思ったら試してみてください。

「皆さんはSQLを書くとき、どの句から書き始めますか？」――こう聞くと、圧倒的大多数の人が「SELECT句」と答えると思います。「だって先頭にあるんだから、ここから書くものじゃないの」。

まあ別に、SELECT句から書いてもいいのです。10行程度の小さなSQLであれば、どこから書き始めようとそれほど差は出ません。しかし、この書き方は、SQLが大きく、複雑になればなるほど時間のかかる、わかりづらい方法になってしまうと、筆者は経験的に感じています。

その理由は、SELECT句というのがSQLの中で最後に実行される部分で、あんまり書くときに強く意識しないほうがいいからです。

SQLの実行順序は、

FROM → WHERE → GROUP BY → HAVING → SELECT（→ ORDER BY）

です。ORDER BYは正確にはSQLの一部ではないので、これは本当に蚊帳の外に置いてかまいません。そうすると、SELECT句が正真正銘のラストになります[*12]。

SELECT句がやっていることというのは、表示用に見た目を整形したり、計算列を

[*12] SELECT句で付けた列の別名をGROUP BY句で参照できないのは、この理由によります。参照しようにもまだその別名は作られていないからです。ただしちょっとズル（褒め言葉です）してこれを許可するDBもあります。「1　CASE式のススメ」（p.2）参照。

算出したりするだけで、大したことをしていません。料理で言えば、最後に味を調えているようなものです。一番先頭に位置しているので、どうしてもこいつに目を奪われがちですが、実はロジックを考えるときは無視してかまわないのです。WHERE、GROUP BY、HAVINGのほうがずっと重要な役割を持っています。

　だから、複雑なSQLを書かねばならない場合、いきなりSELECT句から書くより、実行順序に沿ってFROM句から書いたほうが自然にロジックを追えるのです。SELECT句に何を書いていいかわからないケースでも、FROM句に何を書けばいいかは100％わかっていますよね（それがわからないということは、使うテーブルの構造が決まっていないということですから、SQLを考えるより先にテーブル設計を固めましょう）。

　SELECT句から書く方法をトップダウンアプローチと呼ぶなら、こちらはさしずめ**ボトムアップアプローチ**です。C言語などの手続き型言語にたとえるなら、いきなり出来上がりを想定したmain関数から書くのがトップダウン、小さな部品的モジュールから作って、最後に組み合わせるのがボトムアップです。手続き型言語のモジュールとSQLの「句（clause）」を完全に対応させるのは無理がありますが、アナロジーとしてはわかっていただけるでしょうか[*13]。

まとめ

　プログラミングの世界において、ときに可読性とパフォーマンスは対立します。筆者自身、「とにかく速くしてくれ」という開発現場からの要望に応えるべく、可読性や保守性を完全に無視したチューニングを多くのクエリに施してきましたし、急場をしのぐためにはやむをえない措置であったと考えています。

　しかし長期的に見れば、パフォーマンスよりも可読性を重視するほうがよいのです。なぜなら、パフォーマンスはいずれマシンパワーやデータベースの性能が向上すれば、私たちが小手先の技術を弄（ろう）するまでもなく解決される見込みがあるのに対し、**読みにくいコードは何物も、誰も解決してくれない**からです。コードを読みやすく保つことができるのは、それを書く人間だけです。効率のために可読性を犠牲にすることは、あくまで緊急避難であるべきなのです —— 現実には毎年特例法を成立させては国会審議を通す赤字国債のようになってしまっているのですが。

　パフォーマンスチューニングという分野は、それ自体、非常に興味深いものですし、10時間かかっていたクエリが10秒に高速化できたときの爽快さも格別です。また「遅いシステムは障害でダウンしているシステムと同じくらい価値がない。誰も使えない

[*13]「FROM句から書け」というアイデアの源泉は、Jonathan Gennickです。Gennickは、これを「インクリメンタルアプローチ」と名付けています。

からだ」というのも、冷厳たる事実です。筆者も、DBエンジニアとして多くの時間をそのようなシステムのチューニングに費やしてきました。

しかしそれでもやはり、筆者は、プログラミングがコミュニケーションの一種である以上、まずはわかりやすく丁寧な表現を心がける義務が、開発者にはあると思うのです。どの分野においても、スタイルに関する議論は、しばしば激しい論争を引き起こします。最初は善意のやり取りから始まり、終わりには血みどろの宗教戦争になるという光景も珍しくありません。ある種のアイデンティティと結びつきやすいからでしょう。しかしそれでも、決してぐるぐると同じところを回っているわけではなく、少しずつノウハウの積み重ねと共通合意の形成は行なわれていると筆者は思います。歯切れの悪いまとめで恐縮ですが、それだけ難しい問題を抱えているのだということでお許しください。

SQLにおけるプログラミング作法についてより深く考えてみたい方は、以下の参考文献をどうぞ。

1. Joe Celko『Joe Celko's SQL Programming Style』（Morgan Kaufmann、2005）
   ISBN 9780120887972

   直接SQLのテクニックを扱うのではなく、設計とプログラミングのためにわきまえておくべき周辺知識とスタイルについての本です。テーブルや列の命名規則から始まって、コーディングスタイル、やってはいけないテーブル設計の例、ビューやストアドプロシージャの使い方、集合論的発想のススメまで、目配りの行き届いた良書です。特に第6章「コーディングの指針」と第10章「SQLで考える」は本章のネタ元です。邦訳はありませんが、平易な英語です。

2. Brian W.Kernighan、P.J.Plauger『プログラム書法　第2版』（共立出版、1982）
   ISBN 9784320020856

   コーディングスタイルについての古典。非常に古く、しかも手続き型言語をサンプルに使った本であるにもかかわらず、現在でも内容の多くが通用します。その基本的な知見については、SQLのコーディングスタイルを考える際にも有用であるという点には、本当に驚かされます。これは本書が、プログラミングについて真に本質的なことだけを語っている証拠です。

3. Steve McConnell『CODE COMPLETE 第2版 完全なプログラミングを目指して』上下巻（日経BP社、2005）
   ISBN 9784891004552／ISBN 9784891004569

   コーディングスタイルに限らず設計やデバッグ、テストまでカバーして開発技法を論じた書籍。サンプルコードはC#、Javaなど手続き型とオブジェクト指向ベースの言語が使われていますが、データベースやSQLに対しても応用できる知見が豊富に含まれています。

第2部

リレーショナルデータベースの世界

- 13 ……… RDB近現代史
- 14 ……… なぜ"関係"モデルという名前なの？
- 15 ……… 関係に始まり関係に終わる
- 16 ……… アドレス、この巨大な怪物
- 17 ……… 順序をめぐる冒険
- 18 ……… GROUP BY と PARTITION BY
- 19 ……… 手続き型から宣言型・集合指向へ頭を切り替える7箇条
- 20 ……… 神のいない論理
- 21 ……… SQLと再帰集合
- 22 ……… NULL撲滅委員会
- 23 ……… SQLにおける存在の階層

13 RDB 近現代史

> ▶ データベースに破壊的イノベーションは二度起きるか？
>
> 本章では、データベースの歴史に関する2つのテーマを扱います[*1]。1つ目のテーマは、RDBの誕生から成長の歴史を振り返り、現在主流となったこの技術がどのような背景から登場し、なぜデータベースのスタンダードの地位を確立したのかという理由を明らかにすることです。個別の製品の発展史というよりも、RDBという総体としての技術の歴史を取り上げることで、この問題を分析します。
>
> 2つ目のテーマは、時代の移り変わりとともに生じた新たな課題に対して、RDBがどのような限界に突き当たっているか。そして、NoSQLに代表される新技術がどのようなアプローチを試みているか、という現在から将来にかけての展望を考えてみることです。

リレーショナルデータベースの歴史

現在、**リレーショナルデータベース**（RDB：Relational Database）、およびその操作言語である **SQL** は、用途を問わずほぼすべてのシステムにおいて何らかの形で使われていると言って過言ではありません。B to CやC to CのようなWebサービス、企業や官公庁の基幹系システム、BI/DWHと呼ばれるアナリティクス系のシステムなど、あらゆるシステムでRDBは利用されています。この**汎用性の高さ**がRDBの大きな特徴で、私たちエンジニアにとっては、今や空気や水のように当たり前のインフラになっています。

空気のような存在について、それが「なかった」時代を想像することは、簡単なことではありません。しかし、その背景を理解することが、現在のデータベースの置かれている状況を把握するうえで大きな鍵になります。本稿の結論を先取りして言うならば、RDBの登場が「破壊的イノベーション」という、データベースの世界のパラダイムを一新する大変革であったのに対し、NoSQLは――少なくとも現在のところ――RDBを置き換える第二の破壊的イノベーションとは呼べず、RDBと補完的関係にあることがわかるからです。

[*1] 本章の内容は以下の拙著記事を再編集したものです。

・RDBとNoSQLにみるDB近現代史　データベースに破壊的イノベーションは二度起きるか？（エンジニアHub）
　https://employment.en-japan.com/engineerhub/entry/2017/11/22/110000

RDB以前

　リレーショナルデータベースが登場する以前のデータベース市場では、**階層型**と呼ばれるモデルに基づいた製品が主流でした。名前の通り、データの間にある関係を階層関係として表わし、データの位置をプログラムで特定してデータを取得するというモデルです。会社や学校などの組織や機械を構成する部品など、世の中の「データ」は何らかの階層関係を持っていることが多いため、その関係を軸にデータを表現しよう、という洞察に基づいたデータベースです。

　代表的な製品はIBMの**IMS**（Information Management System）で、非常に高い信頼性や性能を兼ね備えた製品であることから、政府や金融機関をはじめとする重要な社会インフラを担う大規模システムに利用されていました。IMSが使われた最も有名なシステムが、1961年から始まったNASAのアポロ計画です。最終製品を構成する部品の階層関係を表わしたリストを**BOM**（Bill of Materials）と呼び、製造業ではどのような製品を作るかを問わず、このBOMが設計図と並ぶ重要な情報です（BOMは日本語では「部品表」と呼びます）。IMSはロケットの膨大な部品群を管理するという難解な課題に優れた解を与えたデータベースでした。実は「でした」と過去形で言うのは不正確で、IMSは、現在においてもなお現役で、世界中で利用されています。

静かな始動

　階層型DBがデファクトスタンダートになっていたデータベース界に異変が起きたのは、1968年のことです。最初それは、誰もその後の大変化を予想できないような、ささやかな形で現われました。きっかけは、IBMの社内報に掲載された1本の論文です。E.F.コッドという40代半ばのエンジニアが書いた「大容量データバンクのための関係モデル」という素っ気無いタイトルの論文は、特に社内で注目を集めることはありませんでした。翌1969年、彼は、社外の学術雑誌に少し書き換えた版を投稿します[*2]。この論文に興味を持った外部のエンジニアたちによって、リレーショナルデータベースの「革命」は始まることになります。

　まず初期の反応として、1973年、カリフォルニア大学のマイケル・ストーンブレーカーらが**Ingres**の開発に着手します。ストーンブレーカーは、現在では、**PostgreSQL**の前身であるPostgresの開発者として知られていますが、Postgresは「Post（後の）」＋「Ingres」から付けられた名称です。

　同じころ、やはりコッドの論文に触発されたラリー・エリソンらが**Oracle Database**の開発に着手し、1979年に最初のリリースを世に送り出します。また、Ingresの開発に

[*2] この論文「A Relational Model of Data for Large Shared Data Banks」はペンシルヴァニア大学のサイトでオンラインで読むことができます。
https://www.seas.upenn.edu/~zives/03f/cis550/codd.pdf

参加していたロバート・エプスタインらが、1984年に **Sybase** を設立。同社は Ingres チームやIBMと人的交流を行なうことで、RDBの技術的発展に貢献します。また、Sybaseは1988年から1993年までMicrosoftと技術提携を行ない、同社の **SQL Server** の開発にも寄与しました。その後も、のちにIBMに買収される **Informix**、DWH向けデータベースの代表的製品として今も知られる **Teradata** などが1980年代に登場し、1990年代にはRDBは百花繚乱の活況を呈することになります。

リレーショナルデータベースの時代

　こうしたRDBの発展の歴史を振り返ると、現在のRDB市場における主要プレイヤーたちは、ほぼ1970年代から1980年代に登場していることがわかります（表13.1）。RDBの開発はその後も活発に続けられ、現在でも次々に新しい製品が登場してきていますが、基本的なコンセプトは、現在にいたるまで変更されていません。唯一の例外は1990年代に最初のリリースが行なわれたMySQLで、いかに同製品が短期間で市場を獲得したかがわかります。

■ 表 13.1　RDB の発展の歴史

DB	主要な開発元	最初のリリース
Ingres	カリフォルニア大学	1974年
Oracle Database	Oracle	1979年
DB2[※3]	IBM	1983年
Sybase SQL Server	Sybase	1987年
MS SQL Server	Microsoft	1989年
PostgreSQL	カリフォルニア大学	1989年
MySQL	MySQL AB[※4]	1995年

「ユーザー目線」のシステムを目指して

　RDBが従来の階層型DBに比べて優れていた点はいくつか挙げることができますが、シェアを伸ばすうえで最も大きな影響は、ユーザーが使いやすいデータ構造とインターフェイスにこだわったことです。すなわち、「テーブル」と「SQL」の発明です。

　RDBでは、すべてのデータを「テーブル」というただ1つのデータ形式によって表

※3　2017年、DB2の名称は「Db2」に変更されました。
※4　MySQL AB はのちにサン・マイクロシステムズに買収され、さらにサン・マイクロシステムズが Oracle に買収されたことで、MySQL は現在、Oracle が保有しています。

現します。テーブルは、見た目が「二次元表」に似ているため[*5]、Microsoft ExcelやGoogleドキュメントなどのスプレッドシートを使い慣れた人が見ると、データを格納する方法が直観的にイメージしやすいという利点があります。実際、こうした二次元表によるデータ管理は、Excelなどのソフトウェアが登場する前から一般的な方法だったため、RDBが登場した当時の人々にとっても受け入れやすいものでした。

　テーブルが画期的だった点は、もう1つあります。実はこちらのほうが重要なのですが、それはテーブルにおけるデータの表現において、「データの位置」という概念を一切排除したことです。そのため、テーブルにおいては、あるデータが何行目であるとか何列目であるということは一切意味を持ちません。これもRDB以前のデータベースやスプレッドシートとは大きく異なる点です。これによって、アドレスやポインタといった扱いの難しい位置表現を使わなくてもデータを操作できるようになったのです。

■ 行と列の二次元でデータを表現するが、「〜行目」「〜列目」という位置表現は持たない

社員ID	社員名	役職	年齢
S001	平井 修	社長	60
S002	赤田 公平	部長	55
S003	石川 洋子	課長	40
S004	岡田 理恵	係長	30
S005	加藤 文夫	一般職員	25
S006	工藤 恵理子	一般職員	23

　SQLは英語に似せた構文を持っているため、特に英語を母国語とする人々にとっては、日常言語でデータを操作できるような感覚を持ちます。もともとプログラミング言語は、英語圏で発展してきたこともあり、そのボキャブラリーは英語由来のものが多くあります。分岐を表わす「if」や、ループを表わす「for」や「while」といったキーワードは、ほぼすべてのプログラミング言語が共通で持っています。

　しかしコッドは、それでもまだユーザーが使うには負担が大きいと考えました。プログラミング言語を使ってデータを操作できるのは、専門の教育を受けたプログラマだけで、エンドユーザーには難しすぎる、というのが彼の洞察でした。特に彼がSQLの原型となる言語を考えたときに腐心したのが、ループをなくすことでした。コッドはRDB考案の功績によって1981年にチューリング賞を受賞しますが、その記念講演

[*5] このようなもってまわった言い方をするのは、厳密には二次元表とテーブルは、異なる特性がいくつかあり、同じ概念というわけではないからです。詳しくは次章で説明します。

ではっきり「ループをなくすのがRDBを考えた主目的だった」と言っています[*6]。

> リレーショナルな処理は関係全体を操作対象とする。その主要な目的は、**ループをなくすことである**。これはエンドユーザーの生産性を高めるためには必須の要件であった。そして、これがアプリケーションプログラマの生産性向上にも寄与することは明らかである。

事実、プログラミングの経験がある人はご存じだと思いますが、データのアドレスをポインタや配列の添え字で操作したり、ループ処理を記述することは、バグを引き起こしやすいポイントです。前者は不正なアドレス参照による例外をたびたび引き起こしますし、後者は、ループの終了条件を間違えることで無限ループを発生させたり、ループの入れ子を不用意に深くしてしまうことで、全体の見通しが悪くなるといった弊害が、しばしば起こります。こうした問題は、職業プログラマの間でも徐々に認識されるようになり、「きれいなコードを書くための方法論」も発達するようになりますが、RDBは一足飛びに「そもそもそのような問題が原理的に発生しないシステム」を作ることを目指したのです。その試みが大きな成功を収めたことは、現在、データベースと言えばそれは暗黙のうちにRDBを指すというほどに普及したことからも明らかです。

破壊的イノベーションとしてのRDB

上記のようなRDBの発展史を振り返ると、これがパラダイムシフトの1つの類型——**破壊的イノベーション**であることがわかります。

破壊的イノベーションおよびそれを引き起こす**破壊的技術**は、ハーバードビジネススクールの教授クレイトン・クリステンセンの著書『イノベーションのジレンマ』[*7]で有名になった経営学の概念で、技術的製品の市場におけるパラダイムシフトを引き起こす要因を説明するために使われます。破壊的技術とは、従来の市場における評価基準（多くは信頼性や性能）では劣った評価を与えられるものの、別の評価基準では既存製品より優れているところ（使い勝手、便利さなど）があるため、先進的ユーザー（アーリーアダプター）にアピールすることで小規模の市場を獲得するような特徴を持った技術・製品のことです。具体例としては、小型HDD、デジタルカメラ、スマートフォンなどが知られています。

[*6] 強調は引用者（筆者）によるもの。原文を筆者が抄訳。原文は以下ページ内の「Turing Award Lecture」から読めます。
The 1981 ACM Turing Award Lecture Relational Database: A Practical Foundation for Productivity
http://amturing.acm.org/award_winners/codd_1000892.cfm

[*7] クレイトン・クリステンセン『イノベーションのジレンマ 増補改訂版』（翔泳社、2001）

当初は「おもちゃ」「安かろう悪かろう」という低評価に甘んじていた新技術が徐々に品質改良されることで、既存の主流製品を従来の評価基準でも上回った瞬間に、劇的な市場シェアの逆転が起きるタイミングが訪れます。これが破壊的イノベーションと呼ばれる現象で、圧倒的シェアを持つ優良企業とその主力製品がなぜ新興企業とその（最初は）粗悪品にしか見えない製品に打ち負かされるのか、という理由を説明する有力な理論と見なされています。

　RDBの登場とその後の発展を振り返ると、まさに破壊的イノベーションのプロセスを地で行なっていることがわかります。ストーンブレーカーらが最初にIngresを開発したときが典型的ですが、彼らは当時としてはローエンドのUNIXマシン上で動くRDBを作りました。性能や信頼性という点では、すでに大規模な社会インフラを支えるメインフレーム上で稼働していた階層型DBとは、信頼性も性能も比べるべくもありません。現在でこそRDBは「高信頼・安定稼働」の代名詞のようになっていますが、初期のRDB製品は不安定で性能も低く、とてもミッションクリティカルな要件に耐える品質は望めませんでした。

　こうした従来の評価基準から見れば初期RDBは、アイデアは面白いが実用には耐えない「おもちゃ」でしかありません。しかしRDBには、階層型データベースにはない新しい利点を備えていました。それが、前述の「ユーザーフレンドリ」の精神です。RDBの発展が、Oracle、Ingres（PostgreSQL）、SQL Server、MySQLといった新興の製品と企業によって担われることになったのは、『イノベーションのジレンマ』の構図に照らして考えれば、むしろ納得のいく話です[*8]。

破壊的イノベーションは繰り返すか？

　RDBはテーブルというシンプルで直観的なデータモデルと、SQLというユーザーが使いやすいインターフェイス言語を武器にデータベースのメインストリームの座を手に入れました。しかしそれは、RDBが万能ということを意味するわけではありません。1990年代後半から2000年代にかけて、インターネットの発展を主なトリガーとして、システムは多種多様な用途に使われるようになりました。それによって、それまであまり意識されなかったRDBの不便さ、強い言葉を使うならば「限界」が見えてくるようになりました。ここから先は、RDBが抱えるようになった課題と、それに対してどのような解決のアプローチが採られているかを述べたいと思います。これは現在に至るまで地続きのテーマであり、その意味でデータベースの「現代史」にあたります。

[*8] クリステンセンらも『イノベーションへの解』（翔泳社、2003）の第2章においてRDBを破壊的技術の一例として紹介しています。

［課題1］性能と信頼性のトレードオフ

　近年、クローズアップされているRDBの大きな問題が、パフォーマンスです。パフォーマンスを構成する要素もいくつかありますが、ここでは簡単に「システムとしての処理速度」と考えてもらってかまいません。データベースは昔から大量のデータを格納していましたが、近年は増大の一途をたどり、RDBはシステムにおいて最もボトルネックになりやすいポイントになっています。

　RDBがボトルネックになりやすい原因は主に2つあります。1つが、データを一元管理し、厳密なトランザクション管理をするためにストレージを共有する構成を取る必要があり、ストレージがシングルボトルネックポイントになってしまうからです。「スケールアウトができない」と言い換えてもよいでしょう。

　もう1つが、SQLの表現力が強力で柔軟であるため、かえって複雑な処理を実行できてしまうことです。特に結合やサブクエリといった複雑な処理を大規模なデータに実行することで大規模なスローダウンを引き起こすことがあります。

［課題2］データモデルの限界

　RDBがテーブルという二次元表でデータを表わすようにしたことは、先述の通りです。これは現実世界の多くのデータをシンプルに表わせる強力な手段ですが、実は表現することが苦手なデータの種類がいくつかあります。代表的なものは、**グラフ**と**非構造化データ**です。

　グラフは数学の用語ですが、定義より具体例を見ればイメージがつかめます。一般的には組織図のような**木構造**のグラフ（図13.1）と、SNSのユーザー間の関係を表わすネットワーク構造のグラフ（図13.2）に分かれます。前者を**非循環グラフ**、後者を**循環グラフ**と呼びます。木構造のグラフはまさにRDBが主流の座を奪った階層型DBのデータモデルですが、皮肉なことにRDBはこれを表わすのが苦手なのです。

■ 図13.1　非循環グラフの一種である組織図

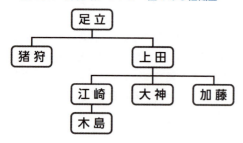

■ 図13.2 循環グラフの一種であるSNSの人間関係

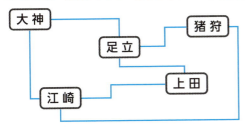

　テーブルは先に見たように、二次元の形をしていますが、階層構造は再帰的な構造を持っています。フラットな二次元表では、この**再帰的構造**を表わすことが非常に難しいのです（できない、というわけではないのですが、かなり難しいRDBで階層構造を表わす方法論については、章末の参考文献を参照してください）。

　一方の非構造化データも、定義よりも具体例を見るほうが早いでしょう。というのもこの言葉は、RDBのテーブルに格納しやすいデータ（CSVなど）を最初に「構造化データ」と呼んでいたのに対して、テーブルでは扱いにくいデータをひとまとめに「非構造化データ」と呼ぶようになったところがあるからです。

　非構造化データの代表例は、XMLやJSONです[*9]。どちらもインターネット上でデータをやりとりするフォーマットとして頻繁に利用されますが、これらは何のタグがどういう情報を表わすかという規則は定まっているものの、個別のドキュメントがどういうタグを何個含み、1つのタグがどれだけのサイズの情報を持つか、ということは決める必要がありません（もちろん、個別のビジネスルールとしてそこまで決めることもありますが、一般性はありません）。こうしたデータは、手続き型のプログラミング言語でループと分岐を使って扱うにはそれほど苦労しませんが、事前に列の意味と数を決める必要があるテーブルとは相性が悪くなります。一般に、RDBにおけるテーブルの構造はある程度静的で、システムを運用する中で動的に変更することは想定していないからです。テーブル定義やテーブル間の関連を変えるというのは、かなり大規模な改修になることを意味するため、経験豊富なエンジニアほど身構えるものです。

■ JSONのサンプル。「名前」「住所」「趣味」という3つの要素（オブジェクト）が記述されている

```
{
  "名前": "山田 太郎",
  "住所": "北区赤羽",
  "趣味": ["野球", "山登り", "自転車"]
}
```

趣味が複数あることを配列で表現している。これ以外の要素を記述することや、配列の要素数も増減可能で、自由度が高い

[*9] XMLは木構造なので、非循環グラフの一種でもあります。このように、グラフと非構造化データは重なっているケースもあります。

これら2つのRDBの抱える課題に対して、対処は2通りに分かれます。

- RDBの機能を高度化することで対応する
- RDB以外のデータベースを利用する

前者にも色々と興味深いテーマがありますが、本稿では主に後者のアプローチについて取り上げます。すなわち、一般にNoSQLと呼ばれる製品群についてです。

NoSQLの種類と解決策

NoSQLという技術や製品の名称は定着した感がありますが、実はあまり明確な定義がありません。当初はNoRelという言葉も提唱されましたが、これが端的に表わすように「RDBとは異なるアーキテクチャやデータモデルに基づくデータベース」という程度のゆるい定義です。しかし、いずれも基本的には先に挙げたパフォーマンスとデータモデルの問題に対処することを目的にしています。

パフォーマンス問題の解決

RDBのパフォーマンスの問題を解決する手段として考えられた方針は、大きく以下の2つです。

- データモデルを単純化し、複雑なデータ操作を制限する
- シングルボトルネックポイントをなくしてスケールアウト可能にする

これらは、「厳密なトランザクション制御によるデータ整合性」と「SQLで実現していた高度なデータ操作」というRDBが持つ利点をある程度あきらめる代わりにパフォーマンスを追求するというトレードオフ（交換条件）を許容するアプローチです。

前者の方針を実現したNoSQLの典型が、**KVS**（Key-Value Store）と呼ばれるものです。KVSも、データモデルとしてはテーブルの一種と見なせなくもありませんが、「キー」とそれによって一意に決まる「値」という、非常にシンプルな構造しか持たず、それゆえ一意キーによる高速な検索性能を実現することを目的としています（代わりに結合など高度な処理はできません）。プログラミングに慣れた人から見れば、連想配列を基本構造とするデータベースに見えるでしょう。連想配列は配列の添え字に数字以外（文字列など）を使う配列です。

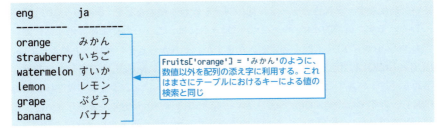

Redisやmemcachedなどの製品がKVSの機能を備えています。こうした単純化したデータ構造を、さらにオンメモリ化するなど、パフォーマンスを向上させるオプションを用意している製品もあります。また、KVSを含むNoSQL製品の多くは、複数のデータベースのインスタンスでクラスタを構成し、スケールアウトを可能にすることでパフォーマンス向上を図っています。

非構造化データに対する解決

2つ目の非構造化データの扱いに対する解決策として登場したNoSQLの1つが、**ドキュメント指向型DB**と呼ばれるタイプです。JSONやXMLのような自由度の高いドキュメントを、RDBのテーブルに変換することなくネイティブに扱う機能を持ちます。製品としては、MongoDB、CouchDBなどが該当します。また、先にRDBが扱いにくいデータモデルとしてグラフがあるという話をしましたが、これを扱うことに重点を置いたグラフDBも近年開発が進んでおり、Neo4jなどの製品が登場しています。

NoSQLはRDBを置き換えるか

このように、とりわけ2000年代の後半から盛んに従来のRDBの制約に対する新たなアプローチとしてNoSQLの製品群が登場してきたわけですが、ここまで読み進んできて1つの疑問を抱いた読者もいるのではないでしょうか。すなわち「NoSQLは、RDBを置き換える新たな破壊的技術だろうか？」。この疑問に対する筆者の回答は、「現在のところそれはない」です。理由は2つあります。

1つ目の理由は、NoSQLの多くがトレードオフを発生させていることです[*10]。確かにNoSQL製品群は、RDBの欠点を補う目的で作られており、その意味では「新たな評価基準」においてRDBを上回りうるのですが、一方で「ACID」のスローガンでよく

[*10] 階層型DBからRDBへの移行時にも「階層データの取り扱いが苦手」というトレードオフを発生させた可能性がありますが、初期RDBも、BOMのようなきれいな木構造を扱う手段ならば用意していました（隣接リストモデルや、Oracleの拡張であるCONNECT BYなど）。一応ソフトランディングする仕組みが存在したのだと考えられます。

知られるトランザクション管理によるデータ整合性や耐久性、あるいはSQLで実現していた高度なデータ操作、テーブル間の関連を表わす機能などを（承知のうえで）犠牲にしています。破壊的イノベーションが起きるには、こうした従来の評価基準においてもNoSQLがRDBを上回る必要がありますが、それが起きない間は、大勢としては、RDBとNoSQLは相互補完的な関係にとどまるでしょう。NoSQLが登場した当初は文字通り「NO SQL」として解釈され、RDBのカウンターであるような印象を与えたのに対し、近年では「Not Only SQL」という解釈のほうがより実態を表わしている、と言われるのも、1つにはこうした補完関係を反映しているのだと思います。

　もう1つの理由は、RDBのほうも、NoSQL的な機能をサポートするようになっており、両者の差が埋まり始めていることです。Oracle、Db2、MySQL、PostgreSQLなど主要なRDB製品は、JSONやXMLを扱う機能をサポートするようになっており、両者の区別は曖昧になってきているようにも見えます。OracleやDb2などはグラフデータへの対応も始めており、そのような動きを見ると、NoSQLというのは、将来的には**RDBの機能の1つ**を指す言葉になることも、十分に考えられます。

まとめ

　本稿では、RDBを中心に技術的な歴史を振り返ることで、大きな技術的変化が起きるのはどのようなときかというテーマについて考察してきました。

　それでは、本章の要点です。

1. RDBが階層型DBを置き換えたのは、破壊的イノベーションの好例と呼ぶべき現象だった。RDBは、従来プログラマやエンジニアが扱うものとされていたデータベースを、エンドユーザーが扱えるものにしようした点が画期的だった。

2. 破壊的イノベーションは、従来の評価基準では測れない新機能を持った製品が引き起こすが、新機能があるだけでは不十分で、従来の評価基準でも既存の製品を上回る必要がある。トレードオフが発生する間は破壊的イノベーションは起きない。

3. 2000年代に入ると、RDBの欠点であるパフォーマンスのスケーラビリティや非構造化データの扱いといった問題がクローズアップされるようになり、それに対する解決策としてNoSQLの製品群が登場してきた。しかし、第二の破壊的イノベーションというよりは、RDBと補完的関係として共存する可能性が高い。

RDBの変遷についてより深く知りたい方は、以下の参考資料を参照してください。

1. クレイトン・クリステンセン『イノベーションのジレンマ 増補改訂版』（翔泳社、2001）　ISBN 9784798100234
    クレイトン・クリステンセン、マイケル・レイナー『イノベーションへの解』（翔泳社、2003）　ISBN 9784798104935
    破壊的イノベーションという概念を使って技術的市場のパラダイムシフトを分析した古典的著作。本章でもこの概念を全面的に援用させてもらいました。テーマは経営者向けですが、エンジニアやプログラマであっても自分が学んでいる・使っている技術が市場的にどのように位置づけられるのか、今後どのような技術的な変遷の可能性があるかを見通せるようになるために、読んで損はありません。

2. "Funding a Revolution: Government Support for Computing Research"（NRC、1999）
    https://www.nap.edu/catalog/6323/funding-a-revolution-government-support-for-computing-research
    全米研究評議会（NRC）による「コンピュータ分野におけるイノベーションはどのようにして実現したか」をテーマとしたレポート。第6章でRDB黎明期の歴史が簡潔にまとめられています。本章では取り上げませんでしたが、実はデータベースの歴史では国家機関（特に軍関係）が重要な役割を果たしているという面白い洞察が語られています。IMSがアポロ計画という大規模公共事業のために作られたことは本稿でも述べましたが、RDBにおいても、Ingresが軍関係機関から出資を受けたり、OracleがCIAのプロジェクトから開発をスタートさせるなど、データベースは軍事機関と浅からぬ縁を持っています。「国家がイノベーションのパトロンだった」という、クリステンセンとは異なる視点からの分析は興味深いものです。

3. 本橋信也、河野達也、鶴見利章、太田洋『NoSQLの基礎知識』（リックテレコム、2012）　ISBN 9784897978871
    やや刊行から時間が経過したため、情報が古くなったところはありますが、NoSQL製品について単に個々の製品や特長の紹介だけではなく、それらがどのような課題認識から登場し、どのようなアーキテクチャで解決を図ろうしているか、という全体像を与えてくれます。NoSQLを俯瞰的に知りたいと思ったときの最初の1冊として最適です。

4. ジョー・セルコ『プログラマのためのSQLグラフ原論』（翔泳社、2016）
    ISBN 9784798144573
    RDBで木構造を扱う選択肢について考察した書籍です。筆者が翻訳したのですが、おそらくこのテーマについて書かれた本としては最も網羅的です。同著者の『プログラマのためのSQL』のスピンオフ作品であるだけに、読むにはSQLの知識がある程度要求されます。

14 なぜ"関係"モデルという名前なの？

> ▶ なぜ"表"モデルという名前ではないのか？
> 私たちは普段、何気なく「リレーショナルデータベース」とか「関係モデル」という言葉を使っていますが、しかしそのときに言う「関係」というのが正式にはどういう意味であるのか、はっきり自覚していません。しかしこの言葉には、なかなか深い含意があるのです。

　「どうして関係モデルと呼ぶのですか」という質問がときどきある。どうして表形式（tabular）モデルと呼ばないのか、理由は2つある。（1）関係モデルを考えたころ、データ処理にたずさわる人たちの間では、複数の対象の間の関係（あるいは関連）は、つなぎデータ構造で表現されなければならないと考える傾向があった。この誤解を迎え討つために、関係モデルという名前を選んだ。（2）関係よりも表の方が、抽象水準が低い。表は、配列と同様に位置による呼出しが可能だという印象を与えるが、n 項関係ではそうではない。また表の情報内容が行の順番と無関係であるという点についても、表は誤解を招きやすい。しかし、こうした小さな欠点はあるにしても、関係の概念を表現するもっとも重要な手段は、依然として表である。表といえば、だれにでもわかる。

——E.F.コッド[*1]

関係の定義

　リレーショナルデータベースが採用しているデータモデルは、リレーショナルモデル、すなわち関係モデルです——というか、これは順序が逆で、リレーショナルモデルを採用したデータベースだからリレーショナルデータベースという名前で呼ばれています。

　ではその関係（relation）とは何か、と考えると、これもなかなか漠然とした言葉で、つかみどころがありません。しかもこの言葉は、日常でも「人間関係」とか「緊張関係」のように使われるので、関係モデルにおいて使われる意味と混同しがちです。

　「そもそも"関係"などと抽象的な言葉を使わなくても、"表"モデルでいいじゃない。だって結局、関係って二次元表のことなんでしょう？」——このもっともな疑問は、関係モデルが生まれたときから、何度も発せられてきました。「関係、関係って、関係っていったい何さ？」

[*1] エドガー F. コッド「関係データベース：生産性向上のための実用的基盤」『ACM チューリング賞講演集』（共立出版、1989年）、p.459-460

関係モデルの生みの親であるコッド自身も、やはりこの手の質問をたびたび受けていたようで（「ときどき」と控え目に表現していますが、けっこう頻繁に聞かれたのではないでしょうか）、理由を2つ挙げて答えています。そのうち、(1)の理由は、現在のDBエンジニアにはあまり関係ありません。「つなぎデータ構造」とは、ポインタでデータをつなげるリスト構造のことです。これは、階層モデルやネットワークモデルのデータ構造が主流だった時代に特有の理由です。

一方、(2)の理由は、今でも考えてみる価値があります。これは、関係という概念の本質に関わるものだからです。一言で言えば、関係と表は、よく似てはいるが違うものだ、ということです。この点を納得してもらうために、関係と表の代表的な相違点をいくつか挙げてみましょう。

- 関係には重複する組（タプル）は存在してはならないが、表には存在してもよい。つまり、関係は普通に言われる意味での重複を許さない集合だが、表は多重集合（multiset）である。
- 関係の組は上から下へ順序付けられていないが、表の行は上から下へ順序付けられている。
- 関係の属性は左から右へ順序付けられていないが、表の列は左から右へ順序付けられている。
- 関係のすべての属性値は分割不可能だが、表の列の値は分割可能である。言い換えると、関係の属性は第一正規形を満たしているが、表の列はそうではない。

こうして挙げてみただけでも、関係と表の間にはけっこうな違いがあります。関係よりも表のほうが、定義のゆるやかで曖昧な概念です。ところで、今、無造作に「組」とか「属性」という用語を持ち出しました。なんとなく、組≒行、属性≒列、かな？……と想像された方、その通りです。組や属性は、関係モデルで使用される公式用語です。表14.1に、日常的な言葉との対応を示します。

■ 表14.1　関係モデルで使用される公式用語と日常的な言葉との対応

形式的な関係モデルの用語	非形式的な日常語
関係 (relation)	表またはテーブル
組 (tuple)	行またはレコード
濃度 (cardinality)	行数
属性 (attribute)	列またはフィールド
次数 (degree)	列数
定義域 (domain)	列の取りうる値の集合

なにやらいかめしい用語が登場しますが、あまり気にする必要はありません。実務で列のことを「属性」とか行数のことを「濃度」と言っても別にいいことはありません。とにかく、関係モデルは数学の集合論を基礎に作られたので、使われる用語も集合論の用語を流用している、ということです。でも、理論的な厳密さを重視する論者が書いた本を読むと、列のことを「属性」、行のことを「組」とか「タプル」と呼んでいたりするので、このぐらいは覚えておいて損はありません。

さて、お待たせしました。それではここで、関係の正確な定義を紹介しましょう。定義は次のたった1つの式によって与えられます。

$$R \subseteq (D1 \times D2 \times D3 \cdots \times Dn)$$

関係をR、属性をA_i、その属性の定義域をD_iとする

「関係Rは定義域D1, D2,……Dnの**直積の部分集合**である」と読みます。ずいぶんすっきりした式ですが、これだけではわかりにくいので、簡単な例を使って説明します。まず、3つの属性a1, a2, a3があるとします。次に各属性の定義域を、以下のように決めます。定義域は数学の関数の定義域と同じで、「属性が取りうる値の範囲」です。今、属性a1は1種類、属性a2は2種類、属性a3は3種類の値を取ることが可能です。各属性に対応する定義域をd1, d2, d3と呼びましょう。

```
d1 = { 1 }
d2 = { 男 , 女 }
d3 = { 赤 , 青 , 黄 }
```

では問題です。この3つの定義域を使って関係を作る場合、最大いくつのタプルを持つ関係が作られるでしょうか。

答えは6。式は簡単ですね。1×2×3です。具体的に、全部のタプルを書き並べてみるとこうです。

■ **直積**

a1	a2	a3
1	男	赤
1	男	青
1	男	黄
1	女	赤
1	女	青
1	女	黄

この関係R1が、すなわち**直積**です。直積とは「各属性の定義域の値を使って作りうる組み合わせの最大集合」のことです。SQLではCROSS JOINとして実装されています。

したがって、上記の3つの定義域から作られるすべての関係Rnは、この直積の部分集合になります。たとえば、R1とは別の関係R2を、「R1の1行目と2行目」からなる関係、と定義することができます。また注意する点として、タプルの数が0の関係も定義上ありえます[*2]。

これが普段、私たちが「関係」モデルとか「リレーショナルデータベース」と言うときに使っている「関係（relation）」の意味です。この定義を最初に与えたのは創始者のコッドですが、彼はこの「関係」という名前を自分の思いつきで付けたわけではありません。集合論では昔から「2つの集合の直積の部分集合」のことを「二項関係」と呼んでいました。コッドはそれをn項に拡張しただけです。彼は数学者でもありましたから、当然、集合論における関係の概念も知っていて、名前を借用したのです。

定義域の憂鬱

まずは次の引用から読んでください。

> 多くの読者がすでに自分で気付いていること——つまり、定義域とは実際は（現代的なプログラミング言語において理解されているような）データ型に他ならないということを述べて本節を締めくくろう。例えば、以下はプログラミング言語Pascalにおける正しい表現である。
>
> ```
> type Day = ( Sun, Mon, Tue, Wed, Thu, Fri, Sat );
> var Today : Day ;
> ```
>
> ここでユーザ定義のデータ型を、"Day"（正しい値をちょうど七つもっている）、そのデータ型に関して定義されたユーザ定義の変数を"Today"とよんでいる（上記の七つの値を取るように制約付けられている）。この状態は、"Day"とよばれる定義域とその定義域上で定義された属性"Today"を持つ関係型データベースに明らかに相似している。
>
> ——C.J.デイト[*3]

先ほど、関係の正式な定義を行なうときに、定義域（domain）という概念が登場しました。それなりに経験を積んだDBエンジニアでも、この言葉になじみのない人も多いと思います。定義域を実装したDBMSがまだほとんどないので、それも無理はあ

[*2] 濃度が0の関係は、集合論で言えば空集合に当たります。もちろん、実装レベルでは「0行のテーブル」に相当します。

[*3] C.J.Date『原書6版 データベースシステム概論』（丸善、1997）、p.95

りません。関係モデルの誕生時から存在する重要なキーワードの1つなのに（定義域が定まらないと関係を決定することさえできない！）、この概念は今までずいぶん軽んじられてきました。ですがSQL-92になってようやく標準に取り入れられたので、今後、実装するDBMSは増えるでしょう。

定義域を実装したDBMSがまだ少ない、という言い方は、厳密には不正確なものです。非常に原始的なレベルの定義域は、逆に今あるすべてのDBMSが実装しているからです。すなわちそれは、文字型や数値型のような、スカラ型と呼ばれるデータ型のことです。属性の取りうる値の範囲を制限しているのだから、貧弱とはいえ、スカラ型だって一応は定義域の一種に違いありません。INTEGERと宣言された列に「abc」という文字列を格納することはできません。また、CHECK制約を使うことで、スカラ型のみを使うときよりも細かい制限を行なうこともできます。たとえば、文字型で宣言したsexという列に格納可能な値を'm'と'f'に制限するなら「CHECK (sex IN('m', 'f'))」のように記述することで可能です。

だから、現在のDBMSも、簡単ながら定義域を備えてはいるのです。ただ、あまり高度なことはできません。データベースをプログラミング言語にたとえて言うなら、現在のDBMSは、**最初から用意された型は使用できるが、ユーザー定義型を宣言できないプログラミング言語**に相当する、と言えるでしょう。

■関係値と関係変数

昔、ギリシアの哲学者ヘラクレイトスは「人は同じ川に二度足を踏み入れることはできない。なぜなら川の実質は絶えず変化するから」と言い、他方、我が国の鴨長明は「ゆく河の流れは絶えずして、しかも、もとの水にあらず」と言いました。少し逆説的に響く言葉で2人が表現しようとしたことは、「物の同一性を保証する基準は何か？」という問題です。

さて、いったい、何によって保証されるのでしょう。私たち人間の体は、1週間ですべての細胞が入れ替わるそうですが、すると私たちは1週間後には別人になっているのでしょうか。今日会話を交わした友人が、明日も同一人物であると、なぜ私たちは信じるのでしょうか。

閑話休題。**値**（value）と**変数**（variable）は、混同しやすい概念ですし、実際、データベースについての議論でも、しばしば混同されて使われます。普通、何の断りもなしに「関係」という言葉が使われる場合、それは「関係変数」を意味します。一方、関係値とは、ある任意の時刻に関係変数が取る値のことです。いわば値とは、変数の時間断片（time-slice）という言い方ができるかもしれません。

混乱の一因は、コッドの初期論文において両者の区別が曖昧だったことにもあります。彼の論文には「時間変化する（time-varying）関係」という言葉が出てきますが、これは正確には「時間変化する関係変数」のことです。**関係値は時間変化しないからです**。

　これは、数学やプログラミング言語における変数と値の間に成り立つ関係と同じです。プログラムにおいて整数型の変数が整数の値を格納するように、関係モデルでは、関係型の変数が関係の値を格納します。こう考えてみれば、最初に感じたほど奇異な区別でもありません。要は、私たちが学校で習う変数や値が、大体スカラ型の単一値タイプなので、関係のような**複合的存在を1つの値と見なす**ことに慣れていないだけだったのです。FROM句に書かれるテーブル名は、変数の名前にほかなりません[*4]。

　本節の冒頭でご登場願ったヘラクレイトスと長明に変数と値の区別を教えてあげたら、2人はどんな反応をしたでしょう。多分、ヘラクレイトスは「くだらん！　変数などナンセンスだ！　この世に存在するは値のみ！」と怒り出し、長明は「うんうん、数学版方丈記じゃな」とうなずくだろう、というのが筆者の想像です。

関係の関係は可能か？

　「関係の関係は可能か？」──このように問われると、唐突な印象を受けるでしょうが、まあちょっと付き合ってください。前節の「関係を1つの値と見なす」観点をさらに発展させた話なのです。

　「関係の関係は可能か？」という問いは、以下のようにも言い換えられます。

再帰的な関係は可能か？

あるいは、

定義域に関係を含められるか？

　「関係の関係」は、理論的には可能です。しかしそのためには、関係を定義域に含められる述語を定義する必要がありますし、関係に対する量化まで考慮するとなると、二階述語論理への対応も必要になり、実現するのはけっこう大変そうです。

　そこでここでは、いまだ現実のものとはなっていない「関係の関係」を可能とする関係モデルを、ちらっとお目にかけましょう。まず具体的なテーブルを見てください。

[*4] その意味でまた、私たち一人一人の名前も変数として捉えることができます。「ミック」とか「でこ山　太郎」のような名前の指す実体は、刻一刻と変化していきますが、しかし同じ名前（変数名）を使っている以上、それはこの世界の中で同一の変数として扱われます。

■「関係の関係」のテーブル

列1			列2	列3
性別	性別コード		列1は関係そのものを値として格納しています。	100
男	1			
女	2			
不明	0			
名前	職業	身長	このように、関係の中にもう1つの関係を配置することができます。	
山田	手品師	160		
上田	大学教授	185		
矢部	刑事	175		
山田	書家	170		

　どうも雑然としたテーブルになってしまいましたが、まあ、こういうことです。文字通り「関係の中に関係がある」状態です。「テーブルの中にテーブルがある」と言ってもいいでしょう。こういう関係を含む列（属性）のことを**関係値属性**（Relation-Valued Attribute）と言って、現在これを関係モデルで扱うための色々な研究が行なわれています。

　ともあれ、こういう「関係の関係」の存在を認めるならば、当然の拡張として「関係の関係の関係」や「関係の関係の関係の関係」も出てくることになり、二階どころかいくらでも高階の関係を考えることが可能になります。これはもちろん入れ子の再帰的構造でもあります。

　この再帰的関係は、ディレクトリと同じ構造だと思えばわかりやすいでしょう。ディレクトリの中にディレクトリやファイルを置くことができるように、関係の中にも関係値やスカラ値を置くことができます。だから、高階の関係はまた、木構造にもなっています。

　ファイルシステムもデータベースも、データを効率よく保存するための構造なのだから、両者が同じ木構造を取るのは、その意味で自然なことかもしれません。ただ、現在のリレーショナルデータベースは一階の関係しか定義できないので、ファイルシステムにたとえれば、「**深さ1のディレクトリしか定義できないファイルシステム**」に相当します。この点で、ファイルシステムに比べるとリレーショナルデータベースの表現力は「貧弱」です。

　このような高階の関係を定義可能なDBMSは、現在のところまだありません。しかし標準SQLは、すでに配列型やコレクション型、JSONやXMLをサポートしており、関係モデルが複合的なデータ型を扱えるよう拡張する方向へ向かっていることは確か

です。前章でも見たように、ドキュメントDB型のNoSQLの流行を受けて、リレーショナルデータベースも、サポートするデータ型の拡張に舵を切っています。デイトはかつて「真のリレーショナルシステムとは、関係値などの複合的なデータをすべてサポートするシステムのことだ」と断言しましたが、現在のRDBはまさにその方向へ向かって進化していると言えます。

15 関係に始まり関係に終わる

> ▶ 閉じた世界の幸せについて
>
> 関係とは集合である、ということを知っただけでは、まだ関係モデルについて氷山の一角を理解したに過ぎません。関係という集合は、極めて興味深くまた特徴的な性質をいくつも持っています。その1つが、SQLの原理にも深く関わる「閉包性」という性質です。

演算から見た集合

　前章では、関係が集合の一種である、という基礎部分を中心に解説をしました。しかしこれだけでは、まだ関係という概念の特性を十分に捉えたことにはなりません。関係は、ただの集合ではなく、非常に面白い性質をいくつも持っています。その1つが、**閉包性**（closure property）です。これは、平たく言うと「演算子の入力と出力が共に関係になる」という性質、言い換えるなら「関係の世界が閉じていることを保証する」性質です。この章では、関係のこの特性に焦点を当てて、データベースの世界を探訪しましょう。

　SQLには色々な関係演算子が登場します。初期から存在する射影、制限、和、差などの基本的な演算子に加えて、その後も色々と便利な演算子が追加され、現在ではその数はかなり増えています。関係が閉包性を満たすおかげで、これらの演算の出力を、別の演算の入力にすることが可能になっています。それによって、和の射影を取るとか、制限の差を取る、といった操作の複合的な組み合わせが実現できるのです。この性質は、とりわけ、サブクエリ（副問い合わせ）とビューという重要な技術の基礎になっています。

　関係の閉包性は、UNIX（およびLinux）の**パイプ**の概念とよく似ているので、これと比較すると理解しやすいでしょう。UNIXのファイルも、さまざまなコマンドに対して入力・出力になるという閉包性を持っています。それゆえ、「cat text.txt | sort +1 | more」のように、コマンドを複合的に組み合わせてスクリプトを記述することができます。これがUNIXのシェルプログラミングに高い柔軟性を与えています。

　イメージ的には、バケツリレーのようなものです（図15.1）。演算子が人、関係やファイルが、手から手へ渡されるバケツです。ただ、渡されていく過程でバケツの中身が変化していくのが、火事場のバケツリレーとは異なる点ですが。

■ 図 15.1　関係の閉包性はバケツリレーのようなもの

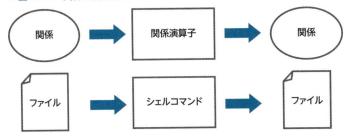

　UNIXに初めて触れた人の多くが、UNIXがデバイスからコンソールまで何でもかんでも「ファイル」として扱うことに驚きます。なにしろ見た目上では、プリンターやディスプレイのような物理的なデバイスといえども、/devディレクトリの下にある普通のファイルのように見えるのですから。これはUNIXがファイルの閉包性にこだわった結果です。UNIXの設計概念を表わす言葉はいくつかありますが、この点では「**汎ファイル主義**」——「何でもファイル主義」とでも呼べるでしょう。

　そして、UNIXにおけるファイルがシェルコマンドについて閉じた集合を形成するのと同様に、**関係モデルにおける関係は関係演算子について閉じた集合を形成する**、と言うことができます。このことは、SQLのSELECT文の入出力が常にテーブルであることからも裏付けられています。**SELECT文とは、テーブル（関係）を引数にとってテーブル（関係）を返す関数**なのです。たまに、SELECT文が1行も選択しないこともありますが、実はそういう場合でも何も返していないわけではなく、ちゃんと「空集合（empty set）」を返しています。目に見えないので実感がわかないでしょうけど（MySQLのSQLコマンドラインは、丁寧に「empty set」というメッセージを出力してくれます）。このリレーショナルデータベースの特性をUNIXにならって名付けるならば、「**汎関係主義**」といったところです。

　この2つの例で見た閉包性は、もともと数学に由来する概念です。数学においても、やはり「どのような演算について閉じているか」を基準として、集合をさまざまなカテゴリーに分類します。そのような観点から考えられる集合を「代数構造」と呼びます。たとえば、四則演算に対して閉じているかどうかを基準に分類すると、次のようになります。

- **群**（group）：加算と減算（または乗算と除算）について閉じている。
- **環**（ring）　：加算・減算・乗算について閉じている。
- **体**（field）：加算・減算・乗算・除算について閉じている。つまり、四則演算が自由にできる。

具体的な例を挙げると、「群」の一番簡単な例は、整数の集合です。どんな整数を足したり引いたりしても、結果は絶対に整数になるからです。整数はまた「環」でもありますが、残念ながら「体」ではありません。その理由は、1÷2の結果を見れば明らかですね。結果が小数になり、閉包性が破れてしまいます。もう少し数の範囲を広げて、有理数や実数になると、立派な「体」になります。実数を使ってどんな四則演算を行なっても、結果は再び実数に着地するからです（図15.2）[*1]。

■ 図15.2　整数は群であり、環でもあるが、体ではない

割り算すると整数の外に飛び出してしまう

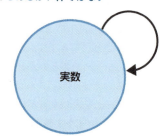
どんな四則演算を行なっても必ず実数に返ってくる

実践と原理

さて、それでは関係モデルの「関係」は、これらの代数構造のうち、どれに該当するでしょうか。

SQLが持っている集合演算子を思い浮かべてみると、加算（UNION）と減算（EXCEPT）はちゃんと用意されています。だから群の条件は文句なしクリア。乗算に相当するのはCROSS JOINなので、「環」もクリアです。「じゃあラスト、除算は…？あれ、演算子がない。ということは、関係は環どまりなの？」。

そう、確かにSQLは除算の演算子を持っていません。ですが、第1部「6　HAVING句の力」で書いたように、演算自体は一応定義されています[*2]。だから、**「体」の条件もクリアしている**のです。演算に対する振る舞いという観点から見ると、関係は、「自由に四則演算が可能な集合」と考えることが可能です。デイトやセルコが除算を重視するのは、実用性が高いという理由のほかに、関係が体としての資格を得られるかど

[*1] 余談ですが、真理値（ブール値）の集合 {true, false} も「体」です。たった2つしか元を持たない小さな小さな有限集合ですが、ちゃんとこの中で動く四則演算を定義できるのです。真理値型を、「体」の性質に着目して呼ぶときは、ブール体と呼びます。

[*2] なぜSQLがいまだに除算の演算子を持っていないか、という理由については第1部「6　HAVING句の力」のコラム「関係除算」（p.133）を参照。

うかが、除算をきちんと定義できるかどうかにかかっている、ということを知っているからでしょう。

このように、関係モデルは数学的に厳密な基礎付けを持つことに配慮した理論です。これによって、集合論や群論など、すでに多くの実績の積み重ねがある分野の成果を、そのまま援用できます[*3]。コッドはこうした理論的に厳密な体系を構築することの重要性を熟知していました[*4]。実際、UNIONや結合の結果が関係（すなわちテーブル）にならなかったとしたら、SQLはどうしようもなく使い勝手の悪い言語になっていたことでしょう。サブクエリを利用できないSQLなど、現在ではちょっと考えられません。SELECT文の結果が順序を持たないことも、一見すると不便そうに見えますが、関係としての閉包性を守るために必要なことだったのです。

以上のことをまとめるならば、UNIXのファイルがシェルコマンドに対して閉包性を持ったことで、非常に高度な機能を実現したように、関係もまた関係代数に対して閉包性を持つことによって、SQLの演算は非常に強力な表現力を獲得した、ということです。

理論的厳密さにこだわることは、理論の実用性を削ぐことにはならない。むしろ理論的に厳密でエレガントであるほど実用的でもある、とは、デイトの持論です。一種の機能主義と呼ぶことのできる主張ですが、この閉包性の例などを見ると、その言葉もかなり説得力を持って響くのではないでしょうか。しばしば、理論は現場では役に立たないという意見を耳にすることがありますが、それは大きな誤解であると言わねばなりません。

Theory is practical.（理論は実用的！）

[*3] たとえば、群論の冪等性という概念を応用したクエリについては、第1部「9　SQLで集合演算」（p.179）を参照。
[*4] そして間違いなく、UNIXの開発者たちも知っていました。

16 アドレス、この巨大な怪物

> ▶ なぜリレーショナルデータベースにはポインタがないのか？
> コッドが関係モデルを考案した動機には、データ表現を物理レベルの束縛から解放しようとすることが大きな比重を占めていました。リレーショナルデータベースの歴史は、プログラミングをアドレスという怪物から解放しようとする闘いの記録でもあったのです。

　関係モデルを生むに至った研究の最大の動機は、データベース管理における論理的な側面と物理的な側面とを明確に区別したいということであった。これをまず、**データ独立の目標**（data independence objective）と呼んでおこう。

——E.F.コッド[※1]

　関係型データベースにポインタはないというとき、物理レベルにおいてポインタが全くあり得ないということをいおうとしているのではない。逆に、そのようなレベルにおいてはポインタは確かに存在し得るし、実際にそうだろう。しかし、すでに説明したように、そのような物理レベルの記憶の詳細はすべて、関係型システムにおいてはユーザから隠蔽されている。

——C.J.デイト[※2]

■ はじめに

　リレーショナルデータベースには、プログラミングにおいて一般的に「ポインタ」と呼ばれている物理的なロケータが存在しません。正確には、存在はするのですが、ユーザから見えないよう、わざと隠しています。このように言うと、Oracle の rowid や PostgreSQL の oid などは、ユーザーが利用できるポインタの一種ではないか、という反論を受けるかもしれません。確かにその通りですが、これらはあくまで独自拡張であり、標準 SQL は注意深くポインタを排除するよう努めています。これは、SQL と RDB が、極力、データ表現における抽象度を高くし、物理レベルの概念をユーザーに意識させないようにしているからです。

　しかし、このことがかえって、C言語などでポインタ操作に慣れ親しんだプログラマに違和感を抱かせる一因になっていることも否めません。「SQL はポインタ操作ができないから不便であり、欠陥を抱えている」という的を外した批判を耳にすること

[※1] エドガー F. コッド「関係データベース：生産性向上のための実用的基盤」『ACM チューリング賞講集』（共立出版、1989）、p.458
[※2] C.J.Date『原書6版 データベースシステム概論』（丸善、1997）、p.64

もしばしばです。

本章では、SQLの基本的な設計思想を「アドレスからの解放」という観点から整理し、手続き型言語のプログラマがSQLに感じる居心地の悪さの謎を解き明かしましょう。

関係モデルはアドレスから自由になるために生まれた

話を始めるにあたり、ちょっと当たり前のことを確認しておきたいと思います。プログラマとしての先入観を抜きに考えてください。世の中の様々な業務において、究極的に私たちが欲しいのは「データ」であって、「データの在りかを示すアドレス」ではありません。アドレスなんて、もらったところで手間が増えるだけでちっともうれしくない。この点は、いくら強調してもしすぎることはありません。なぜなら、そうした私たちの希望に反して、コンピュータの中は**アドレスであふれている**からです。のみならず、C言語やアセンブラを扱う場合には、プログラマがアドレスを意識して扱う必要まであります。

しかし、データベースの世界においては、1969年、アドレスから自由になることに、ほぼ成功しました。コッドが関係モデルの理念を語るときに使う「データ独立の目標」という言葉は、データベースをアドレスから解放することを意味しています（逆に言えば、関係モデル以前のデータベースのモデルである階層モデルやネットワークモデルは、アドレスまみれだった、ということです）。プログラミングの世界でいまだにポインタ操作が行なわれていることを考えれば、これは極めて先駆的な試みでした。おかげで現在のDBエンジニアは、データの在りかを意識することなく、データの内容のみを気にすればよくなったのです。

コッドはこの点を実に明確に語っています[*3]。

　計算機の番地ぎめでは、位置の概念がつねに重要な役割を果たしてきた。プラグ板の番地ぎめに始まって、絶対番地、相対番地、算術的な性質をもつ記号番地（アセンブリ言語における記号番地 $A+3$ や Fortran、Algol、PL/I の配列Xにおける要素の番地 $X(\ I+1,\ J-1\ )$ など）は、いずれもそうである。関係モデルでは、位置による番地ぎめを一切排して、完全に内容による番地ぎめを採用した。関係データベースでは、関係の名前、主キーの値、属性の名前を使って、いかなるデータでも一意に呼び出すことができる。こうした内容呼び出しが可能になると、利用者は次のことをシステムまかせにできるのである。(1) データベースに新しい情報を挿入するにあたって、どこに置くのかの詳細。(2) データ検索にあたって、適当な呼出し経路をきめること。もちろんこの利点は、末端利用者だけではなくて、プログラムに対しても成立する！

[*3] エドガー F. コッド「関係データベース：生産性向上のための実用的基盤」『ACM チューリング賞講演集』（共立出版、1989）、p.459

「番地（＝アドレス）」ということで、ポインタとして扱われるアドレスだけでなく、配列の添え字などもすべて含まれていることに注意してください。コッドは、そのような位置に束縛されるデータ表現全般を嫌いました（だからオリジナルの関係モデルには配列も登場しません。その後、SQL:1999において配列型が追加されましたが、現在でもあまり積極的には利用されていません）。

コッドと長年歩みをともにしたデイトは、コッドの苦心の努力を評価して次のような賛辞を送っています[*4]。

> 次に、データベースの関係はどのようなものであろうと**ポインタ**型の属性を持つことはできない。知ってのとおり、リレーショナルデータベースが登場する以前のデータベースはポインタだらけで、そうしたデータベースにアクセスするためには多くのポインタをたどっていかなければならなかった。アプリケーションのプログラミングにエラーが多く、エンドユーザから直接アクセスすることが不可能だったのには、そうした事情があった。Coddは、リレーショナルモデルでそうした問題を解決しようとし、もちろんそれに成功したのである。

データの管理方法を、位置から内容へ変えること。この変化はそのまま、物理レベルから論理レベルへ（抽象化）、記号から名前へ（有意味化）の変化に対応します。これがシステムのエンドユーザーやプログラマに多大な恩恵をもたらしてくれることは、容易に理解できます。誰だって、ある人物を特定するのに「x002ab45」のような無味乾燥なアドレスを使うよりは、「翔泳　太郎」のような名前を使うほうが便利でわかりやすいに決まっています。だからアドレスの追放とは、つまるところ、システムから無意味なものを追放することによって、**人間が認識しやすい有意味な世界**を作り上げることにほかならないのです。コッドが凡百のコンピュータ技術者と一線を画するのは、この人間の認識に関する洞察ゆえです[*5]。

「関係モデルでは、位置による番地決めを一切排して、完全に内容による番地決めを採用した」というコッドの言葉は、だから、**アドレスの呪縛からいかにして逃れるか**という、ノイマン型コンピュータの登場以来エンジニアに課せられてきた大問題に対する、データモデルの観点からの1つの解答でした。そして、その後のRDBの成功は、コッドの洞察が正しかったことを裏付けています[*6]。1つのエレガントなデータ構造は百のアクロバティックなコードに勝る、ということです。そういえば、E.S.レイ

[*4] C.J.Date『データベース実践講義』（オライリー・ジャパン、2006）、p.38-39
[*5] なまじ洞察力に優れるがゆえに、それが悪い方向に発揮されてしまったのが、悪名高い多値論理の導入です。第1部「4　3値論理とNULL」(p.60)および第2部「20　神のいない論理」(p.298)を参照。
[*6] 標準SQLが長らくオートナンバリング機能を持っていなかったことや、多くの理論家がサロゲートキーに批判的であることも、同じ理由から理解することができます。「有意味ではないロケータ」という点で、それらもアドレスの一味という嫌疑をかけられるのです。

モンドも言っていました[*7]。

> 賢いデータ構造と間抜けなコードのほうが、その逆よりずっとまし。

プログラミングに氾濫するアドレス

　関係モデルがエレガントで優れたデータモデルであることは間違いありませんが、アドレスからデータベースを完全に解放することに成功したわけではありません。物理レベルで見れば、データは、相変わらずアドレスによって管理されています。しかし、このことをもってコッドの「データ独立の目標」は中途半端だったと結論づけるのは、少し酷です。（現在のところ）私たちが使用可能な唯一の選択肢であるフォン・ノイマン型コンピュータが、データをアドレスで管理する以上、その上で動くプログラムもまた、同じ制限を受けなければならないからです。だから、むしろコードは、自らに課せられた制限の中で何とか折り合いをつけるべく関係モデルを考案した、と考えるべきです。

　SQL以外の一般的なプログラミング言語まで視野を広げてみても、やはりその歴史には「プログラマからいかにしてアドレスを隠すか」というテーマが通奏低音として流れています。C言語やアセンブラに比べれば、Pascal、Java、Perlといった後継言語は、明らかにユーザーからポインタを隠蔽しようと努力しています。これは、リレーショナルデータベースとSQLがたどった軌跡と一致しています。

　しかし、中には穏健なコードと違って、そもそもフォン・ノイマン型コンピュータの仕様にけちをつける蛮勇の持ち主もいます。その1人がJ.バッカスです。FortranとBNF記法の発明者として知られ、1977年にそれらの功績によってチューリング賞を受けました（ちなみにコッドは1981年の受賞者）。彼は、フォン・ノイマン型コンピュータのデータ管理方式の制限を受けることで、プログラミングの世界まで膨大なアドレスで氾濫したと指摘します[*8]。

> このように、現在ではプログラミングとは基本的には、フォン・ノイマン隘路を通る語の恐るべき交通量を計画し、細かく面倒をみることである。そしてその交通量の多くは、意味のあるデータではなくて、それがどこにあるかを見つけるためのものなのである。

[*7] Eric S. Raymond「伽藍とバザール」
　　http://cruel.org/freeware/cathedral.html
[*8] ジョン・バッカス「プログラミングはフォン・ノイマン・スタイルから解放されうるか？　関数型プログラミング・スタイルとそのプログラム代数」『ACMチューリング賞講演集』（共立出版、1989）、p.90
　　原文はWebでも読めます。
　　"Can Programming Be Liberated from the von Neumann Style? A Functional Style and Its Algebra of Programs"
　　https://www.thocp.net/biographies/papers/backus_turingaward_lecture.pdf

プログラミング言語がアドレスに振り回された結果、「この20年間、プログラミング言語は現在の肥満した状態に向かって着実に進んできた」と、バッカスは嘆きます。彼の慨嘆から40年が過ぎた現在でも、その状況は改善されていません。過去20年間、数多くの言語が誕生しましたが、そのどれもがアドレスという名の怪物から、本当の意味で自由にはなることはできませんでした。

確かに、アドレスを使用者からある程度隠蔽したことは、プログラミング言語の進歩でした。しかし、内部をのぞけばそこはやはりアドレスの洪水です。オブジェクト指向も、一般にはアドレスの氾濫に対する有効な対抗手段にはなりません。オブジェクトもまた、OIDというアドレスによって管理されることには変わらず、そして、プログラムが複雑になり、オブジェクトが次々と作成されれば、旧来の手続き型言語において変数が山のように宣言されていたときと状況は変わらないからです。

変数——私たちがプログラミングにおいて何気なく使うこの存在が、プログラミング言語におけるアドレスの化身です。すべての変数はそれ自身が意味を持たないアドレスによって管理されています。そして、手続き型言語においてデータを扱うためには、変数に代入するしかありません。変数を使う限り、アドレスの呪縛からは逃げられません。裏を返せば、SQLがアドレスから自由な言語たりえたのは、変数（および代入）を使わないからでもあったのです。「変数がないなんて、不便な言語だ」というのは、手続き型言語に慣れ親しんだのちにSQLを触るプログラマが必ず漏らす感想ですが、SQLは明確な意図のもとにあえてそのようなスタイルを採用したのです。

■ 去り行かない老兵——バッカスの夢

バッカスは、アドレスの洪水に飲み込まれた非効率なプログラミングから脱却する鍵として、関数型言語の重要性を説きました。彼の時代にはLispがほとんど唯一の選択肢でしたが、その後Erlang、Scala、Haskellといった有力な関数型言語も登場し、現在、関数型言語はプログラム開発における1つの真剣な選択肢にまでなりました。もちろん、関数型言語においても変数の利用がないわけではありませんし、開発者がみなバッカス的な課題意識から言語を選択しているのではないにせよ、私たちは無意識のうちに、多くの遺産を相続しているのです。

SQLもまた、関数型言語とよく似た点を持っており、プログラミング言語として目指す方向性も近いものがあります[*9]。移り変わりの激しいこの世界で、RDBとSQLが例外的な長命を保っているのは、創始者たちの目指した方向性のスジが間違っていなかったことを示す証拠ではないでしょうか。

[*9] 「19 手続き型から宣言型・集合指向へ頭を切り替える7箇条」（p.291）を参照。また、セルコもたびたび、両者の共通性について言及しています。ジョー・セルコ『SQLパズル 第2版』（翔泳社、2007）の「パズル61 文字列をソートする」を参照。

17 順序をめぐる冒険

> ▶ SQLのセントラルドグマ
>
> ウィンドウ関数の便利さを知った人は、しばしば、「なぜこれほど便利な道具がこんなに登場が遅かったのだろう。もっと早くから使えるようになっていればよかったのに」という疑問を持ちます。これはもっともな疑問である反面、それに答えるのはなかなか難しいものです。さまざまな要因が関係しているのですが、そこにはSQLのある種の「思想的傾向」も関与している可能性があると思われます。SQLの思想史を振り返ることで、この問題に1つの仮説を提示してみます。

遅れてきた主役

本書の主役ともいえるウィンドウ関数ですが、その登場はSQLの歴史から見ると、最近のことです。1990年代後半に標準SQLに導入が始まりましたが、主要なDBMSの対応が進むのは2000年代に入ってからで、MySQLにいたっては2017年になってようやくサポートを表明しました。

ウィンドウ関数年表

1999	Oracle 8iとDB2 UDB7.1がウィンドウ関数を（部分的に）OLAP向け関数としてサポート OracleとIBMが共同でANSIに標準化を提案し、SQL:1999にオプションとして採択される
2003	SQL:2003にフルレベルで標準化される
2005	MicrosoftがSQL Server 2005でサポート
2009	PostgreSQLが8.4でサポート
2011	SQL:2011でフレーム句が標準化される
2017	MySQLが8.0.11 (GA) でサポート

これで一通りのDBMSでウィンドウ関数が利用可能になったわけです。めでたしめでたし。……ではあるのですが、ここで1つ、小さな疑問が残ります。それは、

なぜウィンドウ関数の登場はこんなにも遅かったのだろう

というものです。

その無双とも評すべき便利さについては本書の第1部で見てきた通りですし、内部実装としてもレコードをソートするだけでそれほど複雑なロジックを必要としません。それこそ、やろうと思えばSQLの初期からウィンドウ関数は実装できたのではないでしょうか。わざわざ相関サブクエリと自己結合などという、（集合論の背景を知らない大多数のユーザーから見れば）アクロバティックな道具立てなどに頼らず、最初からウィンドウ関数を用意してくれれば、SQLでつまずくエンジニアもずっと少なかったことは疑いありません。

　この理由の1つには、ウィンドウ関数で実現するような集計処理は、データベースを使ったデータ分析の機運が高まらないと、そもそも必要とされなかった、ということが挙げられます。現在のビッグデータ分析のはしりとも言われるOLAPは1980年代に構想が始まり、1990年代から本格的に市場が拡大し、これに対応するDWH専門のDBMSやBIツールも登場するようになります[*1]。需要のないところに発明はない、というのはその通りです。

　しかし、筆者はこれに加えて、もう1つ理由があったのではないかと考えています。それは、どちらかというと思想的、イデオロギー的なものです。宗教ではあるまいし、システムやプログラミング言語にそのような要因が関係するのかと疑問に思うかもしれませんが、RDBとSQLは数学的にかなり厳密な基礎付けを持つことに成功したがゆえに、そのような側面が他のプログラミング言語よりも強く出る分野なのです。定量的にこの要因が大きかったのかどうかまでは判断できませんが、少なからず影響した可能性はあると考えています。

行に順序はあるべきか？

　RDBとSQLが、「データの位置」という低レイヤの概念を注意深く排除し、抽象度の高いデータ表現を志向した技術だということは、「13　RDB近現代史」と「14　なぜ"関係"モデルという名前なの？」でも述べた通りです。その際、「行の順序」という概念も同じ理由で攻撃の対象となりました。RDBのテーブルは、定義上、行の順序を持たないとされており、SQLにおいても行の順序を利用したコーディングは「手続き型の思想から脱却できていない邪道」として敬遠されました。ループを伴うPSM（いわゆるストアドプロシージャ）の利用があまりSQL的ではないと見なされたのもそのためです。

　しかし、実際のところ、コッドがこの点に関して自分の考えを披露した発言を見てみると、それほど強いニュアンスでは語っていないのです。彼は行の順序について次

[*1] DWH専門のDBMSとしては、Teradata、Greenplum、Amazon Redshiftなどが挙げられます。またBIツールとしては、IBM Cognos、Tableau、MicroStrategyなどが1990年～2000年代に登場しました。

のように言っています[*2]。

> n-項関係は関係モデルにとって唯一の集合的構造として選ばれた。その理由は、適切な演算子と適切な概念的表現（テーブル）を用いることで、先述の3つの目的を達することができるからだ。n-項関係は、数学的な集合であり、行の順序は本質的ではない（immaterial）ことに注意してほしい。

"immaterial"という硬い婉曲的な単語が使われていますが、これは「本質的ではない、重要ではない」という意味です。「行に順序があったとしても、それはRDBとSQLにとって重要なことではない、関係ない」くらいのニュアンスです。あえてはっきり否定するのではない、微妙な言い回しを選んでいます。

リレーショナル伝統主義保守派の言い分

しかし、コッド自身に強い否定のつもりがなかったとしても、のちに続くエンジニアたちはまた違う考えをしたようです。コッドの長年の友人であり、IBMでデータベースの開発を主導したデイトは、テーブルの正規化について説明する文章で次のように述べています[*3]。

> テーブルの行に順序はない。正規化それ自身が問題になる文脈においてこれが明言されることは普通ないのだが、この点について異論は認められない。

デイトは自他ともに認める原理主義的な傾向を持った論者であり、その発言は常に原理原則を優先させる断言に満ちていますが、ここでも「行に順序はない」と言い切っています。また、SQLプログラミングの第一人者として知られるセルコも次のように言っています[*4]。

> 行（row）はレコードではない。レコードはアプリケーションが読み込むことで初めて意味を持つ。レコードはシーケンシャルで、最初、最後、次、その前といった順序が意味を持つ。行はいかなる物理的な順序も持たない（ORDER BYはカーソルにおける句であって、SQLの一部ではない）。

[*2] 以下原文を筆者が抄訳。
E. F. Codd, The 1981 ACM Turing Award Lecture, "Relational Database: A Practical Foundation for Productivity"
http://amturing.acm.org/award_winners/codd_1000892.cfm

[*3] 以下原文を筆者が抄訳。
C.J.Date『Date on Database: Writings 2000-2006』（Apress, 2006）

[*4] ジョー・セルコ『プログラマのためのSQL 第4版』（翔泳社、2013）、p.3
行とレコードが対比されているが、ここでは行がRDBのテーブルにおけるデータ単位、レコードがファイルにおけるデータ単位とされています。

2人に共通しているのは、RDBが登場した時点で支配的であった、ファイルと物理的な順序を持つレコードをベースとした心理モデルとの決別です。リレーショナルモデルが物理レベルの制約から自由になるために、あえて強い調子でその違いを浮き彫りにしようとしています。

斯界の元老たちがこうした命題を、確信犯的・戦略的に繰り返すことで、彼らほど確信犯的ではない多くのDBエンジニアやSQLプログラマにとっても、「行は順序を持たない、いや**持つべきではない**」という命題がドグマとして内面化されていったとしても不思議ではありません。また、集合論をベースに厳密に定義されたデータモデルが、数学的な素養のあるエンジニアたちを惹きつけるのも、それ自体自然なことです。これらの背景から、SQLにおいても、ループを代用するためにあえて集合的アプローチによる相関サブクエリが導入されたのだと考えられます。

こうしてSQLでは長らく、行に順序があることを前提としたコーディング、簡単に言えば手続き型言語におけるループ相当の機能の導入には消極的な時代が続きます。ストアドプロシージャすら敬遠されました。その結果、同等の機能を実現しようとするには、相関サブクエリや自己結合を利用せざるをえなかったのですが、これがわかりにくく、初級者泣かせであったことは、第1部でも見た通りです。良かれと思って広めた教義が逆に信徒を苦しめるというのは宗教でまま見る現象ですが、それを連想させます。コッド自身は、「ループがないほうがプログラミングは簡単になる」と考えていましたが、それはあくまで単純なOLTPの処理を前提にした場合の話で、ある程度高度な分析を行なうことまでは想定していなかったのでしょう。

リレーショナル無政府主義左派の言い分

しかし時代が下ればSQLも新たな市場の要請に応えなければならなくなります。1990年代後半にウィンドウ関数の標準化に尽力したOracle社のアンディ・ウィコウスキらのチームは、ウィンドウ関数の導入に至ったモチベーションを次のように述べています[*5]。

> SQLの欠陥の1つは、移動平均、累積、ラインキング、パーセンタイル、リードやラグといったOLAPアプリケーションに必須の分析的計算をサポートしていないことだ。ウィンドウ関数は**順序付けられた**データの集合に対して作用する。これらの関数を現行のSQLで表現しようとすると自己結合が必要となり、お世辞にもエレガントとは呼べないし、パフォーマンスの最適化も困難である。

[*5] 強調は引用者（筆者）によるもの。以下原文を筆者が抄訳。
S.Bellamkonda, T.Bozkaya, B.Ghosh, A.Gupta, J.Haydu, S.Subramanian, A.Witkowski, 1999, Analytic Functions in Oracle 8i
http://infolab.stanford.edu/infoseminar/archive/SpringY2000/speakers/agupta/paper.pdf

さりげなく、しかしはっきりと「我々は行に順序があることを前提とする」と宣言しています。RDB/SQLの登場から30年を経過してようやく、集合指向というSQLのドグマに対する挑戦が行なわれたのです。

ウィンドウ関数は、1990年代後半にOracle社とIBM社が独自に同じような構想を持っており、この2社が共同でANSIに標準化を提案し、「ANSIのいつにない素早い対応」（セルコ）によって、SQL:1999に取り入れられました。この経緯だけを見るとRDB/SQLの開発コミュニティも市場の要求に対して非常に柔軟な対応を見せたような印象を持ちますが、必ずしも、もろ手を挙げての賛成ばかりではなかったようです。ウィコウスキらは、ANSIでの標準化の検討経緯に関する文書を残していますが、そこにこんな一節があります[*6]。

> 4．［ウィンドウ関数の標準化に対する］反対意見に対する回答
> 4.1 "行単位の集計は伝統的なSQLの型（mold）にそぐわない"
> そぐわないというなら、ストアドプロシージャだってそうだった（SQLは本来的に非手続き型の言語だ）。あらゆる標準規格は市場が成長するに伴い生じる新しい問題に対処しなければならない。そして時に、その過程で古い型を破壊することもある。今日、SQLコミュニティはOLAP需要の高まりによる問題を突き付けられている。もしSQLがこの問題に前向きに取り組まなければ、SQLはデータベース産業の成長分野に背を向け、時代遅れの言語として顧みられなくなる危険を負うだろう。

強い危機感の現れた、緊迫した文章です。ここでウィコウスキらは、全部で4つの（ウィンドウ関数の導入に対する）反対意見に対して再反論しているのですが、この反論を最初に持ってきているあたり、やはり保守派からの「行の順序を用いた演算はSQLの伝統に反する」という声は、それなりにあったのだと推察されます。保守主義の陣営から見ると、ウィンドウ関数は、RDB/SQLに、かつて追放したはずの物理レベルの概念——順序——を密輸入する「犯罪」に見えたことは、想像にかたくありません。

こうした「保守派 vs. 革新派」のせめぎあいというのは、ある程度の長さの歴史を積み上げてきた組織やコミュニティには普遍的に見られる現象ですが、SQL/RDBのように原理主義派が今でも一定の力を持っているコミュニティの場合は特にセンシティブな論点です。

ウィコウスキらは、データベースベンダという、市場や顧客の要請に応えることを

[*6] 以下原文を筆者が抄訳。
Fred Zemke, Krishna Kulkarni, Andy Witkowski, Bob Lyle, "Introduction to OLAP functions", 1999, ISO/IEC JTC1/ SC32 WG3:YGJ-068, ANSI NCITS H2-99-154r2
ftp://avalon.iks-jena.de/mitarb/lutz/standards/sql/OLAP-99-154r2.pdf

ミッションとする組織にいる以上、「売れる」機能は伝統に反しようとも導入するモチベーションがあったでしょうし、元老たちの影響力が小さくなってきたということも改革に有利に働いたと思われます。

　ともあれ、新たな風を吹き込んだ人々の努力によって、SQLはその命を永らえ、現在においても世界中で利用されているわけです。ウィコウスキらは後の世代から見れば、SQL中興の祖と位置づけられるに違いありません。

18 GROUP BY と PARTITION BY

> ▶ 類は友を呼ぶ
>
> SQLが持つ機能の中で、GROUP BYとPARTITION BYは非常によく似た働き——ほとんど同じと言ってもいい——を持ちます。そして両者はともに、数学的な基礎を持っています。本章では、集合論と群論で使われる「類」という重要な概念をキーにして、GROUP BYとPARTITION BYの持つ意味を明らかにします。

その違いわかりますか？

　SQLでデータを操作してさまざまな抽出を行なう際、基本となる操作の1つが、データを何らかの基準に従ってグループ分けすることです。SQLを使うときに限らず、私たちは、日常生活の中でも、データを整理したり調べたりするときに、よくこのグループ分けという作業をします。

　SQLが持つ句の中で、グループ分けの機能を担うのが、GROUP BYとPARTITION BYです。この2つはどちらも、テーブルを指定されたキーで分割する働きをします。違うのは、GROUP BYの場合、分割後に集約して1行にまとめる操作が入ることだけです。

　たとえば、次のようないくつかのチームの構成メンバーを表わすテーブルを例に取りましょう。

Teams

member	team	age
大木	A	28
逸見	A	19
新藤	A	23
山田	B	40
久本	B	29
橋田	C	30
野々宮	D	28
鬼塚	D	28
加藤	D	24
新城	D	22

このテーブルに対して、GROUP BY 句と PARTITION BY 句を使うと、チーム単位の情報を得るクエリが書けます。どちらの句を使うにせよ、もとの Teams テーブルを次のような部分集合に切り分けてから、SUM 関数で集約したり、RANK 関数で順位付けしたりしています。

```
SELECT member, team, age ,
       RANK() OVER(PARTITION BY team ORDER BY age DESC) rn,
       DENSE_RANK() OVER(PARTITION BY team ORDER BY age DESC) dense_rn,
       ROW_NUMBER() OVER(PARTITION BY team ORDER BY age DESC) row_num
  FROM Members
 ORDER BY team, rn;
```

結果

member	team	age	rn	dense_rn	row_num
大木	A	28	1	1	1
新藤	A	23	2	2	2
逸見	A	19	3	3	3
山田	B	40	1	1	1
久本	B	29	2	2	2
橋田	C	30	1	1	1
野々宮	D	28	1	1	1
鬼塚	D	28	1	1	2
加藤	D	24	3	2	3
新城	D	22	4	3	4

← 順位が飛ぶ！

　パーティションカットのイメージを図示すると、図18.1 のようになります。

■図18.1　部分集合のイメージ化

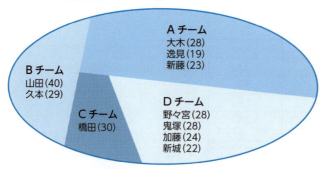

普通、集合は円で表わすのが一般的ですし、本書でも他の章ではそうしていますが、ここでは、「分割（cut）」という操作のイメージを持ってもらうため図18.1に、あえて直線で区切って部分集合を表現しています。

さて、こうして作られた部分集合の性質に着目すると、次の3つの性質を持っていることがわかります。

1. いずれも空集合ではない。
2. すべての部分集合の和が、分割する前の集合と一致する。
3. 互いに異なる任意の2つの部分集合が共通部分を持たない。

そもそもテーブルに存在するteam列の値で分割したのだから、分割後の集合が空集合になることはありえません[*1]。また、分割後の部分集合を全部足しこめば、分割前の母集合が復元できることも自明です。言い換えれば、分割したことによって、行方不明になってしまうメンバーはいないよ、ということです。

また、2つの部分集合に同時に属する（＝同時に複数のチームに属する）コウモリみたいなメンバーも現われません。1人のメンバーは、必ず1つの集合に割り当てられます。つまり、GROUP BYやPARTITION BYは、**各メンバーをチームに割り当てる関数**なのだ、ということもできます。

数学では、上の3つの性質を満たす部分集合の1つ1つを、「類（partition）」と呼びます。また、もとの集合を小さな類へカットする操作を「類別」と呼びます。主に群論などで使われる用語です。類という訳語は、分「類」という語感とも一致して、なかなかわかりやすいものです。

SQLのPARTITION BY句の名前は、この類の概念に由来しています。別にGROUP BYのほうにこの名前を付けてもよかったと思いますが、GROUP BYの場合、カット後に必ず集約操作が入るので、多分、混乱を避けるために違う名前が使われたのでしょう。一般的に、1つの集合を類に分ける方法は複数あります。SQLでも、GROUP BYやPARTITION BYのキーを変えることで、作られるグループも変わります。

SQLでGROUP BYを頻繁に使うことからもわかるように、類は私たちの身の回りにたくさん存在します。たとえば、学校のクラスや出身都道府県などがそうです。生徒が1人もいないクラスは作る意味がありませんし、2つの県で生まれたという人もいないでしょう（出生地不詳の人はいるかもしれませんが、その人はNULLをキーとす

[*1] NULLだけを含むという不気味な集合もありえますが、それは一応、空集合とは別物です。また、team列にNULLが存在する場合は、これも薄気味悪い話ですが、NULLも類別のキーになります。なお、数学では、もとの集合が空集合だった場合は、例外的に類も空集合1つだけ、ということに決められています。SQLのGROUP BYも、このケースでは正しく空集合を生成します。

る類に入ります)。

　あるいは、トランプのカードなんかもそうです。52枚のカードは、マークの種類に従って4つに分類できますし、色なら赤と黒の2つに分類できます。同じ類に含まれた元同士は、共通の基準を満たしているという意味で、いわば友のようなもの——少なくとも違う類の元よりは近い——と言えるかもしれません（数学ではこの友人関係を「同値関係」と表現します）。洒落ではありませんが、「類は友を呼ぶ」です。

群論とSQL

　群（ぐん）では、分類の仕方に応じて類に色々な名前が付けられています。面白い特徴を持つ類が多くありますが、そのうちの1つに「剰余類」というものがあります。これは、名前が表わす通り、整数を余りで分類した類です（一般的には類を数の集合に限る必要はないのですが、今は単純に数だけを考えてください）。

　たとえば、3で割った余りで自然数(N)を分類すると、

　　　　余りが0の類：M1 = {0, 3, 6, 9, ……}
　　　　余りが1の類：M2 = {1, 4, 7, 10, ……}
　　　　余りが2の類：M3 = {2, 5, 8, 11, ……}

というふうに分類できます。類の第二性質から、この3つの類は自然数全体を網羅します。数式で書けば、

$$M1 + M2 + M3 = N$$

です。これらを「3を法とする類」と呼びます。法は割る数のことでmoduloの訳語ですが、こちらは、類と違ってちょっとイメージがわきづらいですね。

　この法の概念も、やはりSQLに実装されています。剰余の関数MODです。標準SQLには入っていませんが、ほとんどのDBMSで使えます（SQL Serverのように%という演算子を使う実装もあります）。SQLで書くなら、さしずめこんな感じでしょうか。Naturalテーブルは0から10までの整数が格納されているとします。

```
-- 1から10までを、3を法とする剰余類に分類
SELECT MOD(num, 3) AS modulo,
       num
  FROM Natural
 ORDER BY modulo, num;
```

結果

　この剰余類というやつも、面白い性質を持っていて、色々な応用があります。一例を挙げると、剰余類は、もとの自然数の集合を等しいサイズの類に分割するので、大量データから特定の抽出率でサンプリングするときに便利です。たとえば、次のようなクエリを使えば、データ量を無作為に5分の1に減らせます（テーブルに連番列がない場合でも、ROW_NUMBER関数などで連番を振ればOKです）。

```
-- もとのテーブルから（ほぼ）5分の1の行数で抽出する
SELECT *
  FROM SomeTbl
 WHERE MOD(seq, 5) = 0;

-- テーブルに連番列がない場合でも、ROW_NUMBER関数を使えばOK
SELECT *
  FROM (SELECT col,
               ROW_NUMBER() OVER(ORDER BY col) AS seq
          FROM SomeTbl)
 WHERE MOD(seq, 5) = 0;
```

もちろん、実際にはテーブルの行数がぴったり5の倍数になるとは限らないので、剰余類同士が完全に同じサイズにはなることはまれですが、「データを無作為に等分割する」というランダムサンプリングの要件は十分に満たします。

　いかがでしょう、GROUP BYとPARTITION BYの動作のイメージ、および両者の数学的基礎について、理解を深めていただけたでしょうか。このように、SQLとRDBには、集合論や、その発展版と言える群論などの成果が多く取り入れられています。少し抽象的な話に感じたかもしれませんが——というかまあ、抽象的な話なのですが——まさに抽象的であることが、高い応用性を保証してもいるのです。数学の理論は、ただの現実離れしたお遊びではなく、日常の実務への豊富な応用を秘めています。でもそれはただ待っているだけで見えてくるものではありません。自ら能動的に、実践と原理の間を架橋する努力をすることで、エンジニアとしての応用力も高まっていくのではないでしょうか。

19 手続き型から宣言型・集合指向へ頭を切り替える7箇条

> ▶ 円を描く
>
> 私たちエンジニアの多くは、C言語、Python、Java、Perlなどの手続き型（少なくともそれを基礎にした）言語を使い慣れているため、知らず知らずのうちにどんなプログラミング言語を使うときも、手続き型の発想にとらわれがちです。しかし、SQLのような非手続き型の言語を使いこなすには、その独自の原理と仕組みを知らねばなりません。
>
> 　SQL的な観点から考えることを学ぶことは、多くのプログラマにとって1つの飛躍である。きっとあなた方の多くは、そのキャリアの大半を手続き型のコードを書いて過ごしてきたことだろう。そしてある日突然、非-手続き型のコードに取り組まねばならなくなる。そこで肝心なのは、順序から集合へ思考パターンを変えることだ。
>
> ——J.セルコ[*1]

はじめに

　セルコが正しく言い当てたように、SQLの考え方を習得するときに最大の障壁となるのが、私たちが慣れ親しんだ手続き型言語の考え方です。具体的に言えば、代入・分岐・ループを基本的な処理単位として、システム全体をこの基本的な処理へ分割する発想です。同様に、ファイルシステムもまた、大量データをレコードという小さな単位に分割して扱います。どちらにも共通しているのは、複雑なものを単純なものの組み合わせと見なす還元論的な考え方です。

　SQLの考え方は、ある意味でその対極をいきます。SQLには代入やループなどの手続きは一切現われませんし、データもレコードではなく、もっと複合的な集合の単位で扱われます。SQLとリレーショナルデータベースの発想は、どちらかというと全体論的なのです。

　SQLを無理やり手続き的に組もうとすると、読むに堪えない長大で複雑なSQLになるか、安易にプロシージャとカーソルに手を出して、住み慣れた手続き型の世界へ舞い戻ることになります。ウィンドウ関数の導入によって、SQLにおいても手続き型の考え方が輸入されつつあるとはいえ、やはりベースには宣言型・集合指向的な考え方があることに変わりはありません。

[*1] 以下原文を筆者が抄訳。
Joe Celko, "Thinking in SQL" (DBAzine.com)
http://www.dbazine.com/ofinterest/oi-articles/celko5

SQLに習熟するためには、SQLとRDBの世界を支配する独自の原理を理解し、それを使いこなさねばなりません。原理や理論は、理解するだけではダメで、現場の実践に生かすことができて初めて命を持ちます。これは、本書全体を貫くテーマでもあります。

　本章では、手続き型言語からSQLへ発想を切り替えるための指針を、いくつかのポイントにまとめてみたいと思います。普段の業務において集合指向的な考え方を実践するガイドとなってくれれば幸いです。

1. IF 文や CASE 文は、CASE 式で置き換える。SQL はむしろ関数型言語と考え方が近い

　手続き型言語では、処理の分岐は「文」の単位で行ないます。一方、SQLでは、文の中の「式」の単位で分岐させます。SQLでも、1つのSELECT文やUPDATE文の中で、手続き型言語と同等の、非常に複雑で柔軟な分岐を表現することが可能ですが、そのために威力を発揮するのがCASE式（CASE expression）です。

　CASE「文」（statement）ではなく「式」という名前が物語るように、CASE式は1 + (2 - 4) や (x * y) / z といった式の仲間であり、実行時には1つの値に評価されます。式の仲間なので、「1 + 1」が書ける場所ならどこにでも書くことができますし[*2]、最終的に1つの値に定まるために、他の式や関数の引数に取ることもできます。

　手続き型言語の発想にとらわれたまま、文の単位で分岐させようと大量のSQLをコーディングしている例を見かけることがありますが、「式」の単位で分岐させれば、はるかに簡潔で読みやすいクエリを書くことができます。

　入力に対して1つの値を返すという点で、CASE式は、一種の**関数**です。そのため、CASE式を使うときの思考パターンは、関数型言語を使うときのそれに近づきます。Lispにも、condやcaseという分岐を記述するための機能がありますが、手続き型言語のIF文などと違って、これらは関数です。そのため、CASE式と同様、文ではなく式（関数）の単位で分岐し、どちらも1つの値を返します。

　ためしに、両者を並べて比較してみましょう。

```
'Lispのcond関数による分岐
cond(
    ((= x 1) 'x は1 です')
    ((= x 2) 'x は2 です')
    (t 'x はそれ以外の数です'))
```

[*2] もっと言うと定数が書ける場所にはどこにでも書けます。定数というのは、要するに**「変数が0個の式」**と同義だからです。

```
-- SQLのCASE 式による分岐
CASE WHEN x = 1 THEN 'x は1 です'
     WHEN x = 2 THEN 'x は2 です'
     ELSE 'x はそれ以外の数です'
END
```

　このように、Lispの記号法がポーランド記法である点を除けば、やっていることは同じです。条件を入れ子にできるので、階層的な分岐も記述できる点までウリ二つです。だから、関数型言語に慣れている人は、SQLのCASE式もすぐ理解できますし、逆もまた然りです。このようにプログラミング言語間で架橋できるポイントを探して、複数の言語の理解を深めていくことは、大切なことでしょう。

> 参照 ➡ 第1部「1　CASE式のススメ」（p.2）

2. ループは GROUP BY 句とウィンドウ関数で置き換える

　SQLには文単位でのループも存在しません。カーソルを使えば別ですが、あれは手続き型の世界の話で、ピュアSQLとは無関係です。SQLは、その設計の最初の構想から、ループを排除することを狙っていました。これは、コッド自身の言葉からも裏付けられます[*3]。

　手続き型言語でループが利用される定番の処理に「コントロールブレイク」がありますが、これはSQLではGROUP BY句と相関サブクエリを使って表現することができます。相関サブクエリは、SQLを習い始めの初級者がつまずきやすいポイントの1つですが、処理単位を分割して考えるための大変有効な技術です。手続き型言語においてループを使っていた処理は、この2つの機能で完全にカバーできます。

　時々、GROUP BYで集約すれば済むところを、ヒラでSELECTした結果をカーソルで1行ずつループさせて集約を行なった、という事例を見ることがありますが、これはRDBをただのファイル、SQLを1行ずつレコードを呼び出すインターフェイスに最小化した、手続き型の考えだけですべての問題に対処しようとする態度です。

　忘れないでいただきたいのですが、**SQLにループはありませんが、なくても困ることはない**のです。集合演算とウィンドウ関数があれば、ほとんどのことは簡潔に記述でき、かつ効率的に実行できるのです。

> 参照 ➡ 第1部「7　ウィンドウ関数で行間比較を行なう」（p.137）
> 　　　　「9　SQLで集合演算」（p.179）

[*3]　「13　RDB 近現代史」（p.250）参考。

3. テーブルの行に順序はない

　手続き型言語とファイルシステムに慣れたエンジニア——要するに私たちのほとんどすべて——は、どうしてもリレーショナルデータベースの「テーブル」を「ファイル」とのアナロジーに頼って理解しようとする癖があります。

　これは、ある意味で仕方ないことではあります。未知の概念を理解しようとするとき、すでに自分が理解している概念を使って把握する、というのは最初の第一歩としては有効な方法ですし、ほとんど唯一の方法です。しかし、ある段階まで到達したら、古い殻は脱ぎ捨てねばなりません。テーブルをファイルと見なすことの最大の危険は、行が順序を持つと誤解してしまうことです。

　ファイルにとって、行の順序はとても大事なものです。テキストファイルを開いたときに、行の順番がデタラメに表示されるなどということがあったら、使いものになりません。しかし、RDBにおいて、テーブルを読み出したときには、まさにそういう事態が生じます。INSERTした順序で読み出されるという保証はありませんし、SQLでのデータ操作においてもその必要はないからです。

　リレーショナルデータベースのテーブル（関係）は、数学の「集合（set）」の一種です。あえて行の順序という目に見える概念を捨て、抽象度を可能な限り高めるために考えられた概念がテーブルです。元々、まったく異なる起源を持つ概念同士なのだから、ファイルとテーブルが齟齬をきたすのも無理はありません。テーブルとは、データが順序良く整理されたバインダーよりは、色々なものが雑多に放り込まれた「おもちゃ箱」や「バッグ」のイメージに近いでしょう。

　この点をわきまえず、順序に頼った発想をすると、無駄に複雑で、移植性のないコードが生み出されてしまいます。たとえば、ビューの定義にORDER BY句を指定したり（こんなことを許す実装にも問題がありますが）、Oracleのrownumのような実装依存の行番号列を使う誘惑に駆られるのは、順序指向の典型的な弊害です。

　かつて、物理学者ファインマンは、量子力学を初めて習う学生に向かって「この新しい学問を、君が今まで習ってきたニュートン力学とのアナロジーに頼って理解しようとしてはいけない」と釘を刺しました[*4]。「量子は、君がこれまでに見てきた何物にも似ていないから」と。

　新しい概念を学ぶときは、一度古い概念を捨てるか、少なくともカッコに入れて相

[*4] ファインマン、レイトン、サンズ『ファインマン物理学　V』（岩波書店、1979）、p.1

　　「"量子力学"は物質と光の性質を詳細に記述し、とくに原子的なスケールにおける現象を記述するものである。その大きさが非常に小さいものは、諸君が日常直接に経験するどのようなものにも全く似ていない。それらは波動のようにふるまうこともなく、また粒子のようにふるまうこともない。雲にも、玉突きの球にも、バネにつけたおもりにも、また諸君がこれまで見たことのある何ものにも似ていないのである。」

対化する必要があります。これは学習法としては新味のあるものではなく、むしろ昔から使われてきた正攻法です。でも、正攻法が一番難しい。慣れ親しんだスタイルから離れるときは、知性だけでなく勇気がいるからです。

参照 ➡ 第1部「6　HAVING句の力」（p.105）

4. テーブルを集合と見なそう

　上でも述べたように、テーブルはファイルよりもずっと抽象度の高い存在です。ファイルは、その記憶方法に緊密に結び付けられていますが、SQLでテーブルやビューを扱うときは、そのメモリ上での扱いを一切気にする必要はありません（パフォーマンスを除けば）。私たちはどうしてもテーブルをファイルと同じと見なしてしまいますが、実際には、1テーブルが1つのファイルに対応しているわけではないし、ファイルのように一行ずつ読み出されるわけでもありません。

　テーブルの抽象性を理解するために一番いい方法は、自己結合を使うことです。というのも、自己結合は、まさに集合という概念の抽象度（自由度、と言ってもいい）の高さゆえに可能となった技術だからです。SQLの中では、同じテーブルに違う名前を与えて、あたかもそれらが別のテーブルとして存在しているかのように扱うことができます。すなわち、自己結合を使えば、私たちは好きな数だけ集合を追加し、操作することができるようになるのです。この自由度の高さが、SQLの魅力であり、また強力さでもあります。

参照 ➡ 第1部「3　自己結合の使い方」（p.44）

5. EXISTS述語と「量化」の概念を理解しよう

　SQLを支える理論は、集合論のほかにもう1つあります。それが述語論理（predicate logic）、特にSQLの場合、やや限定的な一階述語論理です。述語論理は、100年以上の歴史を持ち、現在の論理学において標準的な論理とされています（だから、論理学の分野で何も断り無しに「論理」というと、一階述語論理を意味します）。

　SQLにおいて述語論理が特に力を発揮する場面は、やはり「複数行を一単位として」取り扱うときです。述語論理は、複数の対象をひとまとめにして扱う道具として「量化子」という述語を持っています。これは、SQLでいうところのEXISTS述語です。

　EXISTSの使い方は、INとよく似ているのでまだ理解しやすいのですが、本当に使いこなさなければならないのは、否定形のNOT EXISTSです。SQLは量化子の実装に手を抜いた（？）ため、2つあるうちの片一方の量化子しか持っていません。そのため、SQLが持っていない**全称量化子**については、プログラマの側でNOT EXISTSを

使って表現するしかないからです。

　NOT EXISTSを使ったクエリは、正直言ってあまり読みやすいものではありません。しかも、同じことをHAVING句やALL述語を使って表現できるため、多くのプログラマから敬遠されています。しかし、NOT EXISTSには、1つ大きな利点があるのです。それは、HAVING句やALL述語に比べてパフォーマンスが格段によいことです[*5]。

　可読性を優先させられる局面では、あえてNOT EXISTSで全称文を書く必要はありません。しかし、パフォーマンスを譲れないケースはあるでしょう。そのためにも、ド・モルガンの法則を利用してNOT EXISTSで全称量化を表わす技術を、理解しておく必要があります。

参照 ➡ 第1部「5　EXISTS述語の使い方」（p.84）

6. HAVING句の真価を学ぶ

　HAVING句は、SQLの機能の中で最も軽視されていると言っていいでしょう。しかし、この機能の真価を知らないのは、あまりにもったいない話です。HAVING句は、SQLの集合指向言語としてのエッセンスが凝縮された機能と言って過言ではありません。SQL的な考え方を身に付ける一番の近道が、HAVING句の使い方を学ぶことだ、というのは筆者の持論です。

　なぜ、そのように言うかといえば、WHERE句と違って、HAVING句はまさに集合そのものに対する条件を設定する場所であるため、これを使いこなすためには、データを集合の観点から把握することが必須だからです。HAVING句の練習をすることによって、知らず知らずのうちに集合指向の本質についても理解が進む、といううれしい仕掛けです。そして、HAVING句を使ってデータを操作するときに活躍するのが、次に紹介する「円を描く」という方法論なのです。

参照 ➡ 第1部「6　HAVING句の力」（p.105）

7. 四角を描くな、円を描け

　手続き型言語でのコーディングを助ける視覚的なツールには、歴史的に多くの積み重ねがあります。特に1970年代に考察され、長い年月をかけて発展してきた構造図（Structure diagram）とDFD（Data Flow Diagram）は、大きな効果を発揮するツールとして定着しています。こうした図では、手続き（処理）が箱で、データの流れが矢印で表わされるのが一般的です（図19.1）。

[*5] SQLのパフォーマンス解析は本書の主テーマではないので、詳細に興味がある方は第3部「B　参考文献」の「パフォーマンス」の項（p.350）を参照。

しかし、この伝統的な道具は、SQLプログラミングを助ける目的には、不向きです。SQLは、ただ欲しいデータの条件を記述するだけで、そこに動的な処理は一切表われません。テーブルも静的なデータを表現するだけです。いわば私たちは、「35歳まで」とか「未経験可」とか色々な条件を付けて求人募集の広告を出しているようなものです。実際に駆けずり回って条件に見合う人材を探すのは、データベースの仕事です。

　このような静的データモデルを一番的確に表わす視覚図は、今のところベン図、すなわち「円」です。それも、入れ子の円を描くことが、SQLの理解を飛躍的に高めます。SQLにおいては入れ子集合の使い方が1つの鍵になるからです。GROUP BYやPARTITION BYは、テーブルを「類」という部分集合に切り分けますし[*6]、木構造を扱うための入れ子集合モデルでも、入れ子集合が大活躍します。入れ子集合（＝再帰的集合）をうまくイメージして、利用できるようになることが、中級SQLプログラミングをマスターする肝と言っていいでしょう。

■ 図 19.1　手続き型と SQL（集合思考）の思考パターンの違い

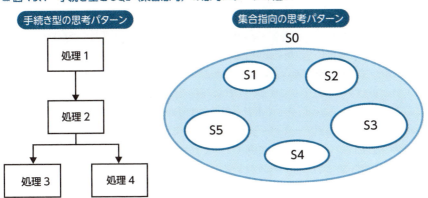

　かつてアクション映画界のカリスマ、ブルース・リーは「頭で考えるな、肌でつかめ」という名言を残しましたが、データベース界のカリスマ、J.セルコもやはり「**箱と矢印を描くな、円を描け**」という名言を残しています[*7]。しびれる言葉じゃありませんか。

（参照）➡ 第1部「6　HAVING句の力」（p.105）
　　　　　「9　SQLで集合演算」（p.179）

[*6] GROUP BYとPARTITION BYの基礎となる「類」の概念については、「18　GROUP BYとPARTITION BY」（p.285）も参照。入れ子集合モデルについては、ジョー・セルコ『プログラマのためのSQLグラフ原論』（翔泳社、2016）を参照。

[*7] Joe Celko『Joe Celko's SQL Programming Style』（Morgan Kaufmann、2005）の「9.7　Do Not Think with Boxes and Arrows」および「9.8　DrawCircles and Set Diagrams」を参照。

20 神のいない論理

> ▶ 論理学の歴史をちょっとだけ
>
> SQLの採用する3値論理は、非古典論理という新しい論理学の1つです。論理学の歴史上、長らく支配的だったのは、命題が必ず真と偽に定まるという前提（2値原理）を持つ古典論理でした。しかし、1920年代、論理学に革命の時代がやってきます。本章では、3値論理誕生の歴史的背景を概観します。

汝(なんじ)、場合により命題の真偽を捨てよ

　リレーショナルデータベースが、NULLの存在を許すことによって、通常標準的とされる2値論理ではなく、空隙値(くうげきち)（unknown）を認める3値論理を採用することになった経緯については、すでに第1部「4　3値論理とNULL」で触れたので、読者もすでにご承知のことと思います。通常、命題は論理学において「真」か「偽」の真理値を取るとされますが、そこに「わからない」という状態を付け加えた体系が、SQLの3値論理です。かつて、ダンテが通った地獄の門には「この門をくぐる者、すべての希望を捨てよ」と書いてあったそうですが、それにならえば3値論理の世界の門にはこう書いてあるでしょう。「この門をくぐる者、**場合により命題の真偽を捨てよ**」。

　本章では、少しの間データベースから離れて、この奇妙な体系の背景となっている論理学の歴史について振り返ってみます。それによって、3値論理という体系が持つ意味、そしてSQLとデータベースがなぜこれを採用することになったのか、といった事情について、異なる角度から理解を深められるでしょう。

　3値論理学（three-valued-logic）の体系を史上初めて作り上げたのは、ポーランドを代表する論理学者J.ウカシェヴィッツ（Jan Łukasiewicz：1878 - 1956）です。モデル論で有名なタルスキやレスニエフスキといった名だたる数学者とともに、戦間期ポーランドの数学および哲学の黄金期を支えた人物です。関数型言語に応用されているポーランド記法（「3 + 2」を「+ 3　2」と書くあれです）を考案したのもこの人で、現在にまで残る仕事をいくつもしています。

　1920年代、彼は「真」でも「偽」でもない第三の真理値「可能」を定義しました。それまでの論理学では、命題が真と偽以外の真理値を取るなどということは、到底考えられませんでした。命題とは、事実を表現する文であり、であれば、事実に照らすことで真か偽に決まることは当然であるというのが、当時の常識的な命題観でした。

　ウカシェヴィッツ本人の書いた文章を読むと、彼が3つ目の値に割り当てようと考

えていたカテゴリーは、コッドの「未知」に含まれるものであることがわかります。たとえば彼は、未来のある時点で自分がどこにいるかを述べる言明は、現時点では真も偽も取ることはできない、と述べます。少し長いですが、重要なところなので引用します[*1]。

> 私は、自分が来年のある時点、たとえば12月21日の正午に、ワルシャワにいることは、今日という日においては、肯定的にも否定的にもきまっていない、と矛盾なく考えることができる。したがって、私が所定の時刻にワルシャワにいるであろうということは、可能とはいえ、必然的ではない。かかる前提のもとで、「私は来年の12月21日の正午に、ワルシャワにいるだろう」という言明は、今日の日において、真でも偽でもありえない。……それゆえ、考察されている命題は、今日という日においては真でも偽でもなく、第三の、'0' ないし偽と、'1' ないし真とのいずれとも異なる値をとらなければならない。われわれはこの値を '1/2' と表すことができる。これはまさに「可能なもの」であり、第三の値として「偽」、「真」に匹敵するようになるのである。
> 命題論理の三値の体系が成立したのは、以上のごとき思索を経てであった。

3値論理の誕生が史上初めて宣言された記念すべき文章ですが、ここからは、注目すべき論点が2つ読み取れます。第一の論点は、先ほども述べたように、カシェヴィッツが当該のテキストで考えている「可能」という真理値の内実は、未来の非決定性に関わるものであり、コッドの「適用不能」のような含意は一切ない、ということです。断言はできませんが、恐らくウカシェヴィッツは、コッドが適用不能に属すると判断した命題を、すべて無意味なもの、そもそも真理値を欠くとして処理しようと考えていたのでしょう。

第二の重要な論点は、1つの命題の真理値が固定されておらず、時間の経過とともに「可能」→「真」または「可能」→「偽」のような変化を遂げる可能性を拓いたことです。これも、伝統的な論理学の立場からは考えられない革新的な（と呼ぶか非常識な、と呼ぶかは判断の難しいところですが）考え方です。ウカシェヴィッツ自身はそこまで突っ込んだことは書いていませんが、命題を、ある事実を表現するものとしてよりも、その事実を捉える人間の認識状態を反映するものだと考える解釈を提供したことは確かです。その解釈に従った場合、命題は、世界よりも私たちの心の中にあるものと考えられます。

この心理的命題観を提出したという点で、ウカシェヴィッツは正しくコッドの先輩に位置付けられる論理学者であり、リレーショナルデータベースの基礎を準備したと言うことができるのです。

[*1] 「命題論理の多値の体系についての哲学的諸考察」『論理思想の革命——理性の分析』（東海大学出版会、1972）、p.159

論理学の革命

ところで、この時期になぜ3値論理が誕生したかと言えば、1920年代から1930年代というのが、論理学において古典論理批判が始まった「革命の時代」だったからです。3値論理以外にも、ブラウワーやハイティンクらによる直観主義論理学も創始されています。3値論理が新しい真理値を導入して、いわば意味論の次元で2値原理を拒否する論理だとすれば、直観主義論理は構文論の次元で2値原理を拒否する論理です。ここから——19世紀後半までの沈滞ムードを吹き払うように——絢爛たる非古典論理が華開いていくことになります。

古典論理において特に批判の対象になったのが、排中律（$A \lor \neg A$）という公理の1つと、それを支える2値原理でした。排中律とは「AかAでないかは常に成り立つ」ことを意味する公理で、2値原理は「ある命題は必ず真か偽に定まる」という前提です。2値原理は、クリアカットですっきりしてはいるものの、私たち人間にとっては決して受け入れやすい前提ではありません。この不確かな世界には真偽のわからない命題はそこら中に転がっているではありませんか（たとえば「神は存在する」とか「死後の世界は存在する」とか「殺人は悪だ」とか）。

古典論理は、こうした疑問に対してこう答えます。「**でも神様ならすべての命題の真偽を知っているはずだ**」と。神様なら、どんな難しい計算も瞬時に解き、宇宙開闢以来の全歴史に精通し、お望みならタイムスリップだってできます。なにしろ全知全能ですから。古典論理が「神の論理」と呼ばれる所以です*2。

一方、そのような人間からかけ離れた論理学ではなく、人間の有限な認識をなるべく忠実に反映する論理学があるべきではないか、と考える人々がいます。ウカシェヴィッツやブラウワーは、そういう論理学を支持した初めての人々です。彼らは、論理を神から人間の側にたぐりよせた、あるいは、論理から神を追放したのです。反対に見ると、**神の威信が強かった時代には、2値原理を否定することはできなかった**のです。昔の西洋では論理学者のようなインテリはみな僧侶でもありましたから、神の全能性を疑い、瀆神につながる発想は許されませんでした。非古典論理は、神の死んだ近代になって初めて誕生しえた論理だったのです。

したがってこうした近代的な考え方が、同時代の宗教的に保守的な人々の反感を買ったことも想像に難くありません。事実、ブラウワーにはこんな逸話が残されています。ある講演会で、ブラウワーが、「円周率πの小数展開に9が10回続くことがある」という命題は、真か偽に定まらないという自説を述べたとき、聴衆の中の1人がこれに抗議して「私たち人間は知りえないでしょう。でも神ならばその真偽をご存じ

---

*2 古典論理と非古典論理を「神の論理」と「人間の論理」と捉える観点は、戸田山和久『論理学をつくる』（名古屋大学出版会、2000年）から教えられました。

のはずです」とたずねたことがありました。壇上のブラウワーは、これに答えていわく——「しかし、私たちは神とのホットラインを持っておりません」。

私たちは神と切れている——ブラウワーとウカシェヴィッツが共有していたのは、この索漠とした時代精神でした。天上とのつながりを失った人間は、この先、有限の世界を有限な者として生きていくほかに道がない。ならば、そんな有限な存在にふさわしい論理も、あってよいのではないのか。未知にあふれる世界を適切に記述する論理が。

人間のための論理

このようにして編み出された論理学においては、命題の真理値は「真」と「偽」だけではない、「無意味」とか「今のところ不明」とか「矛盾」とか、さまざまな認識を反映する値が許されるでしょう。こうして、3値論理が生まれ、さらに3値以上の真理値を認める多値論理学（many-valued logic）の研究がスタートしていくことになります[*3]。神のいない論理——あるいは人間の論理——の誕生です。

データベースを扱う主体は、当然ながら、神様ではなく人間です。それゆえ、情報の表現方法も、神様の完全無欠な認識ではなく、有限で不完全な人間の認識を尊重しようという発想に基づいています。科学哲学者H.ライヘンバッハが言うように、3値論理は人間の認識や知識を表現するのに非常に適した論理だったのです[*4]。

> もし2分法が人間の行動に不可欠なものを満たす知識体系を導くならば、適切な分類だと考えられるだろう。私たちが日常言語と古典科学において2値論理を採用するのは、この理由による。しかし、特定の目的のために2分法が不適切に感じられることもあるかもしれない。その場合は、命題を三つのカテゴリーに分類することが好ましいであろう。そのとき、私たちは躊躇なく3値論理を採用し、排中律を捨て去るであろう。

[*3] 多値論理は、人間の曖昧な認識を表現する目的によく合致するため、主にファジー論理という形で現在でも研究が続けられています。ファジー論理では、真理値は1や0のような離散的な値ではなく、連続的な実数の値を取ります。すなわちこれは、無限多値論理の一種です。
真理値の数が無限にインフレを起こした現代から振り返ると、3値論理や4値論理がまだかわいく見えてくる……ことはないでしょうか。

[*4] ハンス・ライヘンバッハ「バートランド・ラッセルの論理学」
http://www.geocities.jp/mickindex/reichenbach/rcb_BRL_jp.html

ですが、この人間志向的な思想は諸刃の剣でした。確かに、3値論理を（要するにNULLとunknownを）採用することで、リレーショナルデータベースは、コッドの目論見どおり、非常に人間の認識に近い、柔軟な表現力を獲得しました。しかしそれによって、皮肉にも、人間の直観に反する奇妙な論理計算をも導入せざるをえなかったのです。

21 SQLと再帰集合

> ▶ SQLと集合論の深い仲
>
> SQLでは、集合論的な観点からプログラミングを考えることが上達の鍵です。特に、集合の中に集合を含むような入れ子の集合、すなわち「再帰集合」の扱い方を知ることが大変重要な意味を持ちます。本章では、SQLにおける再帰集合の重要性にスポットを当てます。

実務の中の再帰集合

　第1部「3　自己結合の使い方」のコラム「SQLとフォン・ノイマン」(p.54) で、RANK関数を使わず、自己非等値結合でランキングを算出するSQLを紹介したのを覚えているでしょうか。あるいは、相関サブクエリを使って累計を求めるクエリでもかまいません。それらの章でも少し触れましたが、クエリの基礎となっている考え方は、フォン・ノイマンによる、再帰集合を使った自然数の定義です。

　初めてこの考え方を見たときは、けっこう驚いたのではないでしょうか。これは、SQLが集合論と密接に結びついていることを示す好例の1つではありますが、集合と数を結びつけるというのは「裏事情」を知らない人間にとっては意外に映ります。「そもそもノイマンは、何で自然数を集合で定義しようなんてとっぴなことを考えたのだろう」という素朴な疑問を持つのも当然のことです。本章では、そのあたりの歴史的な話をすることで、皆さんの疑問解消に役立ててもらおうと思います。ノイマンが再帰集合のアイデアを提出した背景には、それなりの前史というものがあったのです。

ノイマンの先輩たち

　ノイマンが再帰集合による自然数の定義を提案したのは、1923年の論文「超限順序数の導入について」でした。これは彼の2番目の論文で、書いた当時、ノイマンは高校生でした。タイトルに「順序数」という言葉が出ていることからもわかると思いますが、正確には、ノイマンが提出したのは「自然数の定義」というより「順序数の定義」です。順序数というのは、名前のごとく、0の次が1、1の次が2、2の次が3……という順序を意識したときの自然数の呼び名だ、というぐらいに思ってください（反対に、意識しないときの呼び名に「基数」というものがあります）。

　実際、ノイマンの定義を見ると、最初に0を定義して、その次に0を使って1を定義して、その次に1を使って2を定義する、という順序がちゃんとあることがわかります。

もう1回、定義を見てもらいましょう（表21.1）。

■ 表21.1　ノイマンによる自然数の帰納的定義

自然数	自然数の順序に注目した場合	集合まで還元してみた場合
0	∅	∅
1	{0}	{∅}
2	{0, 1}	{∅, {∅}}
3	{0, 1, 2}	{∅, {∅}, {∅ {∅}}}
⋮	⋮	⋮

　あるいはむしろ、大きい数から0へさかのぼって考えたほうがわかりやすいかもしれません。3を定義するには、2が必要になる。2を定義するには1が必要になる、そして1を定義するには、結局、0が必要になるわけで、ある数を定義しようと思ったら、その「前の」数が事前に用意されていないといけません。この段階的な特徴のため、「帰納的定義」とも呼ばれます。ウィンドウ関数が導入される前のSQLでは、各自然数を定義している集合の要素数をカウントすることで、ランキングの算出に応用していたのでした。

　さて、本章の話の核心はここからです。実は、このような自然数の帰納的な定義を考えたのは、彼が最初ではありません。それ以前に、少なくとも2人の人間がこのアイデアを提出しています。1人はゴットロープ・フレーゲ。関係モデルの基礎の1つ、述語論理をほとんど独力で創始した偉大な哲学者です。もう1人は、現代的な集合論の体系を整備し、整列可能定理と選択公理の提出でも知られる数学者エルンスト・ツェルメロ。こちらも数学史に名を残す大物です。

　2人の方法も、やはり、最初に0に適当な集合を割り当てて、あるルールで1, 2, 3……と作っていく構造を持ちます。3人のやり方を一覧にして見比べてみましょう（表21.2）。

■ 表21.2　色々な自然数の帰納的定義

自然数	ノイマン型	ツェルメロ型	フレーゲ型
0	∅	∅	{∅}
1	{∅}	{∅}	{∅, {∅}}
2	{∅, {∅}}	{{∅}}	{∅, {∅}, {∅, {∅}}}
3	{∅, {∅}, {∅, {∅}}}	{{{∅}}}	{∅, {∅}, {∅, {∅}}, {∅, {∅}, {∅, {∅}}}}
⋮	⋮	⋮	⋮

304

カッコの多さにめまいがしそうですが、ともかく、3人のやり方には、それぞれ似ているところもあれば、独自の特徴もあります。まず目につくのは、ツェルメロ型の規則の簡単さです。0を空集合から始める点はノイマンと同じですが、後はひたすら外側にカッコを付けていくだけというシンプルさ。この調子でカッコが増えると、たとえば30という数は、

$$\{\emptyset\}$$

という、Lispプログラマもびっくりのカッコの化け物みたいな入れ子集合になります。しかし、これが本当に30を表わしているかどうかは、簡単にチェックできます。というのも、左カッコ（または右カッコ）の数が、うまい具合に定義したい数と一致するからです。ちなみに、ノイマン型の場合は、**集合の要素数が定義したい数と一致**します。SQLではCOUNT関数で要素数を数えられるので、このノイマン型の定義との相性が非常にいいわけです。反対にSQLではカッコの数は数えられませんから、ツェルメロ型は利用できません（というかそもそも、SQLでは集合の表記にカッコを使わない）。

フレーゲ型は、ノイマンのものとよく似ていますが、0に空集合ではなく、空集合を含む単元集合を割り当てているところが違います。歴史的には、このフレーゲの方法が一番古くて1884年、その後、それをもとにツェルメロやノイマンが改良版を考えた、という順番になります。ノイマンは他人のアイデアを「横取り」して、あっという間にオリジナルより優れたものに改良してしまう異能の持ち主でしたが、ここでもその才が遺憾なく発揮されています。

ここまでで、ノイマンのアイデアが、どうやらある歴史的な流れの中に位置づけられているようだ、ということがわかってきました。でもこれだけでは、まだ次の2つの疑問が未解決です。

1. 自然数の定義がこんなにたくさんあっていいのか。**定義というのは普通、1つなのでは**。
2. 何で自然数の定義に「集合」を使おうと思ったのか。

どちらも、もっともな疑問です。それでは、1番から順に片付けていきましょう。
　実は、これらの問いを考える中で、私たちは図らずも、20世紀初頭の「現代数学の黎明期(れいめい)」を、ほんの少しだけのぞくことになります。

数とは何か？

　私たちは普通、0や1のような「数」の概念を習うとき、具体的な物の数に結びつけて理解します。小学校のころ、算数の教科書にはリンゴやミカンの絵が載っていたのを、私自身も覚えています。でも、数の一般的な定義を考えるなら、こういう具体的な物に結びつけて考えるのがまずいことは、すぐわかります。仮に、1という数を、リンゴを使って定義したら、リンゴを見たことのない人はその定義を理解できないはずです（ミカンの場合も同様）。でも実際には、リンゴを知っている人と知らない人の間でも、1という数についての共通理解は成立しています。つまり、数というのは具体的な物にはしばられない、もっと一般的で抽象的な対象として定義しなければならないのです。

　自然数の一般的定義に最初に取り組んだ果敢な数学者は、イタリアのジュゼッペ・ペアノです。彼は1891年、しかるべき条件を満たすなら、どんなものであれ自然数として認めたらどうか、というスタンスで、自然数が満たすべき条件を5つ挙げました。それが今日まで「ペアノの公理」として残っている自然数の定義です[*1]。これはいわば、「結婚相手としてどんな男性を望みますか？」と聞かれたときに、「営業の田中さん」と具体的な人名を挙げて答えるのではなく、「えーとね、東大卒でね、外資系に勤めていてね、年収1千万以上でね……」とその人が**満たすべき条件**を列挙して答えるスタンスです。この条件を満たす人なら誰でも「結婚相手」として認めよう、というのがペアノの態度。ある意味、現代的でドライです。

　ペアノが自然数に求める条件の内容は、「0の役割を果たすものがある」とか「0より前の自然数はない」とか、多くはごく当然のものです。人間なら「暴力を振るわない」とか「ギャンブル狂じゃない」とか、そういうレベルの最低条件に相当するでしょうか。ただ、その中で本章の話に関わる重要なものが1つあります。それが

任意の自然数aには、その後者（successor）が存在する

という条件です。5の次には6が来なければいけないし、1988の次には1989が来ないといけない、ということで、これもまあ至極当然の条件ではあります。「17の次が欠番で、19に飛びます」なんていう自然数は、使い物になりません。

[*1] ペアノの5つの公理は次の通り。
1. 最初の数が存在する。
2. 任意の自然数aにはその後者が存在する。
3. 最初の数はいかなる自然数の後者でもない。
4. 異なる自然数は異なる後者を持つ
5. 最初の数がある性質を満たし、aがある性質を満たせばその後者もその性質を満たすとき、すべての自然数はその性質を満たす。

このように、ある自然数の次の数を与える関数を、後者関数と呼び、suc(x)と書きます。suc(5) = 6、suc(17) = 18 です。だから、後者関数を使って自然数を作るときは、次のように入れ子で関数を適用していくことになります。

```
0 = 0
1 = suc(0)
2 = suc(1) = suc(suc(0))
3 = suc(2) = suc(suc(suc(0)))
  ⋮
  ⋮
```

そしてここが肝心なのが、実はこの後者関数についても、その具体的な中身については一切決められていない、ということです。中でどういう操作をしてもいいから、とにかく次の数を生み出す関数が存在すればいい、というゆるい条件なのです。再度、結婚相手の条件にたとえるなら、「どんな職業に就いているかは問わないから、とにかく年収1千万を超えていればいい」ということです。手段は問わず、結果しか興味がないのです。

もちろん、ノイマンたち3人の考えた自然数にも、この後者関数が存在します。

　　　ノイマンとフレーゲの後者関数：suc(a) = a ∪ { a }
　　　ツェルメロの後者関数　　　　：suc(a) = { a }

このように、後者関数の中身が、ノイマン＝フレーゲとツェルメロとで異なりますが、特に問題はありません。山梨県から登っても静岡県から登っても同じ富士山の頂上に着くのと同様、どういうルートをたどろうと同じ後者へ行き着きさえすればいいのです。

さて、ここまで来て、ようやく1番の疑問に対して回答を返すことができるようになりました。すなわち、ノイマンたちは、**ペアノの定義に見合う構成方法を考えた**ということです。どこまでを「定義」と見なすかはそれこそ定義次第ですが、実用を考えれば、具体的な構成方法（後者関数）までセットで初めて定義として意味を持つでしょう。

そしてこのことから、2番目の疑問に対する答えも出てきます。自然数を構成する材料として、**別に集合を使う必要はない**のです。実際、コンピュータサイエンスと関連の深いところでは、ラムダ計算による関数を使った構成法が知られています。ラムダ計算で構成する自然数には、アロンゾ・チャーチからその名をとった「チャーチ数」という名前が付いていますが、「数」とはいうものの、その内実は、関数を引数にとって関数を出力する高階関数です。やはり次のように再帰的に自然数を作ることができます。

0 : λ f x. x
1 : λ f x. f x
2 : λ f x. f (f x)
3 : λ f x. f (f (f x))

　ノイマンたちが活躍した19世紀末から20世紀初頭には、まだあまり抽象代数が発達していなかったので、こういう抽象性の高い定義に沿った構成を行なう材料としては、当時最も抽象度の高い概念と目されていた集合が真っ先に候補になった、というのが事の次第です。

SQL の魔術と科学

　SQLでのランキング算出という実務的な話から、20世紀初頭の数学史へ、ずいぶん遠いところまで話が飛びました。ちょっと飛躍しすぎたでしょうか。でも、実践と理論のこの意外なほどの距離の近さが、SQLとリレーショナルデータベースのスリリングなところだ、と筆者は思います。RDBという扉の奥には、驚くほど豊かな世界が広がっているのです。そしてその扉を開ける鍵は、意外なことによく見知っているはずのSQLです。

　最初はいったいどういう動作をしているのかわからず、呪文のように見えたランキング算出のクエリも、こうして理論的背景まで俯瞰してみると、1つの数学的体系の一部を成しているという事実が見えてきます。この「魔術から科学へ」至る理解のプロセスは、エンジニアやプログラマという仕事の醍醐味の1つに違いありません。

22 NULL 撲滅委員会

> ▶ 万国の DB エンジニア、団結せよ！
> 第1部「4 3値論理とNULL」では、SQLの3値論理についての理論的背景について、第2部「20 神のいない論理」では、その歴史的背景について解説してきました。本章では、これら2つの章を受けて、実務においてどのようにNULLへ対処していけばよいか、1つの指針を提示します。

決意表明〜スベテノ DB エンジニア ニ 告グ〜

　全国1千万のDBエンジニアの皆様、こんにちは。NULL撲滅委員会極東支部長のミックです。皆様におかれましては日々、DBの構築、SQL作成、パフォーマンスチューニング、本番データの入ったテーブルをいともあっさりDROP した新入社員の尻拭いと、獅子奮迅の働きにてチームを支えておられるであろうと存じます。さて、本日私が筆をとりましたのは、昨日、米国本部において満場一致で採択されました**NULL撲滅基本宣言**への極東支部における周知徹底を図りたいと考えたためです。

　念のため基本的なところを確認しておきますと、NULLというこの面妖な怪物の質の悪いところは、最初は私たちの感覚に心地よく合致すると感じられるため、**ごく自然にスルッとシステム設計の中に忍び込んできて、気がついたときにはシステムをどうしようもなく複雑で、非効率的で、直観に反する動作をするに至らしめ**、開発も運用も困難なものにしてしまうところにあります。ゆえに、NULLのもたらす脅威から身を守るには、第一にその正体をよく知り、どのようなメカニズムによってシステムに猛威を振るうのかを理解することです。私はすでに、第1部「4 3値論理とNULL」において、この怪物の生態をある程度明らかにする一文を寄せました。

　しかしそこでは、主に紙面スペースの問題から、この敵から身を守る具体的な方法——といっても、大したものではなく、設計の際の心構え程度のものですが——を詳述することができませんでした。本章では、これを明らかにし、できるなら皆様にもNULL撲滅運動への参加を強く促したいと思う所存です。

なぜ NULL がそんなに悪いのか？

　NULLが悪いとされる理由は、挙げればキリがありませんが、代表的なものは次の通りです。

1. SQLのコーディングにあたり、人間の直観に反する3値論理を考慮せねばならない。
2. IS NULL、IS NOT NULLを指定する場合、インデックスの利用に制限が入りパフォーマンスが悪い。多くのDBMSではインデックスにNULLが多いとインデックスが参照されなかったり、Oracleのようにそもそもインデックスが使用されない実装もある。
3. 四則演算またはSQL関数の引数にNULLが含まれると「NULLの伝播」が起こる。
4. SQLの結果を受け取るホスト言語において、NULLの組み込み方が標準化されていない。また、DBMS間でもNULLの扱いに関する仕様が不統一。
5. 通常の列の値と違って、NULLは行のどこかに余分なビットを持つことで実装されている。そのため記憶領域を圧迫したり、検索パフォーマンスを悪化させたりする。
6. NULLを含むカラムに作成するユニークインデックスの「ユニーク」の意味が各RDBMSで違う。たとえば、複数のNULLを含む列にユニークインデックスを作成するとき、NULLの重複によってエラーになったりならなかったりする。
7. NULLは値ではないため、ORDER BY句によるソートの際のルールを意識する必要がある。NULLは定義域に含まれる値ではないため、本来は順序も付けられない。しかし実務上はレポートのどこかに表示しなければならないので、一般には最大値か最小値として扱われる。これがまた実装によってどちらがデフォルトかが異なり、話をややこしくしている[*1]。

1. の理由は、私が思うにNULLを排除すべき最大の理由ですが、すでに「4 3値論理とNULL」で述べたのでここでは繰り返しません（時折、NULLをガンガンに許可しながらSQLが2値論理で動作すると盲信している、はた迷惑な輩の存在を耳にしますが、言語道断です。速やかにその性根を修正してやらねばなりません）。また2. は、パフォーマンスチューニングの際に気をつけるポイントとしてよく知られているものです。3. については、ここで少し説明しましょう。たとえば四則演算の対象にNULLが含まれた場合、

```
1 + NULL = NULL
2 - NULL = NULL
3 * NULL = NULL
4 / NULL = NULL
NULL / 0 = NULL
```

というように、演算結果も問答無用でNULLに化けてしまいます。最後の例からわかるように、0除算の場合ですらエラーになりません。SQL関数の多くも、NULLに

[*1] 標準SQLでは、ORDER BY句でNULLを先頭と末尾のどちらに表示するかを制御するNULLS FIRST、NULLS LASTというオプションが定義されており、Oracle、PostgreSQL、Db2などで利用できます。

対してはNULLを返す仕様になっています。この現象を「**NULLは伝播する**（NULLs propagate）」と言います。propagateという単語は、「（雑草が）はびこる」のように負のニュアンスを持って使われることもあり、NULLの厄介者ぶりを表わすにはぴったりの表現です。

意外と知られていない、あるいは注意を払われていないのが、4. から7. の理由ではないでしょうか。正直、この3点については、ホスト言語やDBMSの実装次第というところもあり、今後解消されていく可能性は大いにあります。しかし、p.78のコラム「文字列とNULL」でも紹介した通り、現在は実装間の不一致が大きく、NULLを多用すればマイグレーションの際に思わぬ落とし穴にハマる危険が高くなります。

しかしNULLを完全に排除することはできない

「支部長がいきなり何を言い出すんだ」と思うかもしれませんが、いや実際、リレーショナルデータベースの世界からNULLを永久追放するのは難しいのです。また、さして重要でない列にNULLが入っているぐらいは目をつむるのが、現場のエンジニアとしての感覚でもあります。

NULLの永久追放が難しい理由は、それがあまりにもRDBの奥底に根を張る存在だからです。単純にテーブルの全列にNOT NULL制約を付加すれば済む話ではないのです。たとえそうしたとしても、外部結合や、SQL:1999で追加されたCUBEやROLLUP付きのGROUP BY句を使うことで、NULLは簡単に入り込んできます。だから、私たちにできることはせいぜい、「極力」NULLを排除することだけなのです。そしてまた、うまく使えばNULLが大変便利な概念であることは間違いありません。問題は、その「うまく使う」ことがNULLに関してはとても大変なことなのです。NULLの怖さは、うまく御していると思って油断していると**背後から一突きされる**ことの恐怖です。

そのようなわけで、NULLの扱い方は、識者の間でも議論の絶えないテーマです。コッドは、NULLが関係モデルにとって不可欠な要素であると確信していました。コッドの盟友にして現在最も指導的な論者であるデイトは、NULL撲滅運動の最右翼です。「NULLを追放せよ、NULLこそがすべての元凶である」と叫ぶ彼のNULL憎悪の深さは、以下のような短い文章からもはっきりと読み取れます[*2]。

> 要するに、nullが存在するとしたら、リレーショナルモデルの話でないことは確かである（何の話なのかはわからないが、とりあえずリレーショナルモデルではない）。nullが登場した時点で、それまで築き上げてきたものは全て崩れ落ち、白紙の状態に戻るのである。

[*2] C.J.Date『データベース実践講義』（オライリー・ジャパン、2006）、p.59

私も、心情としてはデイトの味方をして過激派に身を投じたい衝動を感じますが、場末のエンジニアの現実感覚に最も合致するのは、セルコの穏健な人生処方です。そこで以後、極東支部としては、次の言葉を公式方針としたいと思います[*3]。

　　NULLは薬だと思ってほしい。正しく使っている限りは有用だが、乱用すればすべてをぶち壊す。最良の選択は、可能な限り使用を避けて、どうしても使わざるを得ないときだけ、適切に使用することだ。

　ただの日和ではないか、ですって……まあそう言わないでください。人生の真実は決して純粋さを求める過激な主張の中にはないのですから。このあたりが現実的な落としどころでしょう。
　さて、それでは次に、具体的にいくつかのケースに分けて、NULL排除の指針を考えてみましょう。

コードの場合──未コード化用コードを割り振る

　きっと皆さんが使うデータベースのテーブルには、色々な種類のコードが格納されていることでしょう。たとえば、企業コード、顧客コード、県コード、性別コード、等々。性別のように、一般的に「フラグ」と呼ばれることの多い属性も、大きく見ればコードに含めてよいでしょう。フラグとは要するに2つの値しか保持しないコードのことです。こうしたコード類は、システムにとって重要な列であることが多いものです。検索や結合のキーとなることも多いでしょう。したがって当然、NULL排除の第一標的となります。
　解決策は簡単で、**未コード化用コードを割り振る**ことです。たとえば、ISOの性別コードでは、1：男性、2：女性のほかに、0：未知、9：適用不能という2つの未コード化用コードが体系に組み込まれています。コード9は法人に使われます。これは素晴らしい解決です。図らずもコッドが分類した2つのNULL、「未知」と「適用不能」に対応するコードが採用されています[*4]。
　常に2つのコードを用意する必要はありません。1つで十分な場合も多いと思います。たとえば不明な顧客コードを持つ顧客をそれでもDBに登録しなければならない場合、不明を表わすコードとして「XXXXX」等を用意すればよいでしょう。ここで「99999」のようなコードを使うことは避けたほうがよいと考えます。なぜなら、コードには多くの場合、数字が使われるため、ありえないと思って未コード化用コードに

[*3] ジョー・セルコ『プログラマのためのSQL 第4版』（翔泳社、2013）、p.261
[*4] この分類については第1部「4　3値論理とNULL」（p.60）を参照。

採用したコードを持つ顧客が現実に出現してしまう可能性があるからです。そのため、コード列は必ず文字型で宣言すべきです。時々、無頓着にコード列を数値型で宣言しているテーブルを見かけますが、感心しません[*5]。

名前の場合──「名無しの権兵衛」を割り振る

きっと皆さんが使うデータベースのテーブルには、コードに劣らず多種多様な種類の名前が格納されているはずです。名前の場合も、方針はコードの場合と同じです。すなわち、不明を表わす値を与えることです。「不明」でも「UNKNOWN」でも、開発チーム内で共通了解の得られた適当な名前を与えましょう。

一般に、名前はコードに比べてキーに使われる頻度は少なく、付加的な意味しか持たない場合が多いので[*6]、あまり撲滅に目くじらを立てる必要もないのですが、やっておくにこしたことはありません。

数値の場合──0で代替する

数値型の列の場合、筆者が最も良いと考えるのは、最初からNULLを0に変換してデータベースへ登録することです。NULLを許可しておいて集計時にNULLIF関数やIS NOT NULL述語で排除する、という方法は勧めません。経験上、NULLを0に吸収させて問題化したことは、あまりありません。しかも、NULLを排除したことによる恩恵を受けられます。

もっとも、厳密に考えればこのやり方が乱暴であることは否めません。セルコも言うように、「（所有している車の）ガソリンタンクが空なのと、車を持っていない」は異なるものです[*7]。したがって現実的な案としては、

1. 0に変換する。
2. どうしても0とNULLを区別したい場合だけ、NULLを許可する。

[*5] コード列を文字型で宣言したほうがよい理由は、他にも2つあります。
第一に、コードは多くの場合桁数が固定で、前ゼロが入るからです。たとえば3桁のコードであれば「008」「012」のように。数値型では前ゼロが削られて、ただの「8」や「12」になってしまいます。これではソートもうまく並びません。
第二に、一度データの入ってしまったテーブルに対して後から型を変えようとするのは大変です。数値と文字型の変換を行なうには、一度データをすべて削除しなければならないこともあるでしょう。何事もそうですが、最初が肝心です。

[*6] 逆に、名前をキーに使用しているテーブルがある場合、設計に何か間違いがあると疑ってください。本書では名前をキーにしたサンプルテーブルを使っていますが、これはあくまでわかりやすくするための便宜的なものです。

[*7] ジョー・セルコ『プログラマのためのSQL 第4版』（翔泳社、2013）、p.273

313

ということです。願わくは0に変換することですべてうまくいくことを祈っています。

日付の場合──最大値・最小値で代替する

　日付の場合、NULLの持つ意味合いが多岐にわたるので、その場その場でデフォルト値を使うか、NULLを許可するかの判断が必要になります。

　日付が開始日や終了日など「期限」を意味する場合は、「0001-01-01」や「9999-12-31」のように可能な最大値・最小値を使うことで対応できます。たとえば社員の入社日やカードの有効期限を示す用途での日付が、これに該当します。この方法は、昔からよく使われています。

　一方、デフォルト値がそもそもわからない場合、たとえば歴史上の事件が起きた年月や誰かの誕生日など、「未知」のNULLに相当する場合は、先のように意味ある値を入れることはできません。この場合は、NULLを許可してもよいでしょう。

指針のまとめ

　さて、4つのデータ種類に分けてNULL撲滅の具体的手段を述べてきました。まとめるならば、

1. まずデフォルト値を入れられないか検討する。
2. どうしようもない場合だけNULLを許可する。

ということです。これだけでも、かなりNULLのもたらす厄介事からシステム開発を解放できるはずです。あるいは「そのやり方ではうまくいかない」とか「もっとよい方法がある」ということもあるでしょう。その場合は、ぜひ、支部長までご一報ください。

　最後に参考文献を紹介して終わります。

1. Bill Karwin『SQLアンチパターン』（オライリー・ジャパン、2013）
   ISBN 9784873115894
   「第13章　フィア・オブ・ジ・アンノウン」で、テーブル設計におけるNULLの問題を論じています。スタンスとしては支部長と同じく、「極力NULLは使わず、どうしても必要なところだけで使う」という穏健派です。
2. JohnL.Viescas、DouglasJ.Steele、BenG.Clothier『Effective SQL』（翔泳社、2017）
   ISBN 9784798153995
   NULLとインデックスに関して「項目10　インデックスを作成するときのnullの扱い」で、実装ごとの特徴を踏まえて丁寧な指針が記述されています。

23 SQLにおける存在の階層

> ▶ 厳しき格差社会
> SQLでは、GROUP BYを使って集約した場合、集約キーを除いて、もとのテーブルの列名をそのまま参照することはできなくなります。SQLに不慣れなプログラマは、この制約をわずらわしいもの、不要なものと感じますが、これは、存在の階層を厳密に区別するSQLの論理の1つの現われなのです。一見すると不思議なこの現象を手がかりに、SQLの本質へ迫ります。

述語論理における階層、集合論における階層

第1部「5 EXISTS述語の使い方」で、SQLに述語論理の概念である「階（order）」が導入されていることについて解説したことを覚えているでしょうか。この概念は、存在の階層を区別するもので、集合論における要素と集合の区別、述語論理における入力値と述語の区別に関わる重要な概念でした。

SQLでは、EXISTS述語を使うときに、オーダーを意識すると理解しやすいということは、先述の通りです。ところで、実はもう1つ、SQLにおいて「存在の階層」が重要な意味を持つ部分があります。それはどこかと言えば、私たちの誰にとっても非常になじみ深い演算——GROUP BYによる集約です。

EXISTSの場合、階層の差はEXISTSという述語とその入力値に関わるものでしたから、これはいわば述語論理におけるオーダーでした。一方、GROUP BYにおけるオーダーは、要素と集合の区別に関わるものなので、こちらは、集合論におけるオーダーです。GROUP BYというありふれた演算子も、意外に考えさせられるところがたくさんあるのです。本章では、その秘密を解き明かしていきましょう。

なぜ集約すると、もとのテーブルの列を参照できなくなるのか？

では早速、具体的な例を通して考えていきましょう。「18　GROUP BY と PARTITION BY」でも使った次のテーブルをサンプルに用意します。

Teams

member	team	age
大木	A	28
逸見	A	19
新藤	A	23
山田	B	40
久本	B	29
橋田	C	30
野々宮	D	28
鬼塚	D	28
加藤	D	24
新城	D	22

　A～Dまでの4チームに配属されたメンバーの情報を管理するテーブルでしたね。例によって、このテーブルをチームごとに集約するクエリから始めましょう。

```
-- チーム単位に集約するクエリ
SELECT team, AVG(age)
  FROM Teams
 GROUP BY team;
```

【結果】

```
team  AVG(age)
----  --------
A     23.3
B     34.5
C     30.0
D     25.5
```

　このクエリには、何の問題もありません。チームごとの平均年齢を求めています。では、これにちょっと変更を加えて、次のクエリはどうでしょう。

```
-- チーム単位に集約するクエリ？
SELECT team, AVG(age), age
  FROM Teams
 GROUP BY team;
```

316

このクエリは、エラーになります。原因は、SELECT句に追加した「age」列を選択することができないからです。昔のMySQLは、こういうクエリを通すような独自拡張を施していましたが、標準違反なので互換性はありません。あまりプログラミングの際にこの拡張に頼るべきではありません（MySQLもバージョン8.0以降ではこの挙動は修正されています）。

さて、標準SQLでは、テーブルを集約した場合、SELECT句に書くことのできる要素を、次の3つに制限しています。

1. GROUP BY句で指定した集約キー
2. 集約関数（SUM、AVGなど）
3. 定数

SQLの初心者は、この禁則に無頓着なため、集約クエリのSELECT句に余計な列を加えてしまうエラーを頻繁に犯します。データベースから繰り返し怒られているうちに次第に慣れて、そのうち意識しなくても正しいクエリが書けるようにはなりますが、しかし、なぜこういう制限が設けられているのか、その理由を正しく理解している人は意外に少ないものです。皆さんも、部下として配属された新米プログラマに「なぜ、もとのテーブルの列をSELECT句に書いてはいけないのか？」と面と向かって質問されたら、返答に困ってしまいませんか。

実は、ここにこそ、本章のテーマの根幹に関わる問題が潜んでいます。今、Teamsテーブルにおけるage列は、メンバー一人一人の年齢の情報を保持しています。そして重要なことは、年齢というのが一個人についてまわる属性であって、チーム全体の属性ではない、という点です。チームというのは、複数の人間が集まって作られた集合です。したがって、チームが持つ属性は、平均や合計など**統計的属性**に限られるのです（図23.1）。

■ 図 23.1 個人と集団の属性の違い

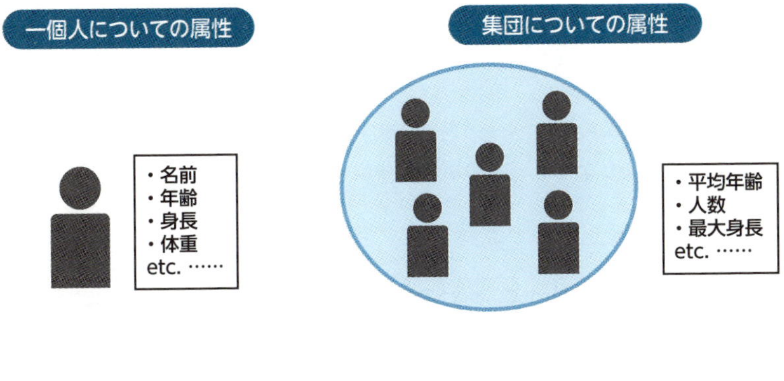

一個人についての属性
・名前
・年齢
・身長
・体重
etc. ……

集団についての属性
・平均年齢
・人数
・最大身長
etc. ……

1人の人間について「年齢は？」とたずねることはできても、複数の人間の集まった集団に対して「年齢は？」とたずねることはナンセンスです。集団については、もう「平均年齢は？」とか「最大の身長は？」という問い方しか意味をなしません。個人に適用できた属性を集団についても当てはめようとすることは、純然たるカテゴリーミステイクにほかならないのです。そして、「18　GROUP BY と PARTITION BY」で見たように、GROUP BYは、個々の要素を集合に振り分ける機能を持つのでした。こうしてみると、関係モデルにおいて、列の正式名称が「属性」と呼ばれている理由も納得がいくでしょう。

　昔のMySQLのように階層の区別をまるっと無視することは、エラーが出なくて気分はよいかもしれませんが、それはSQLの土台となる論理を無視することと同義です[*1]。GROUP BYで集約を行なうことによって、SQLが扱う対象は、「行」という0階の存在から、「行の集合」という1階の存在へ変化します。その時点で、行の属性はすべて参照不可となります。SQLの世界は、かくも厳しく階層が分け隔てられた階級社会なのです。高階の存在に低階の存在の属性を適用することは、秩序紊乱な振る舞いとして厳罰に処されます。

　したがって、次のクエリがエラーとなることも、同じ理由によって、すでに明らかでしょう。

```
-- エラー
SELECT team, AVG(age), member
  FROM Teams
 GROUP BY team;
```

チームについて「名前は？」と問われても答えようがありません。もしどうしてもmember列を結果に含めたいならば、集約関数の形で次のように書くほかありません。

```
-- 正しい
SELECT team, AVG(age), MAX(member)
  FROM Teams
 GROUP BY team;
```

MAX(member)はチームのメンバーの名前を何らかの順序に並べて最後に来る名前ですから、これはまぎれもなくチームの属性です。

[*1] 逆に、SQLの構文をうまく守りながら存在の階層を無視する結果を生成するのが、ウィンドウ関数です。第1部「7　ウィンドウ関数で行間比較を行なう」(p.137) を参照。

このクエリを少し応用すると、次のような「チームで最高齢の年齢の人物」まで結果に含めるようなSQLも作ることが可能になります。

```
SELECT team, MAX(age),
       (SELECT MAX(member)
          FROM Teams T2
         WHERE T2.team = T1.team
           AND T2.age = MAX(T1.age)) AS oldest
  FROM Teams T1
 GROUP BY team;
```

結果

team	max(age)	oldest
A	28	大木
B	40	山田
C	30	橋田
D	28	野々宮

　これは、ちょっと意外性のある面白いクエリです。「member」というのは、集約前のテーブルの属性ですから、普通に考えると、集約後の結果に含めることは（階層が異なるため）不可能です。しかし、このようにスカラサブクエリを利用することで、それが実現できるのです。

　このクエリのポイントは2つあります。まず1つ目は、サブクエリ内のWHERE句で「MAX(T1.age)」という集約関数を条件に使用していることです。私たちは、SQLを初めて習うとき、WHERE句で集約関数を用いることはできないと教わりますが、このケースでは問題なく利用できます。理由は、外側のT1テーブルを集約したことによって、SELECT句で集約関数が参照可能になるからです（そのため、逆にサブクエリ内の条件で「age」列を裸で利用することはできません）。SQLの階層の区別がいかに厳格か、おわかりいただけるでしょう。

　もう1つのポイントは、1つの部門に最高齢のメンバーが複数いる場合、そのうちの任意の1人を代表に選ばねばならない、という点です。これは、サブクエリのSELECT句で「MAX(member)」を使うことで実現しています。たとえば、Dチームは野々宮さんと鬼塚さんの2人が最高齢ですが、結果には野々宮さん1人だけを表示しています。MAX関数を使わないと、サブクエリが複数行を返すため、エラーになります。

単元集合も立派な集合です！

　ここまでの説明で、集合の要素（元とも呼びます）と集合の区別が、SQLにおいて非常に重要なものであることは、理解していただけたと思います。ところで、ここで一点、注意してほしいことがあります。

　チーム「C」に着目してください。このチームは、チームと言いながら橋田さん1人しか含んでいません。したがって、チームの平均年齢というのは、端的に橋田さんの年齢と等しくなります。これは、年齢に限らず他の属性についても同様です。要素を1つしか持たない集合を、集合論では**単元集合**（singleton）と呼びますが、一般的に、この単元集合の属性は元の属性と完全に一致します（図23.2）。そうすると、このような1つしか要素を含まない集合というのは、わざわざ集合と見なす必要もないような気がします。実際、数学の歴史においても、最初は単元集合を認めるかどうかで議論がありました。「要素と実質的に同じなら、わざわざ集合と考えなくてもいいのでは」という意見も、やはりあったのです。

■ 図23.2　単元集合では、要素の属性と集合の属性が一致する

　しかし、結論から言うと、現在の集合論ではこうした単元集合を正当な集合として認めています。単元集合は、空集合と同じく、主に理論を整合的に保つためにその存在を保証されました。そのため、集合論の理論を応用したSQLにおいても、当然ながら要素と単元集合はきっちり区別されます。要素aと集合 {a} の間には、歴然とした階層の差が設けられているのです。

a ≠ {a}

　この階層の区別は、そのままWHERE句とHAVING句の区別に対応します。WHERE句が行という0階の存在を相手にするのに対し、HAVING句は行の集合という1階の存在を相手にします。

さて、いかがでしたでしょう。なぜ集約クエリのSELECT句に、もとのテーブルの列を裸で書くことが許されないか、理由を納得していただけましたか。もし明日、新米プログラマにこの素朴な疑問をたずねられたら、先輩としてちゃんと答えてあげてくださいね。

第 **3** 部

付録

A ……… 演習問題の解答
B ……… 参考文献

A 演習問題の解答

第1部の各章末に付した演習問題の解答と解説です。全部解けたら中級の段位認定です。

解答 1 CASE 式のススメ

➡ 演習問題1-① 複数列の最大値

2列のうちの最大値を求めるのは、簡単ですね。「yがxより大きければyを、そうでなければxを返す」という分岐を表現すればよいのです。

```
-- xとyの最大値
SELECT key,
       CASE WHEN x < y THEN y
            ELSE x END AS greatest
  FROM Greatests;
```

3列以上へ拡張する場合も、基本的な考え方は同じですが、今度は上の結果をさらに分岐の条件に組み込んで入れ子構造にします。そう、ここでCASE式が入れ子にできることがものを言います。

今、上の解答でxとyの勝負はついています。今度は、その勝者とzを比較すればよいのです。

```
-- xとyとzの最大値
SELECT key,
       CASE WHEN CASE WHEN x < y THEN y ELSE x END < z
            THEN z
            ELSE CASE WHEN x < y THEN y ELSE x END
       END AS greatest
  FROM Greatests;
```

「CASE WHEN x < y THEN y ELSE x END」という上のCASE式をさらにCASE式の中に入れています。この（強引な）大技が可能なのも、ひとえにCASE式が実行時にはスカラ値になるからこそです。4列、5列と増えていった場合にも、同じ要領で一般化することが可能ですが、入れ子が深くなりすぎるとコードが読みづらくなります。その場合は、次のように行列変換してMAX関数を使うというのも1つの手です[*1]。

```
-- 行持ちに変換してMAX関数
SELECT key, MAX(col) AS greatest
  FROM (SELECT key, x AS col FROM Greatests
        UNION ALL
        SELECT key, y AS col FROM Greatests
        UNION ALL
        SELECT key, z AS col FROM Greatests) TMP
 GROUP BY key;
```

結果

```
key    greatest
-----  --------
A             3
B             5
C             7
D             8
```

また、実装依存の関数を使えば、次のように簡単に書けます。標準SQLにもぜひGREATESTとLEASTは入れてほしいところです。

```
SELECT key, GREATEST(GREATEST(x,y), z) AS greatest
  FROM Greatests;
```

➡ 演習問題1-② 合計と再掲を表頭に出力する行列変換

CASE式による水平展開では、一度ある列の集計に使われた行を別の列の集計に使っても問題ありません。その意味で、各列は「独立している」と言ってもいいかもしれません。したがって、素直に「全国」や「四国」などの条件を作ってやれば答えが出ます。

[*1] この方法は、Andrew Cumming、Gordon Russell『SQL Hacks』（オライリー・ジャパン、2007）の「5-30　複数列の最大値を求める」で紹介されています。UNIONよりはUNION ALLを使うほうがパフォーマンスに優れます。

```
SELECT sex,
       SUM(population) AS total,
       SUM(CASE WHEN pref_name = '徳島'
                THEN population ELSE 0 END) AS col_1 -> tokushima,
       SUM(CASE WHEN pref_name = '香川'
                THEN population ELSE 0 END) AS col_2 -> kagawa,
       SUM(CASE WHEN pref_name = '愛媛'
                THEN population ELSE 0 END) AS col_3 -> ehime,
       SUM(CASE WHEN pref_name = '高知'
                THEN population ELSE 0 END) AS col_4 -> kouchi,
       SUM(CASE WHEN pref_name IN ('徳島', '香川', '愛媛', '高知')
                THEN population ELSE 0 END) AS saikei
  FROM PopTbl2
 GROUP BY sex;
```

「全国」とは、都道府県によらずすべての行を合計することですから、条件なしでSUMすればOKです。一方、「四国(再掲)」は、4県だけの行を合計対象としますから、INで対象県の条件を指定しています。

ちなみにこれは余談ですが、もし合計や再掲がこの問題のように表頭(つまり列)ではなく、表側(つまり行)の側に来た場合は、どうすればいいでしょう。ちょうど、ここで求めたクロス表の表頭・表側を入れ替えた形です。実は、こちらのほうがずっと求め方が難しくなります。SQLでは、表頭がいくら複雑になってもお茶の子さいさいですが、表側が複雑な場合は扱いが困難になります。

➡ 演習問題1-③　ORDER BYでソート列を作る

考え方としては、ソート列をCASE式で作ることになります。答えは次のようになります。

```
SELECT key
  FROM Greatests
 ORDER BY CASE key
             WHEN 'B' THEN 1
             WHEN 'A' THEN 2
             WHEN 'D' THEN 3
             WHEN 'C' THEN 4
             ELSE NULL END;
```

結果

```
key
---
B
A
D
C
```

あるいは、ソート列も結果に表示したいなら、SELECT句にソート列を含めましょう。

```
SELECT key,
       CASE key
           WHEN 'B' THEN 1
           WHEN 'A' THEN 2
           WHEN 'D' THEN 3
           WHEN 'C' THEN 4
           ELSE NULL END AS sort_col
  FROM Greatests
 ORDER BY sort_col;
```

結果

```
key  sort_col
---  --------
B           1
A           2
D           3
C           4
```

ちょうど、「既存のコード体系を新しい体系に変換して集計する」（p.5）で、SELECT句で作った列をGROUP BY句で参照する書き方と似ていますが、こっちはちゃんと標準SQLにのっとった書式です。というのは、ORDER BYはSELECTの次に実行されるため、SELECT句で作られた計算列（今の例だとsort_col）を参照できるからです。

このクエリは、問題文で「あまり推奨しない」と書いたように、いくつかの問題を含みます。まず第一は、テーブル設計のまずさです。最初からソート用の列をテーブルに持っておけば、こんな苦肉の策は必要ありません。そして第二に、SQLの仕事はあくまでデータ検索にあるのであって、結果の見た目の整形はホスト言語の仕事です。

しかしそうはいっても、このクエリに頼らざるをえない局面に遭遇することもしばしばあります。そのため、ここで紹介した次第です。

解答 2　必ずわかるウィンドウ関数

➡演習問題2-①　ウィンドウ関数の結果予想 その1

結果は次のようになります。

結果

```
server    sample_date    sum_load
--------  ------------   --------
A         2018-02-01     74448
A         2018-02-02     74448
A         2018-02-05     74448
A         2018-02-07     74448
A         2018-02-08     74448
A         2018-02-12     74448
B         2018-02-01     74448
B         2018-02-02     74448
B         2018-02-03     74448
B         2018-02-04     74448
B         2018-02-05     74448
B         2018-02-06     74448
C         2018-02-01     74448
C         2018-02-07     74448
C         2018-02-16     74448
```

　sum_load列は、全行に「74448」という単一の値が現われています。これは、load_valの全行分の合計値です。PARTITION BY句がないため、ウィンドウ全体が1つの大きなパーティションとして扱われるので、このような結果になります。このルールは、GROUP BY句のない集約関数を使った際に、テーブル全体が1つの大きなグループとして扱われるのと同じですから、すんなり理解できるでしょう。

　また、集約関数をウィンドウ関数として使う場合にORDER BY句がないと、レコードを順序付けた累計的な計算は行なわれず（どういうルールで順序付ければよいか不明なので当然です）、単純にそのパーティションに対して集約関数が適用されます。そのため、この場合は単純に、テーブルの全行のsum_load列の合計値がウィンドウ関数によって計算されたわけです。

➡演習問題2-②　ウィンドウ関数の結果予想 その2

結果は次のようになります。

結果

server	sample_date	sum_load
A	2018-02-01	8521
A	2018-02-02	8521
A	2018-02-05	8521
A	2018-02-07	8521
A	2018-02-08	8521
A	2018-02-12	8521
B	2018-02-01	62427
B	2018-02-02	62427
B	2018-02-03	62427
B	2018-02-04	62427
B	2018-02-05	62427
B	2018-02-06	62427
C	2018-02-01	3500
C	2018-02-07	3500
C	2018-02-16	3500

　PARTITION BY句が追加されたことで、severごとにパーティションを区切ってその中でSUM関数の計算が行なわれることになります。依然としてORDER BY句がないため、単純にパーティションに対して集約関数が適用されるので、パーティション内部の負荷量の合計（要するにサーバごとの負荷量の合計）が計算されることになります。

解答 3　自己結合の使い方

➡ 演習問題3-① 重複組み合わせ

　組み合わせを求めるとき、結合条件には不等号を使いました。これだと当然、同じ商品の組み合わせは作られません。そこで、ここに等号を付け加えるだけです。

```
SELECT P1.name AS name_1, P2.name AS name_2
  FROM Products P1 INNER JOIN Products P2
 ON P1.name >= P2.name;
```

　これで、重複順列、順列、重複組み合わせ、組み合わせの4パターンすべてがSQLで作れました。あとは要件に適したタイプの組み合わせを使ってください。

> ➡ **演習問題3-②　ウィンドウ関数で重複削除**

　(name, price)で一意になっていないということは、逆に言うと、この2つの列をキーとするパーティションを作って一意な連番を振れば、その連番が「1」のレコード以外は不要だということです。

```
-- (name, price)のパーティションに一意な連番を振ったテーブルを作成
CREATE TABLE Products_NoRedundant
AS
SELECT ROW_NUMBER()
          OVER(PARTITION BY name, price
                  ORDER BY name) AS row_num,
       name, price
  FROM Products;
```

結果 Products_NoRedundant

row_num	name	price	
1	バナナ	80	
1	みかん	100	
2	みかん	100	← 不要
3	みかん	100	← 不要
1	りんご	50	

　あとは、連番が1以外のレコードを削除するだけです。

```
-- 連番が1以外のレコードを削除
DELETE FROM Products_NoRedundant
 WHERE row_num > 1;
```

　なお、Products_NoRedundantを使うのではなく、ビューを使って一発のクエリで削除できないか、と考えた人もいるかもしれません。

```
DELETE FROM
      (SELECT ROW_NUMBER()
                OVER(PARTITION BY name, price
                        ORDER BY name) AS row_num
         FROM Products)
 WHERE row_num > 1;
```

これは、SQL Serverのように動作するDBMSもありますが、Oracle、MySQLなど多くのDBMSでは動作しません。その理由は、たとえばMySQLでは、ウィンドウ関数を使ったサブクエリが実体化され、元のテーブルとは別のオブジェクトとして保持されるためです[*2]。

Window functions affect the strategies the optimizer considers:

・Derived table merging for a subquery is disabled if the subquery has window functions. The subquery is always materialized.

MySQL 8.0 Reference Manual - 8.2.1.19 Window Function Optimization
https://dev.mysql.com/doc/refman/8.0/en/window-function-optimization.html

解答 5 EXISTS述語の使い方

➡ 演習問題5-① 配列テーブル──行持ちの場合

「すべての行についてval = 1である」という全称条件をEXISTSで記述するには、二重否定を使うのでした。したがって、

すべての行についてval = 1である
= val <> 1である行が存在しない

という条件を作りましょう。これをSQLに翻訳すると次のようになります。

```
SELECT DISTINCT key
  FROM ArrayTbl2 AT1
 WHERE NOT EXISTS
       (SELECT *
          FROM ArrayTbl2 AT2
         WHERE AT1.key = AT2.key
           AND AT2.val <> 1);
```

ところが、これはうまくいきません。結果には確かにCは含まれるのですが、余計なA まで出てきてしまうのです。

[*2] この演習問題の解答は、木村明治氏より教えていただきました。

■ 間違った結果

```
key
----
A
C
```

なぜAが出てくるか。ここは微妙なポイントなのでよく考える必要があります。Aは「オールNULL」のエンティティでした。したがって、サブクエリ内の「val <> 1」の条件について、Aのすべての行はunknownに評価されます。その結果、Aの10行はサブクエリにおいて決して行を返さないので、反対に外側のNOT EXISTSはAについてtrueと見なすのです。具体的にステップを追えば、次のようになります。

```
-- ステップ1：NULLとの比較
WHERE NOT EXISTS
        (SELECT *
           FROM ArrayTbl2 AT2
          WHERE AT1.key = AT2.key
            AND AT2.val <> NULL);

-- ステップ2：NULLとの比較がunknownに評価される
WHERE NOT EXISTS
        (SELECT *
           FROM ArrayTbl2 AT2
          WHERE AT1.key = AT2.key
            AND unknown);

-- ステップ3：サブクエリが行を返さないので、NOT EXISTSはこれをtrueに評価する
WHERE true;
```

これは、「4 3値論理とNULL」でNOT INとNOT EXISTSの互換性について論じた箇所でも問題になった、SQLの欠陥によるものです。サブクエリのSELECTが行を返さないケースには、実は条件がfalseの場合とunknownの場合の2通りがあります。ところが、NOT EXISTSは、この両方のパターンを「行を返さなかった → trueに評価」という1つの処理に流し込んでしまうのです。SQLの述語のほとんどが3値論理に従う中で、EXISTSだけは2値論理的に振る舞うという奇妙な仕様になっているわけです[*3]。

[*3] デイトは、このEXISTSの不思議な仕様を批判して、「SQLのEXISTSは3値論理における正しいEXISTSではない」と述べています。以下の文献を参照。

　　C.J.Date "Relational Database Writings 1985 - 1989" (Addison-Wesley、1990)、"EXISTS is not 'Exists'"

そこで、正しい結果を得るためには、サブクエリの条件にvalがNULLであるケースも考慮した条件を追加せねばなりません。

```
-- 正しい答え
SELECT DISTINCT key
  FROM ArrayTbl2 A1
 WHERE NOT EXISTS
        (SELECT *
           FROM ArrayTbl2 A2
          WHERE A1.key = A2.key
            AND (A2.val <> 1 OR A2.val IS NULL));
```

結果

```
key
---
C
```

「valがNULLではない」という条件を裏返して「val IS NULL」という条件を追加しています。結合子にANDではなくORを使うのもお忘れなく。

見た目よりずっとトリッキーな問題でしたね。

ちなみに別解としては、ALL述語とHAVING句を使うものが考えられます。まずはALL述語を使うものから。

```
-- 別解1：ALL述語の利用
SELECT DISTINCT key
  FROM ArrayTbl2 A1
 WHERE 1 = ALL
         (SELECT val
            FROM ArrayTbl2 A2
           WHERE A1.key = A2.key);
```

同一のkeyを持つ行について選択したvalがすべて1である、という条件です。エンティティ「C」については、このサブクエリは1 = ALL (1, 1, 1, ……, 1)と展開されることになります。

一方、HAVING句を使ったのが次のもの。

```
-- 別解2：HAVING句の利用
SELECT key
  FROM ArrayTbl2
 GROUP BY key
HAVING SUM(CASE WHEN val = 1 THEN 1 ELSE 0 END) = 10;
```

これは説明不要なぐらい簡単ですね。全行が1なら足して10になるはずだ、というわけです。単純に「SUM(val) = 10」と書いてもいいのですが、「オール9」とか「オールA」みたいに他の条件になったときにも使えるよう、汎用性を考慮して特性関数にしています。

一方、ちょっとひねったのが次の答え。

```
-- 別解その3：HAVING句で極値関数を利用する
SELECT key
  FROM ArrayTbl2
 GROUP BY key
HAVING MAX(val) = 1
   AND MIN(val) = 1;
```

最大値と最小値が一致したということは、結局その集合には1つの値（この場合は1）しかなかった、という集合の性質を利用しています。ただし、このクエリは、上の2つと違って、1のほかはNULLばかりのエンティティも選択することに注意してください。

➡演習問題5-② ALL述語による全称量化

NOT EXISTSをALL述語で書き換えるときは、もう二重否定は不要です。

```
-- 工程1番まで完了のプロジェクトを選択：ALL述語による解答
SELECT *
  FROM Projects P1
 WHERE ' ○ ' = ALL
                (SELECT CASE WHEN step_nbr <= 1
                              AND status = '完了' THEN '○'
                             WHEN step_nbr  > 1
                              AND status = '待機' THEN '○'
                             ELSE ' × ' END
                   FROM Projects P2
                  WHERE P1.project_id = P2.project_id);
```

結果

project_id	step_nbr	status
CS300	0	完了
CS300	1	完了
CS300	2	待機
CS300	3	待機

　条件を満たす行に「○」、満たさない行に×を付けて、「すべての行について○が付いたプロジェクト」を選択しているわけです。これも特性関数の応用です。こちらは、二重否定を使わない素直な肯定文ですから読みやすいでしょう。

　このクエリも、集合の具体的な内容まで結果に含められるという利点を持ちますが、一度すべての行に○×を付ける必要があるので、パフォーマンスはNOT EXISTSほどよくないでしょう。

➡ 演習問題5-③　素数を求める

　素数の定義が全称量化文であることに気づいたでしょうか。「1とその数以外のどんな自然数によっても割り切れない」——これは言い換えれば、

1とその数以外に割り切れる自然数が存在しない

という文と同義です。そうとわかれば、あとはNOT EXISTSによってダイレクトにSQLへ翻訳できます。

```
-- 答え：NOT EXISTSで全称量化を表現
SELECT num AS prime
  FROM Numbers Dividend
 WHERE num > 1
   AND NOT EXISTS
        (SELECT *
           FROM Numbers Divisor
          WHERE Divisor.num <= Dividend.num / 2     ← 自分以外の約数は自分の半分
            AND Divisor.num <> 1    --1 は約数に含まない    以下にしか存在しない
            AND MOD(Dividend.num, Divisor.num) = 0)  ← 「割り切れない」の否定条
 ORDER BY prime;                                       件なので「割り切れる」
```

```
結果

prime
-----
2
3
5
 :
 :
89
97
```

結果は全部で25行。まず、被除数（Dividend）と除数（Divisor）の集合を用意します。自分を約数に含まないことから、約数は絶対に被除数の半分以下であることが確実なので（たとえば、100の約数を探すときは、51以上の数は見る必要はない）、「Divisor.num <= Dividend.num ／ 2」という条件で、検索範囲をかなり制限できます。しかも結合条件でnum列のインデックスも利用できるので、パフォーマンスも良好です。

この問題には、他にも別解がいくつか存在します。余裕があれば考えてみてください。

解答 6 HAVING 句の力

➡ 演習問題6-① 歯抜けを探す──改良版

愚直な方法としては、HAVING句にそのまま2つの条件を記述してUNIONする、という答えが考えられます。

```
SELECT '歯抜けあり' AS gap
  FROM SeqTbl
HAVING COUNT(*) <> MAX(seq)
UNION ALL
SELECT '歯抜けなし' AS gap
  FROM SeqTbl
HAVING COUNT(*) = MAX(seq);
```

しかし、これは二度のテーブルスキャンとソートが発生してパフォーマンス上の無駄が多いやり方です。

「1 CASE式のススメ」の「CASE式の中で集約関数を使う」で述べたことを覚えているでしょうか。HAVING句で条件分岐させるクエリは、SELECT句でCASE式を使うことによって簡潔にまとめることが可能なのでした。したがって、最適解は次のものです。

```
SELECT CASE WHEN COUNT(*) <> MAX(seq)
            THEN '歯抜けあり'
            ELSE '歯抜けなし' END AS gap
  FROM SeqTbl;
```

2つの条件は相補的ですから、一方を記述すればもう一方は「ELSE」とだけ書けば十分です。これなら、テーブルスキャンとソートはそれぞれ一度で済みます。

➡ 演習問題6-② 特性関数の練習

CASE式で記述するべき条件は、「9月中に提出済みの学生は1、そうでない学生は0」ということです。その式の結果を合計した行数が集合全体の行数と一致すれば、その学部は全員が9月中に提出していたことが保証されます。

「9月中」という条件の書き方は何通りかありますが、簡単なのはBETWEEN述語を使うものでしょう。答えは次のようになります。

```
-- 全員が9月中に提出済みの学部を選択する    その1：BETWEEN述語の利用
SELECT dpt
  FROM Students
 GROUP BY dpt
HAVING COUNT(*) = SUM(CASE WHEN sbmt_date BETWEEN '2018-09-01'
                                             AND '2018-09-30'
                           THEN 1 ELSE 0 END);
```

【結果】

```
dpt
------
経済学部
```

次表のような、テーブルに特性関数のフラグ列を追加したテーブルをイメージすると理解しやすいでしょう。4つの学部のうち、その全体の行数とフラグ列の合計が一致するのは、経済学部のみです。

Students

student_id (学生ID)	dpt (学部)	sbmt_date (提出日)	特性関数の フラグ
100	理学部	2018-10-10	0
101	理学部	2018-09-22	1
102	文学部		0
103	文学部	2018-09-10	1
200	文学部	2018-09-22	1
201	工学部		0
202	経済学部	2018-09-25	1

別解として、日付データから年、月、日などの部分的な要素を切り出すEXTRACT関数（これは数値型を戻す標準関数）を使って次のように書いてもいいでしょう。

```
SELECT dpt
  FROM Students
 GROUP BY dpt
HAVING COUNT(*) = SUM(CASE WHEN EXTRACT (YEAR FROM sbmt_date) = 2018
                           AND EXTRACT (MONTH FROM sbmt_date) = 09
                          THEN 1 ELSE 0 END);
```

この方法だと、対象とする月が変わっても、月末の日付が30なのか31なのか（あるいはそれ未満なのか）を気にする必要がなく、条件の動的な変更に強いという利点があります。日付データを扱うことが多い人は、この関数も覚えておくと便利です。

➡ 演習問題6-③　関係除算の改良

　求められる商品の数はItemsテーブルの行数をカウントすることでわかります。あとは、それから各店舗の商品数を引けばよいのですが、気をつけるべき点は、テレビやカーテンのように、Itemsテーブルに含まれていない商品をいくらそろえていても点数にはならない、ということです。こういう「どうでもいい商品」をカウントから除外するために内部結合を使います。

```
SELECT SI.shop,
       COUNT(SI.item) AS my_item_cnt,
       (SELECT COUNT(item) FROM Items) - COUNT(SI.item) AS diff_cnt
  FROM ShopItems SI INNER JOIN Items I
    ON SI.item = I.item
 GROUP BY SI.shop;
```

解答 7 ウィンドウ関数で行間比較を行なう

➡演習問題7-① 移動平均

答えは次のようになります。

```
-- 相関サブクエリで移動平均を求める
SELECT prc_date, A1.prc_amt,
       (SELECT AVG(prc_amt)
          FROM Accounts A2
         WHERE A1.prc_date >= A2.prc_date
           AND (SELECT COUNT(*)
                  FROM Accounts A3
                 WHERE A3.prc_date
                       BETWEEN A2.prc_date
                           AND A1.prc_date ) <= 3 ) AS mvg_sum
  FROM Accounts A1
 ORDER BY prc_date;
```

考え方としては、A3.prc_date が始点（A2.prc_date）と終点（A1.prc_date）の間を動くと考えます。「<= 3」の数を変えることで、4行単位でも5行単位でも、好きな幅で集計対象のウィンドウを移動させることができます。これがいわばウィンドウ関数のフレーム句の代用になっているわけです。

もしこのクエリの動作がわかりにくかったら、一度、非グループ化した結果を表示して、中身を見てみると理解しやすいでしょう。

```
-- 非グループ化して表示
SELECT A1.prc_date AS A1_date,
       A2.prc_date AS A2_date,
       A2.prc_amt AS amt
  FROM Accounts A1, Accounts A2
 WHERE A1.prc_date >= A2.prc_date
   AND (SELECT COUNT(*)
          FROM Accounts A3
         WHERE A3.prc_date BETWEEN A2.prc_date AND A1.prc_date ) <= 3
 ORDER BY A1_date, A2_date;
```

> 結果

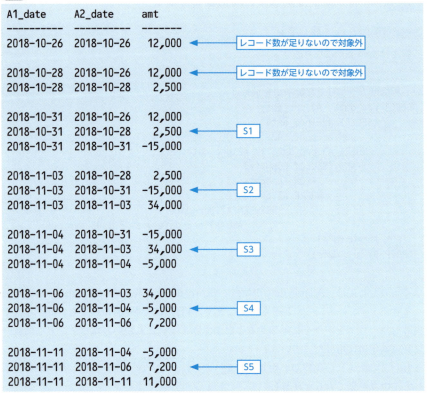

　こうして展開すると、基本的な考え方はp.54のコラム「SQLとフォン・ノイマン」で紹介したノイマン型の再帰集合と同じですが、入れ子ではなく、部分的に重なりあいつつ「ずれて」いく、いくつもの集合を作っていることがわかります。S3などすべての集合と共通部分を持っています（図A.1）。

　このように、相関サブクエリもウィンドウ関数も、レコード集合をウィンドウとして定義して、それを少しずつずらしていくという目的は同じですが、その手段として前者があくまで順序を持たない「集合」を使うのに対して、後者はレコードの順序を利用している、というのが大きな違いです。

■ 図A.1　重なりながらずれていく集合群

➡ 演習問題7-② 移動平均 その2

ウィンドウ関数と相関サブクエリそれぞれの解答は以下のようになります。

```
-- ウィンドウ関数
SELECT prc_date, prc_amt,
       CASE WHEN cnt < 3 THEN NULL
            ELSE mvg_avg END AS mvg_avg
  FROM (SELECT prc_date, prc_amt,
               AVG(prc_amt)
                 OVER(ORDER BY prc_date
                      ROWS BETWEEN 2 PRECEDING AND CURRENT ROW) mvg_avg,
               COUNT(*)
                 OVER (ORDER BY prc_date
                       ROWS BETWEEN 2 PRECEDING AND CURRENT ROW) AS cnt
          FROM Accounts) TMP;
```

```
-- 相関サブクエリ
SELECT prc_date, A1.prc_amt,
       (SELECT AVG(prc_amt)
          FROM Accounts A2
         WHERE A1.prc_date >= A2.prc_date
           AND (SELECT COUNT(*)
                  FROM Accounts A3
                 WHERE A3.prc_date
                       BETWEEN A2.prc_date AND A1.prc_date ) <= 3
         HAVING COUNT(*) =3) AS mvg_sum --3 行未満は非表示
  FROM Accounts A1
 ORDER BY prc_date;
```

ウィンドウ関数のほうは、件数（cnt）をウィンドウ関数で取得して、3未満ならNULLという条件分岐をCASE式で設定しています。ここでも、異なるレベルの情報を同じ行に持ってこられるというウィンドウ関数の特性が生きます。

相関サブクエリのほうは、HAVING句で要素数がちょうど3の集合を見つけています。これによって、要素数が1や2の集合を切り捨てできます。

解答 8 外部結合の使い方

➡ 演習問題8-① 結合が先か、集約が先か？

中間テーブルを減らそうと考えたとき、MASTERとDATAのどちらをなくせるだろうか、と考えてみてください。求める表側を得るには、結局、年齢と性別のすべて

の組み合わせを作らざるをえないため、MASTERのほうは動かしようがなさそうです。

となると、残る候補はDATAビューです。こちらは、TblPopを（年齢階級, 性別）で集約しているのですが、実は、元のTblPopテーブルは、MASTERビューと一対多の関係になっています。したがって、TblPopとMASTERを結合しても、結果の行数が増えることはありません。その点を修正したのが、次のコードです。

```
-- インラインビューを1つ削除した修正版
SELECT MASTER.age_class AS age_class,
       MASTER.sex_cd AS sex_cd,
       SUM(CASE WHEN pref_name IN ('青森', '秋田')
                THEN population ELSE NULL END) AS pop_tohoku,
       SUM(CASE WHEN pref_name IN ('東京', '千葉')
                THEN population ELSE NULL END) AS pop_kanto
  FROM (SELECT age_class, sex_cd
          FROM TblAge CROSS JOIN TblSex) MASTER
            LEFT OUTER JOIN TblPop DATA     ← DATAはTblPopそのものであるのがミソ
              ON MASTER.age_class = DATA.age_class
             AND MASTER.sex_cd = DATA.sex_cd
 GROUP BY MASTER.age_class, MASTER.sex_cd;
```

これがうまくいくのは、繰り返しになりますが、結合が「**掛け算**」として作用するからです。一対一、または一対多のキーで結合すれば、それは1を乗じているのと同じなのです。

➡ 演習問題8-② 子どもの数にご用心

社員単位の集約なので、「GROUP BY EMP.employee」とすることは、すぐわかると思います。問題は、子どもの数のカウントです。このとき、何気なくCOUNT(*)を使ってしまうと、正しい結果が得られません。

```
SELECT EMP.employee, COUNT(*) AS child_cnt    ← COUNT(*)は使ってはダメ！
  FROM Personnel EMP
        LEFT OUTER JOIN Children
          ON CHILDREN.child IN (EMP.child_1, EMP.child_2, EMP.child_3)
 GROUP BY EMP.employee;
```

【結果】

```
employee  child_cnt
--------  ---------
赤井          3
工藤          2
鈴木          1
吉田          1    ← ???
```

おかしなことに、子どものいない吉田氏まで「1」が計上されています。これは、COUNT(*)がNULLも含めて行をカウントしてしまうからでした[*4]。ここは必ずCOUNT(列名)を使わねばなりません。

```
SELECT EMP.employee, COUNT(CHILDREN.child) AS child_cnt
  FROM Personnel EMP
       LEFT OUTER JOIN Children
         ON CHILDREN.child IN (EMP.child_1, EMP.child_2, EMP.child_3)
 GROUP BY EMP.employee;
```

➡演習問題8-③　完全外部結合とMERGE文

これは論より証拠、答えを見てもらったほうが早いでしょう。

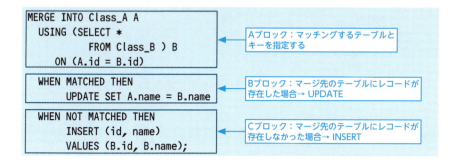

MERGE文は、大きく3つのブロックに分かれています。1つ目が、マージするテーブルを指定し、マッチングするキーを指定するAブロックです。「ON (A.id = B.id)」がマッチング条件になります。

あとは、1レコードずつマッチングを行ない、マッチしたレコードに対しては

[*4] このCOUNT関数の微妙な仕様については、「6　HAVING句の力」の「NULLを含まない集合を探す」(p.114) を参照。

343

UPDATE（Bブロック）、マッチしなかったレコードに対してはINSERT（Cブロック）、というふうに処理が分岐します。その結果、「A + B」という、情報を完全に保存した形のテーブルが得られるわけです（もっとも、2番のidのレコードを上書きするので、その意味では情報は失われているのですが、ここで言う「完全」とは「欠けるIDがない」くらいの意味で考えてください）。PostgreSQLやMySQLのようにMERGE文を使用できない環境では、UPDATEとINSERTを使って処理を2回に分けるか、あるいは完全外部結合の結果を別テーブルへINSERTする、という方法になります。

解答 9 SQLで集合演算

➡ 演習問題9-① UNIONだけを使うコンペアの改良

2つのテーブルをUNIONした結果の行数が、元の各テーブルと等しいかどうかまでクエリの中に組み込むので、これは集約結果に対する条件設定を行なう問題です。したがって、SELECT句でCASE式を使いましょう。

```
SELECT CASE WHEN COUNT(*) = (SELECT COUNT(*) FROM tbl_A )
            AND COUNT(*) = (SELECT COUNT(*) FROM tbl_B )
            THEN '等しい'
            ELSE '異なる' END AS result
  FROM ( SELECT *
           FROM tbl_A
         UNION
         SELECT *
           FROM tbl_B ) TMP;
```

見ての通りかなり強引で、お世辞にもきれいなやり方ではありません。

➡ 演習問題9-② 厳密な関係除算

剰余を持った除算では、社員が要求されるスキル以外のスキルを持っていても特に問題としませんでした。今度は過不足なく一致を調べるので、EmpSkills − Skills が空集合であることだけでなく、反対にSkills − EmpSkills が空集合かも調べれば、双方の集合が完全一致することが保証されます。

```
SELECT DISTINCT emp
  FROM EmpSkills ES1
 WHERE NOT EXISTS
         (SELECT skill
            FROM Skills
          EXCEPT
          SELECT skill
            FROM EmpSkills ES2
           WHERE ES1.emp = ES2.emp)
   AND NOT EXISTS
         (SELECT skill
            FROM EmpSkills ES3
           WHERE ES1.emp = ES3.emp
          EXCEPT
          SELECT skill
            FROM Skills );
```

このクエリは、集合の相等性を調べる公式の1つ「(A ⊆ B) かつ (A ⊇ B) ⇔ (A = B)」を利用しています。

また、別解として次のように社員の持つスキルの数を数えるという方法もあります。

```
SELECT emp
  FROM EmpSkills ES1
 WHERE NOT EXISTS
         (SELECT skill
            FROM Skills
          EXCEPT
          SELECT skill
            FROM EmpSkills ES2
           WHERE ES1.emp = ES2.emp)
 GROUP BY emp
HAVING COUNT(*) = (SELECT COUNT(*) FROM Skills);
```

解答 10 SQLで数列を扱う

➡ 演習問題10-① 欠番をすべて求める——NOT EXISTSと外部結合

NOT EXISTSバージョンは、NOT INバージョンをちょっと変えるだけなので簡単ですね。

345

```
-- NOT EXISTS バージョン
SELECT seq
  FROM Sequence N
 WHERE seq BETWEEN 1 AND 12
   AND NOT EXISTS
        (SELECT *
           FROM SeqTbl S
          WHERE N.seq = S.seq );
```

ひねっているのは外部結合バージョンです。これは、2つのテーブルを外部結合したときに、SeqTblの欠けた番号の行にNULLが現われることを利用して、WHERE句でその行を排除するというアクロバットを演じています[*5]。

```
SELECT N.seq
  FROM Sequence N LEFT OUTER JOIN SeqTbl S
    ON N.seq = S.seq
 WHERE N.seq BETWEEN 1 AND 12
   AND S.seq IS NULL;
```

さて、これで4通りの差集合演算の方法が出そろいました。

1. 王道中の王道：EXCEPT
2. EXCEPTのないDBでもOK。しかもわかりやすい：NOT IN
3. NOT INと考え方は同じ：NOT EXISTS
4. ひねくれ者：外部結合

この4つの選択肢を比較してみたとき、可読性やパフォーマンスにおいてどういう長所・短所があるでしょうか。まず可読性、つまり読みやすさという点では、この順番通りでしょう。お世辞にもNOT EXISTSがEXCEPTより読みやすいとは言えません。外部結合にいたってはそもそも差集合を求める機能ですらありません。

パフォーマンスの点で見ると、まず一目で期待できそうだとわかるのがNOT EXISTSです。ソートが不要で、結合条件にSeqTblテーブルのseq列のインデックスが利用できるのもメリットです。EXCEPTは2つのテーブルのスキャンが必要で、かつソートを発生させます（ただしALLオプションが使えればこの懸念は解消される）。NOT INは一度ビューを作る必要があるため、パフォーマンスはかなり劣ります。しかもSeqTblのseq列にNULLが含まれていた場合に結果がおかしくなるという欠点も

[*5] このトリックの詳細は「8 外部結合の使い方」（p.156）を参照。

抱えています。

一方、意外に侮れないのが外部結合です。ソート不要で、結合条件で両テーブルのseq列のインデックスを利用できるのが、何と言っても強い。大抵の場合、NOT EXISTSに匹敵するパフォーマンスを見せるでしょう。

➡ 演習問題10-② シーケンスを求める──集合指向的発想

本文中でも何度か述べてきたように、SQLで全称量化を記述する方法は、NOT EXISTSとHAVINGを使う2通りがあります。前者から後者への書き換えは、NOT EXISTSの二重否定を普通の肯定文に直すだけなので、比較的簡単にいくはずです。

次のようになります。

```
SELECT S1.seat AS start_seat, ' ～ ' , S2.seat AS end_seat
  FROM Seats S1, Seats S2, Seats S3
 WHERE S2.seat = S1.seat + (:head_cnt -1)
   AND S3.seat BETWEEN S1.seat AND S2.seat
 GROUP BY S1.seat, S2.seat
HAVING COUNT(*) = SUM(CASE WHEN S3.status = '空' THEN 1 ELSE 0 END);
```

結果

```
start_seat    ～    end_seat
----------  ------  --------
         3    ～           5
         7    ～           9
         8    ～          10
         9    ～          11
```

HAVING句の条件に着目してください。NOT EXISTSでは「S3.status <> '空'」だったのが、今度は「S3.status = '空'」にひっくり返っています。

行に折り返しがある場合も、CASE式の条件にそれを追加するだけです。

```
-- 行に折り返しがある場合
SELECT S1.seat AS start_seat, ' ～ ' , S2.seat AS end_seat
  FROM Seats2 S1, Seats2 S2, Seats2 S3
 WHERE S2.seat = S1.seat + (:head_cnt -1)
   AND S3.seat BETWEEN S1.seat AND S2.seat
 GROUP BY S1.seat, S2.seat
HAVING COUNT(*) = SUM(CASE WHEN S3.status = '空'
                            AND S3.row_id = S1.row_id
                           THEN 1 ELSE 0 END);
```

結果

```
start_seat    ~     end_seat
----------   ----   ----------
3             ~          5
8             ~         10
11            ~         13
```

参考文献

本書を読んだあとに読むとよい本、あるいは本書でカバーできなかったテーマを扱っている本を紹介します。

SQL 全般

ミック『SQL 第2版』（翔泳社、2016） ISBN 9784798144450

SQLの初心者向けです。自分の書いた本で恐縮ですが、もし本書を読んでSQLの基本構文に自信がないと思ったら読むことをおすすめします。本書で取り上げた道具はすべてカバーしています。

ジョー・セルコ『プログラマのためのSQL 第4版　すべてを知り尽くしたいあなたに』（翔泳社、2013） ISBN 9784798128023

SQLプログラミングについて、レベルと包括性のどちらの基準においても最高峰と呼んでさしつかえない本です。ただ、それだけに本当にSQLプログラミングを極めたい人向けです。セルコの記述スタイルは凝縮された簡潔な文体で、お世辞にも初級者が読みやすい本ではありません。いわゆる「人を選ぶ」本です。この本の解説書が必要だと思って書いたのが本書の初版でした。

ジョー・セルコ『SQLパズル 第2版　プログラミングが変わる書き方／考え方』（翔泳社、2007） ISBN 9784798114132

SQLの練習問題帳です。パズルとはいえ、実際に世界中のエンジニアやプログラマが実務の中で突き当たった問題をセルコのところに持ち込んだものにセルコが答える、という形式をとっているので、内容は大変実践的です。刊行年が古いためウィンドウ関数があまり使われていないのが、今となっては惜しい。第3版が待たれます。

★★★

ビッグデータという言葉も定着し、データ分析をビジネスにおける意思決定に活用する動きも目新しいものではなくなった現在、SQLもまたそのための道具として使われるようになりました。分析そのものに利用されることもあれば、データの整形や流し込みといった「データプリパレーション」（旧来の呼び方ならばETL）にも活用され

ています。そうした応用方法については以下の2冊がサンプルコードも豊富で実践的です。

本橋智光『前処理大全［データ分析のためのSQL/R/Python実践テクニック］』（技術評論社、2018）　ISBN 9784774196473

加嵜長門、田宮直人『ビッグデータ分析・活用のためのSQLレシピ』（マイナビ出版、2017）　ISBN 9784839961268

データベース設計

Bill Karwin『SQLアンチパターン』（オライリー・ジャパン、2013）
ISBN 9784873115894

　データベースの設計というのは、正規化というきちんとした指針があるように見えて、その実、人をあっと驚かす奇妙奇天烈な設計パターンの宝庫です。特にテーブル設計においては設計者の自由度が極めて高いため、人間の持つ創造性が遺憾なく発揮されてしまうのです（悪いほうに）。

　そのようなアンチパターンを1つ1つ拾い上げ、何がどうダメでどうすればよいのかの指針を示した労作です。タイトルにSQLという名前が付いていますが、SQLコーディングにとどまらずDB設計全般が取り上げられており、自分でSQLを書くわけではない「上流」を担当するエンジニアの方にこそ読んでほしい1冊。

John L. Viescas、Douglas J. Steele、Ben G. Clothier『Effective SQL』（翔泳社、2017）
ISBN 9784798153995

　こちらはきちんとした正当なDB設計やSQLコーディングについての解説書。NULLやパフォーマンスなど実装依存になりやすい面倒なテーマについても、きちんとDBMSごとの事情を整理してきめ細かなアドバイスをしているところに好感が持てます。

パフォーマンス

　データベースにおいてパフォーマンスというのは難しい分野です。データベースはシステムを構成するコンポーネントの中で最大のデータ量を取り扱う場所であり、必然的に最もボトルネックとなる可能性が高くなります。性能問題は、データベース誕生以来から現在に至るまで解決していない「永遠の課題」です。

　本書では、パフォーマンスについて第1部「11　SQLを速くするぞ」でSQLチューニングの初期診断ガイドラインを紹介しました。しかし、本来はSQLの実行計画とDBMSの内部構造に踏み込んで理解する必要のあるテーマです。パフォーマンス問題

の最大の難しさは、どうしても物理層や実装に依存する知識が多くなるという点です。したがって、「MySQLパフォーマンスチューニング」や「Oracleパフォーマンス設計」というテーマの本はあっても、一般的な観点からデータベースのパフォーマンスについて語った本は少ないのが実情です。以下に紹介する2冊は、やはり特定の実装を前提とした書籍ですが、一般的な実行計画の読み方やDBMS内部のメモリ機構やインデックスについても勉強になる優れた解説書です。

Richard Niemiec『Oracle Database 12c Release 2 Performance Tuning Tips & Techniques (Oracle Press)』（McGraw-Hill Education、2017）
ISBN 9781259589683

Gregory Smith『PostgreSQL 9.0 High Performance』（Packt Publishing、2010）
ISBN 9781849510301

　どちらも邦訳はありませんが、英語は平易です。Niemiecの本は1000ページを超える厚さに驚くかもしれませんが、興味のある章をつまみ食いするだけでも十分得るものがあります。

集合論と述語論理／3値論理

　数学や論理学の一般向けの解説書は優れたものが多く出ているので、Web上で評価の高いものを読めばそれほどハズレはありませんが、筆者が本書を書くにあたって多くを学んだ書籍を紹介します。

戸田山和久『論理学をつくる』（名古屋大学出版会、2000）
ISBN 9784815803902
　数学や論理学が決して得意ではない初心者がつまずきそうなポイントを、くどいくらい丁寧に解説してくれるホスピタリティあふれる入門書。述語論理についての解説がわかりやすいのはもちろん、非古典論理や3値論理についても親切な導入があります。

遠山 啓『無限と連続』（岩波書店、1952）　ISBN 9784004160038
　半世紀以上にわたって読み継がれる教養書の古典です。大学教養課程レベルの集合論と群論を、数式を使わず、かつ正確性を損なわずに解説してみせた手腕は、多くの読書家や専門家から支持されました。
　本書の初版を読んだ方からときどき「技術書というより教養書のようだ」という評をいただくことがありましたが、そのように読めたとすれば、この『無限と連続』に対する筆者の憧れの現われでしょう。

おわりに

「なぜSQLだったのですか？」という質問を受けることがあります。これは「システム開発においてはわき役でしかないマイナー言語をなぜそんなに深く調べてみようと思ったのか」という意味です。

面白みのない回答で恐縮ですが、「仕事で必要だったから」というのが最初のきっかけでした。

筆者は2000年代初頭にエンジニアとして働きはじめました。最初にやった仕事が、RDBとSQLを使って医療系データの分析（のまねごと）をすることでした。当時はまだビッグデータとかデータサイエンティストという言葉はなく、BIツールも発展途上で現在のような気の利いた製品は少ない状況でした。必然的にアプリケーションをスクラッチで作らねばならず、SQLもそれなりに複雑なものを書く必要に迫られたのですが……これが動かない。

一見すると簡単な構文しか持っていないように見えて、高度な処理をやらせようとすると急に奇妙なコーディングを要求される。SQL初心者が少し慣れてきたころに例外なく抱く疑問を、筆者も感じたのです。しかも不思議だったのは、何も考えていないがゆえに言語仕様がメチャクチャになったというよりも、明確な意図の介在によってそうなっているように感じたことです。

しかしともあれ仕事は進めねばなりません。「どうしましょうか？」と職場の先輩にたずねたところ、返ってきた答えは「テーブルをファイルだと思えば」というものでした。確かに、テーブルをファイルに見立て、SQLはただ1行ずつ読み書きするだけのパイプラインに限定して使えば、あとはアプリケーション側ですべてのデータ処理を行なうだけです。1つの解ではあります。とても現実的な。

ひとまずそのアドバイスに従い、SQLはライトな使い方にとどめてやりくりしていたのですが、やはりこの言語にはもう少しポテンシャルがあるのではないか、という疑問が頭に残りました。一般にAPサーバよりDBサーバのほうが潤沢なリソースを持つので、できるだけ処理をDB側に寄せたいという現実的な理由もありました。

そこでRDB/SQLの使い方に関しては本場であろう米国の情報が知りたいと思って手に取ったのがJ.セルコの『プログラマのためのSQL 第2版』だったのですが、これがまたわかりにくい本で難儀しました。しかし、理解できた箇所から得られた情報は、

どれも自分の疑問に答えてくるものであったため、やはり自分の知らない世界がありそうだ、という確信を強くしました。その後、J.セルコの本をポインタとしてE.F.コッドやC.J.デイトの本を読むことで、多くの人々による思索と試行錯誤の積み重ねがあったことを知ることになります。そのプロセスを追う過程はとても面白く、感動的ですらありました。途中からは仕事を離れて完全に趣味として調べるようになっていました。

なので、最初の質問に本当の意味で答えると「別にSQLである必然性はなかった」というものです。テーマがRDB/SQLだったのは、偶然の采配によって自分に降ってきただけで、もし最初にネットワークや仮想化の仕事をしていたら、たぶんそれらの分野で気になったテーマを見つけ、同じような掘り下げ方をしていたのではないかと思います。

本書の初版は、そうした筆者が調べた結果を詰め込んで書いた、初めての本でした。お世辞にも体系的とは言えない情熱過多な本でしたが、今回の改訂でも、各章は最低限の統廃合にとどめ、初版の構成を踏襲しました。Tipsの解説とエッセイが入りまじった本書の体裁は、技術書としては異色なものではありますが、幸運にも初版を多くの読者から（とまどいながらも）好意的に受けとめていただいたため、このような本が1冊くらいはあってもよいか、と考えたためです。再び、読者のご海容に甘えたく思います。

さて、昔語りが長くなりました。筆者は現在データベースの仕事からは離れたこともあり（というか、見るスコープが広がり）、SQLやRDBについて書くのはおそらく今回が最後になると思います。本書が皆さんにとって有用なものになることを祈っていますし、それ以上に、システムの世界の奥深さを知る面白さを感じてもらえれば、これに過ぎるものはありません。皆さんが自らの専門分野において、思わず本質を追ってみたくなるようなテーマと遭遇できることを願っています。そしてできることなら、自分が面白いと思う知見を得たとき、ぜひテキストや本にしてください。筆者は、分野によらずそのようなテキストを読むことがとても好きなので。

最後になりますが、木村明治氏、有限会社アートライの坂井恵氏には草稿の査読にご協力をいただき、有益なコメントを多くいただきました。また、翔泳社の片岡仁氏には、本書の企画から出版に至るまでお世話になりました。ここに感謝いたします。

ミック

INDEX

記号・数字
(+)演算子 244
*=演算子 244
||演算子 243
　　空文字と連結 78
1行コメント 236
2種類のNULL 61
2値原理の否定 300
2つの条件に対応するクエリ 19
3値論理 60, 298
　　…の真理表 65
4値論理 62

A
ABS関数 243
ALLオプション 180
ALL述語 72
　　…による全称量化 104
ANY述語 72, 100
AS v
AVG_WIN 141

B
BOM 251
BOOL 60
BOOLEAN 60

C
C.J.デイト v
CASE式 2, 292
　　…による詳細な分岐 110
　　…の入れ子 159
　　…の中での集約関数の使用 18
　　…利用時のポイント 3
　　…を書ける場所 21
CHECK制約 11
COALESCE関数 170, 243
CONCAT関数 78
CONNECT BY句 197-198
CONTAINS述語 190, 191
COUNT関数 114
CROSS JOIN 45, 181, 265
CUBE関数 311

D
DECODE関数 2, 243
DEFERRABLE 16
DENSE_RANK関数 54, 55
DFD 296
DISTINCT句 221
　　EXISTSで代用 220
DIVIDE BY 179

E
E.F.コッド v
　　失われた情報の分類 61
ELSE句 4
ENDの書き忘れ 4
EXCEPT 179
EXISTS述語 84

EXTRACT関数 243

F
false 60
FOLLOWING 33
FORALL述語 89
FULL OUTER JOIN 169, 244

G
GROUP BY句 112, 285

H
HAVING句 105, 296
　　…でサブクエリ 111
　　…で集約結果に対して条件設定 227
　　…で全称量化 120
　　…とウィンドウ関数 134
　　…の単独使用 107

I
identity 168
IF関数 243
IMS 251
Informix 252
Ingres 251
INTERSECT 171, 179
IN述語 100, 216
IS NULL述語 224

J
J.ウカシェヴィッツ 298
J.セルコ v
J.バッカス 277
JSON 257

K
KVS 258

L
LEFT OUTER JOIN 169, 244
LIKE述語 226

M
MAX関数 113, 222
MERGE文 177
MINUS 180
MIN関数 222

N
NoSQL 258, 259
NOT EXISTS 69, 92
　　…の利点と欠点 98
NOT IN 69
NULL 61, 309
　　…が悪い理由 309
　　…と文字列 78
　　…の伝播 310
　　…排除の指針 312
　　…を排除 74
　　…を含まない集合を探す 114

NULLIF 関数	243
NVL 関数	243

O

oid	49
OLAP 関数	27
Oracle Database	251
ORDER BY 句	242
…のないウィンドウ関数	147
OR の使用	225
OUTER	244
OUTER JOIN	156

P

PARTITION BY 句	285
POSITION 関数	243
PostgreSQL	251

R

RANGE	34
RANK 関数	286
REPLACE 関数	243
RIGHT OUTER JOIN	169, 244
ROLLUP	311
ROW_NUMBER 関数	289
rowid	49
rownum	294

S

SELECT 句	20
SIGN 関数	243
SQL	250
…が従う3値論理の真理表	65
…とフォン・ノイマン	54
…における存在の階層	315
…の書き順	245
…文の内部動作を調べる手段	37
…プログラミング作法	231
SQL Server	252
STUFF 関数	243
SUM_WIN	141
Sybase	252

T

Teradata	252
true	60

U

UNION	9, 171
UNION ALL	161, 180
unknown	60
UPDATE 文の条件分岐	13

W

WHERE 句	10, 222
WITH OIDS オプション	49
WITH 句	198

あ

値	266
アドレス	233, 274
暗黙の ELSE NULL	4
暗黙の型変換	226

い

一意集合	123
一対一対応	107
一階述語論理	84, 88
移動平均	27, 154
入れ子集合	297
インデックスによるソート高速化	223
インデント	236
インラインビュー	158

う

ウィンドウ (Window)	28
ウィンドウ関数	27
…の機能	29
…と相関サブクエリのコード比較	144
…の内部動作	37
…の年表	279

え

エルンスト・ツェルメロ	304

お

オーダー	315
オーバーラップする期間の算出	148
大文字／小文字 (SQL)	239
折り返しのある数列	206

か

カーソル	30
階	87, 315
階層型	251
外部結合	156
…で差集合を求める	172, 173
…による行列変換	157, 160
…による集合演算	172
…の特性	172
掛け算	342
…としての結合	167
数の定義	306
可読性	241
環	271
関係	263
関係除算	133
…によるバスケット解析	127
関係値	266
関係値属性	268
関係の関係	267
関係変数	266
関係モデル	251, 262
…で使用される公式用語	263
関数	85, 292
完全外部結合	169, 170
…で排他的和集合	174
…と MERGE 文	177
カンマ	240

き

木構造	256
擬似配列テーブル	99
帰納的定義	304
キャメルケース	239
行間比較	36, 137
行の順序	294
行方向への量化	99
行持ちへの変換	161
極値関数	74, 222

く

空集合	75
…に対する平均	119
組 (タプル)	263
組み合わせ	44

繰り返し項目の集約 160
グラフ 256
クロス結合 45, 133
クロス表 9
　...の入れ子 163
　...の形式で結果を出力 9
　...の作成 16, 157
群 271
群論 287

け

経年分析 137
結合演算 44
欠番探索 108, 109
欠番を全部求める 201
元 320
検索CASE式 2
限定述語 72
厳密な関係除算 129

こ

高階関数 88
交差 171
後者関数 307
構造図 296
効率の良い検索 216
効率の良いアクセス 216
コーディングスタイル 231
コーディングの指針 235
コード移植性 242
コード体系の変換 5
ゴットロープ・フレーゲ 304
異なる条件の集計 8
コメント 235
コントロールブレイク 293

さ

再帰集合 303
再帰的構造 257
再帰的集合 297
最小評価 3
最頻値 111, 112
差集合 173
　...による関係除算 186

し

式と文の呼び名の違い 21
時系列分析 31
自己結合 44
自己相関サブクエリ 49
次数 263
自然数 306
実行計画 37
実装依存の関数・演算子 243
写像 107
集合 106
集合演算 179
集合演算子 174, 179
集合指向 105, 191
　...の思考パターン 297
集合単位の操作 105
集合の性質を調べる条件式 131
集約関数 4
　...とNULL 75
主キー
　...の値を入れ替え 14, 15
　...の重複エラーの回避 16
ジュゼッペ・ペアノ 306

述語論理 84, 295
循環グラフ 256
順序 106, 197
順序集合 197, 204
順序対 44
順列 44, 46
条件分岐 2
条件法 11
　...と論理積との違い 11
情報保全的 141
剰余類 288
剰余を持った除算 129
真理値 60
　...の優先順位 65

す

水平展開 9
数列 197
スカラサブクエリ 159
スペース 238

せ

積集合 171
全射 107
全称量化子 89, 295
全称量化と存在量化の同値変換 121
全単射 107, 191

そ

相関サブクエリ 49
　...とウィンドウ関数のコードを比較 144
　...の追加 245
　...をウィンドウ関数で置き換え 137, 145
相等性 181, 184
ソートの回避 218
ソート負荷の軽減 223
属性 234, 263
素数の算出 104
存在量化子 89

た

体 271
代数構造 271
多重集合 123, 180
多値論理学 301
タプル 263
単位元 79, 168
単元集合 320
単射 107
単純CASE式 2
単純平均 112
単調増加／単調減少 209
短絡評価 3

ち

遅延制約 16
チャーチ数 307
中間テーブル 227
中間ビューの排除 169
重複行の削除 49, 192
重複組み合わせの算出 59
重複順列 44
重複排除のためのソート 219
直積 265
直近との比較 142
直近の日付の算出 31

て

定義域 263, 265

定義関数 116
データの歯抜けの探索 105, 136
データ不整合の発見 52
テーブル 252, 253
テーブル設計 233
テーブル同士のマッチング 16
テーブルに対する量化 88
テーブルの比較（コンペア） 181, 184
適用不能 61
デバッグ 235

と
統計的属性 317
同値関係 288
ドキュメント指向型DB 259
特性関数 116, 136

な
内部結合 171
名前 233
名前付けのルール 233

に
二重否定への変換 92
認識状態 68

の
濃度 263

は
排他的和集合 174
排中律 66, 300
パイプ 270
配列テーブル 103
破壊的イノベーション 254, 255
破壊の技術 254
バスケット解析 127, 128
外れ値 112
ハッシュ 39
パフォーマンスチューニング 215
汎関係主義 271
汎ファイル主義 271

ひ
非構造化データ 256
非循環グラフ 256
非順序対 44
左外部結合 169, 244
非定型的な集計 5
否定形の使用 225
非等値結合 48
等しい部分集合の検出 189
非破壊的 141
ビュー利用時の注意点 229
表側の入れ子 163

ふ
ファインマン 294
フォーマッティング 156
フォーマット整形 156
フォン・ノイマン 57
複合索引 226
複数行コメント 236
複数列の最大値 23
部分的に不一致なキーの検索 51
フラグ 312
フレーム句 141
　…で利用できるオプション 35
文の短縮形 64

へ
ペアノの公理 306
閉包性 270
ページネーション 148
冪等性 183
変数 266

ほ
ポインタの排除 274
ボトムアップアプローチ 246
ボトルネック 230

ま
マテリアライズドビュー 229

み
右外部結合 169
未知 61

め
命題の集合 85
命題論理 85

も
文字列とNULL 78
戻り値が真理値になる関数 85

ゆ
ユニークキーの入れ替え 15

ら
ランキングの算出 54
ランダムサンプリング 290

り
流行値 112
量化 84, 295
量化子 89, 295
リレーショナルデータベース（RDB） 250
　…における失われた情報の分類 62
　…の発展の歴史 252
リレーショナルモデル 262

る
類 126, 287
類別 126, 287
ループ 145
　…の置き換え 293
　…の代役 139, 147
ループクエリ 139

れ
レコードID 49
列ト 234
列構造の原則 99
列方向への量化 99
連番 197

ろ
論理学 298
論理積 11
　…と条件法の真理値 12

わ
ワークテーブル 217
ワイルドカード 241
和集合 171

357

著者紹介

ミック

SI 企業に勤務するエンジニア。DB エンジニアとしての経験を積んだのち、現在は米国サンノゼにて技術調査や事業開発に従事している。

著書：『達人に学ぶ SQL 徹底指南書』(翔泳社、2008)、『達人に学ぶ DB 設計 徹底指南書』(翔泳社、2012)、『SQL 実践入門』(技術評論社、2015)、プログラミング学習シリーズ『SQL 第 2 版』(翔泳社、2016)

訳書：ジョー・セルコ『SQL パズル 第 2 版』(翔泳社、2007)、ジョー・セルコ『プログラマのための SQL 第 4 版』(翔泳社、2013)、ジョー・セルコ『プログラマのための SQL グラフ原論』(翔泳社、2016)

本文デザイン	宮崎夏子（株式会社トップスタジオ）
装丁	轟木亜紀子（株式会社トップスタジオ）
DTP	株式会社トップスタジオ
査読協力	木村明治、坂井恵

■付属データのご案内

●サンプルコード

本書で解説したSQLサンプルコードです。この付属データは、以下のサイトからダウンロードできます。

https://www.shoeisha.co.jp/book/download/9784798157825

※付属データに関する権利は著者および株式会社翔泳社が所有しています。許可なく配布したり、Webサイトに転載することはできません。
※付属データの提供は予告なく終了することがあります。あらかじめご了承ください。

達人に学ぶ SQL(エスキューエル) 徹底指南書 第 2 版
初級者で終わりたくないあなたへ

2018年10月11日　初版　第1刷発行

著　者	ミック
発行人	佐々木 幹夫
発行所	株式会社 翔泳社 (https://www.shoeisha.co.jp)
印刷・製本	株式会社ワコープラネット

© 2018 Mick

※本書は著作権法上の保護を受けています。本書の一部または全部について（ソフトウェアおよびプログラムを含む）、株式会社翔泳社から文書による許諾を得ずに、いかなる方法においても無断で複写、複製することは禁じられています。

※本書のお問い合わせについては、iiページに記載の内容をお読みください。乱丁・落丁はお取り替えいたします。03-5362-3705 までご連絡ください。

ISBN978-4-7981-5782-5　　　　Printed in Japan